国家自然科学基金面上项目（批准号：41771174）
浙江省 2019 年度科学计划重点项目（编号 2019C25013）
宁波市高校协同创新中心“宁波陆海国土空间利用与治理协同创新中心”
浙江省新型重点智库宁波大学东海战略研究院联合资助成果

宁波港口城市景观：文脉传承与后工业时代治理

王益澄　马仁锋 等著

海洋出版社

2023 年 · 北京

图书在版编目(CIP)数据

宁波港口城市景观 : 文脉传承与后工业时代治理 /
王益澄, 马仁锋等著. -- 北京 : 海洋出版社, 2022.2
ISBN 978-7-5210-0921-7

Ⅰ. ①宁… Ⅱ. ①王… ②马… Ⅲ. ①城市景观—城市规划—研究—宁波 Ⅳ. ①TU-856

中国版本图书馆 CIP 数据核字(2022)第 011743 号

责任编辑: 赵　武
责任印制: 安　淼
排　　版: 海洋计算机图书输出中心　晓　阳

出版发行: 海 洋 出 版 社

地　　址: 北京市海淀区大慧寺路 8 号
邮政编码: 100081
经　　销: 新华书店
技术支持:（010）62100052

发 行 部:（010）62100090
总 编 室:（010）62100034
网　　址: www.oceanpress.com.cn
承　　印: 鸿博昊天科技有限公司
版　　次: 2023 年 3 月第 1 版第 1 次印刷
开　　本: 787mm×1092mm　1/16
印　　张: 14.5
字　　数: 290 千字
定　　价: 88.00 元

前　　言

全球化进程中，国际海港城市发展面临激烈的全球化与地方化博弈。随着中国东部沿海地区城市化快速推进，港口城市基础建设呈井喷态势，城市面貌趋同等问题日益严峻。向往后现代生活的市民，对日益雷同的城市景观嘘声一片。保持城市特色、传承城市文脉、塑造城市形象、提升城市竞争力不仅仅是常住市民的心声，更是城市全球营销的核心抓手。作为城市景观主体的城市特色空间是城市窗口，是参与全球竞争的条件与资源，推动城市全球营销能力的扩大，城市特色及特色空间研究已成为城市品质理论与实践的重要课题。

城市特色是城市的生命力，是城市的个性和活力，是城市的本质属性。城市特色空间涵盖了城市自然环境、地域文化、城市风貌等方面，是城市特色的基底。学界主要从城市规划、景观规划、城市文化与社会学等视角界定城市景观内涵、城市景观统计范畴，分析城市景观的脉络与规划技术体系，构建与预测城市景观发展趋势。作为全球知名国际海港城市的宁波，城市发展备受关注，鲜见系统研究城市景观的文脉传承与后工业社会治理。为此，综合利用定性定量方法识别、评价宁波中心城区（海曙、江北、鄞州、镇海、北仑、奉化）的城市特色空间，筹谋城市特色空间提升策略，形成本书主体内容。

1990年以来，宁波中心城区的骨架逐步形成，海曙区、鄞州区、江东区的行政区划调整、奉化撤市设区，宁波中心城区进入了更快更好的发展时期。城市建设重点由基本功能完善转向空间结构、空间品质的提升，市民对城市空间品质与文脉的需求日趋旺盛。但是，宁波中心城区面临着转型发展过程的城市传统风貌接续与城市山水环境重构等亟待厘清的时代难题。具体到宁波城市发展各维度，建成区不断扩张一定程度上破坏了自然景观的山水脉络；交通干道构成的网络置换了以水系为依托的城市空间形态；不断涌现的摩天大楼吞噬了传统建筑多年层累的历史肌理；快餐式的城市文化消费更是淹没了曾经活跃在这座城市的非物质文化。未来，宁波将面临改善城市文化环境、优化城市生活品质和提升城市化质量重任。宁波城市总体规划强调“强化空间管制，构建城乡生态格局”“科学配置资源，完善城乡空间布局”“促进城乡统筹，调整城市发展规模”“优化网络结构，完善综合交通体系”，中心城区划分重要地段和重点建筑，重点实施了“三江六岸”城市品质提升工程等。随着《宁波2049城市发展战略》的研制与实施，城市文化的发掘与保护成为宁波中心城区核心任务之一。其中，城市国际化、建设品质化、文化魅力彰显化原则均要求总体把握宁波城市特色空间，本书相关论断可为新一轮宁波国土空间规划提供决策参考。

本书系统梳理了城市空间、城市历史风貌区、城市特色、城市软实力、开发区景观等领域国内外研究动态和相关城市景观理论，阐释了宁波港城文脉与现代化；剖析了宁波城市文脉表征物与宁波中心城区城市特色，构建了城市空间特色的评价模型；评价了宁波中心城区城市特色空间的现状；识别了宁波城市空间特色的总体状态与空间分异特征。继而围绕开发区景观探究了以宁波市高新区和石化区为案例的宁波市开发区景观与城市空间融合现状、模式与动力。本书提出以下观点：①自然景观对宁波城市特色影响最大，历史文化次之，现代风貌影响最低。宁波城市特色应以自然和历史文化为核心，特色内涵评价应偏重资源本身特色价值，区内特色空间的综合评价值普遍偏低，特色等级不高。②宁波中心城区外围自然景观价值最高；府城区历史遗存空间分布密度最大、历史文化价值最高；现代风貌价值以三江口、东部新城、南部商务区为核心片区，呈空间极化特征向外递减。三江口片区是自然、历史文化及现代都市风貌资源分布最密集的区域，本体特色评价最高，对区域发展影响最显著。③宁波市开发区景观与城市融合存在产业发展与生活功能不兼顾，未来高新区、石化区与主城融合应分别遵循“一体化”共享模式和“多通道”连接模式。④宁波城市文脉治理应遵循提升城市重点特色空间、网络化传承城市文脉特色的路径。

宁波典型的陆海兼备地理特征及具有区域特色的社会经济发展模式是地理科学研究的天然样本。宁波大学地理与空间信息技术系师生立足宁波，随着区域文化与城乡发展调查与研究的深入，在宁波城市资源环境保育、城市经济发展、城市文化传承、城乡统筹发展、城市规划实践等领域研究不断取得新的成果。受“浙江省十二五重点学科——地理学”、国家自然科学基金项目（批准号 41301110）和宁波市规划局等政府部门委托项目资助，王益澄教授牵头先后出版专著《临港工业集聚与滨海城镇生态文明提升机制》（经济科学出版社 2014 年版）、《港口城市的空间结构及其影响研究：宁波实证》（浙江大学出版社 2014 年版）、《滨海城镇带结构演化及其产业支撑》（浙江大学出版社 2016 年版）、《宁波历史文化名村保护与利用研究》（浙江大学出版社 2019 年版），这些专著被省内外同行广泛借鉴，产生了积极影响。

本书是基于宁波大学建筑学系教授王益澄主持宁波市自然资源和规划局委托课题“宁波中心城区特色空间调研”和中共宁波市镇海区委镇海区人民政府决策咨询委员会委托课题“镇海老城生态环境与安全生产整治提升对策措施”研究报告，受国家自然科学基金面上项目（批准号 41771174）、“宁波市十三五 A 类重点学科——地理学”和第五批宁波市高校协同创新中心（宁波陆海国土空间利用与治理协同创新中心）资助开展深化研究而成，力争在地理学领域对宁波城市进行细致的解剖与前瞻性研究。

本书由王益澄与马仁锋组织研讨，王益澄、马仁锋、晏慧忠（人文地理学 2017 届毕业生，现任职于宁波科学中学）、袁雯（人文地理学 2019 届毕业生，现任职于无锡市规划设计研究院)、汪聪聪(人文地理学2020届毕业生，现任职于杭州国际城市学研究中心)参与全书的撰写工作，最后由王益澄完成全书的统稿工作。感谢江杉、王静敏、葛亚军、陈璐璐等硕士研究生参与部分章节数据整理、图表绘制工作。本书引用的参考文献除列于书末之外，限于篇幅另有一些篇目未能标出，在此深表歉意，并向文献作者表示衷心感谢。然而不无遗憾的是，因著者专业水平、精力和时间的限制，本书仍存在不足之处，敬请同行专家、学者和读者的谅解和批评指正。

著者

2020年5月

目　录

1 绪　论

1.1 选题

1.1.1 研究背景

城市化的高速发展推动城市空间快速更新，但城市特色消失、个性趋同也愈发显著。继中央城镇化工作会议对城市建设发展提出要保护弘扬优秀传统文化、延续历史文脉、依托山水脉络发展生态文明城市的要求后，各地纷纷响应。挖掘城市特色，有关城市特色空间规划逐渐得到重视。城市特色源于地缘、环境、文化、历史和传统，是城市的灵魂与生命力，以及有别于其他城市的魅力所在。它既是实现城市间差异性竞争资源的内生组成部分，又是城市竞争力的外延表现形式，同时也是城市建设和发展的重要依托。不同城市特色所具有的辐射力、知名度与吸引力综合形成城市品牌，并在一定空间范围内产生不同市场效应。在全球化与区域一体化的背景下，挖掘城市特色成为提升城市竞争力的重要途径，科学发展观也要求城市更加注重历史、文化与环境品质。城市特色空间作为空间特色展示窗口，是城市竞争力不可缺少的条件与资源，推动城市吸引与辐射能力的扩大，并成为城市生存、竞争和发展的重要支撑，城市特色及特色空间的研究已成为城市品质提升的重要理论与实践课题。

根据《国务院关于同意浙江省调整宁波市部分行政区划的批复》，宁波行政区划进行新一轮调整，宁波中心城区进入了更好更快的发展时期。城市建设重点由土地空间扩张及基本功能完善转向景观品质提升，广大民众对城市空间特色的追求日趋强烈。基于宁波城市自身发展演化及其外向影响力提升的需求，宁波中心城区面临着城市转型发展过程中的城市传统风貌延续及城市山水环境重构等问题。宁波市自然资源和规划局于 2017 年初委托中国城市规划设计研究院为核心编制团队启动编制《宁波 2049 城市发展战略》，相关成果《宁波 2049 城市发展战略》（简本，征询意见稿）显示宁波城市特色空间转型与发展存在以下问题："①生态瓶颈显现。快速城市化和粗放发展带来环境恶化风险。宁波工业耗能较大，工业能耗居上海、苏州、无锡、杭州、南京等城市之首。大气质量距离国际一流水平仍有差距，影响了城市环境品质。河、湖、海的整体水质需要进一步提升，尤其是杭州湾、象山港、三门湾 3 个重要海湾水质仍有待改善。石油产品、大宗危险品、化工产品等安全隐患需提前防范。宁波—舟山港由于大宗危险品货船、石油货船在港口的密集作业，存在海洋安全隐患。滨海重化工区和天然气、油品长输管线的安全管控对城市安全运行至关重要。②品质营造滞后。文化底蕴深厚，但魅力彰显不足。在2016年‘世界特色魅力城市200强’评选中，中国入选28个城市，其中副省级及以上城市仅有长春，宁波未入选。宁波人文底蕴厚而不‘显’，未能体现出城市人文魅力的影响力和辐射力。以宁波著名的国宝建筑‘天一阁’为例，周边无论是空间风貌格局、游览体验功能，还是指示引导系统等，均缺乏整体谋划，因而有‘声名在外而不见其楼’的体验。又如中国历史上著名的水利工程它山堰，缺少高质量的整体保护与开发，被当地人戏称为‘藏着的宝贝’。城市品质空间美誉度不高，影响城市综合竞争力和影响力的提升。将宁波著名的标志空间‘三江口’‘老外滩’‘东钱湖’‘河姆渡’等与国内主要城市的标志空间进行百度搜索量的比较明显发现，宁波城市空间知名度不高，品牌营造较为滞后，与‘西湖’‘外滩’‘苏州园林’等差距明显，城市空间的知名度与关注度均不足。”随着宁波城市总体规划新一轮编制，城市文化资源的发掘与保护是中心城区规划的核心任务之一，制定城市文化资源的保护与开发策略，形成城市特色，塑造城市形象。其中，城市国际化、建设品质化、文化魅力彰显化发展措施均要求总体把握宁波城市特色的空间状况。识别宁波中心城区特色空间并进行格局优化，是城市发展迫切需解决的问题。

1.1.2 研究意义

有关城市特色研究，学界主要围绕不同城市间宏观层特色比较展开，较少研究城市内部特色资源的综合评价。本书系统梳理城市特色空间相关理论，明晰城市特色空间内涵与构成要素。融合多学科理论重构对城市特色的认识与研究，探索城市特色空间评价方法，构建有针对性、合理的评价体系，并结合地理空间分析以更客观科学的方法剖析城市特色现状，丰富了城市特色空间评价研究。

宁波作为第二批国家历史文化名城，自然山水、历史文化资源丰厚，城市街道及建筑颇具地方特色。随着城市建成区的不断扩张，愈来愈多的老城风貌被现代建筑蚕食，城市自然景观、历史文脉、特色建筑景观逐渐衰退，若不加以保护、挖掘，城市特色最终将消失殆尽。基于此，本书在梳理宁波中心城区城市特色空间现状基础上，探讨如何科学合理地对特色资源进行评价，识别宁波特色空间重点区域，提出发展保护策略。通过对城市特色空间及构成要素的研究，使大众对城市特色有更为全面、客观、系统的认识。充分体现保护和营造地方空间特色的实践意义，以期为中国其他城市特色空间的保护与发展提供现实指导意义。

关于开发区景观与城市特色融合研究，本书以增长极理论、城市空间结构理论、空间相互作用理论等作为支撑，通过分析开发区与城市融合的模式与动力，探讨两者在空间与功能上相互作用的规律与内在机制。本书以宁波高新区和石化区为例，通过分析典型开发区与城市融合的模式与动力，探讨开发区与城市之间的相互作用关系，试图分析开发区与城市之间存在的良性互动以及二者融合时的各自特点。①为开发区与城市的融合研究提供了新的理论尝试。②构建出开发区与城市融合的不同模式。③探究开发区与城市融合的动力及其形成机制。同时，以融合为视角研究开发区和城市关系，拓宽了开发区和城市关系研究视野和思路，有助于相关学科跨界交融和理论扩展。④开发区与城市的融合发展是城市转型升级的重要推动力量，能够加速城区产业结构“退二进三”，使开发区从单一产业结构向复合功能结构转变。⑤开发区与城市的融合发展提升了城市水平，有助于解决城市发展中遇到的人口、交通、土地等现实问题。⑥开发区与城市的融合发展对于优化城市空间结构，促进城市特色发展同样具有重要现实意义。

1.2 国内外研究动态

国外城市特色研究早于国内，西方于文艺复兴时期开始将具有很高艺术价值的建筑作为重要财产保护起来，第二次世界大战之后人们对保护城市、建筑群及历史街区的认识逐步加深。19 世纪末西方国家为唤醒城市发展，进行了以城市公园、绿地规划等为议题的城镇风貌景观改造，旨在恢复良好的人居环境、增强城市吸引力。20 世纪 60 年代以后，西方学者加强了城市特色风貌的实践与研究。中国城市特色研究主要集中于 20 世纪 80 年代，改革促使城市建设快速推进，但城市风貌趋同愈加严重，千城一面成为城市建设的新问题，诸多学者尝试从多角度分析城市特色问题。学界形成了包括以文化为导向的城市研究、历史文化风貌区保护、城市特色评价及城市特色软实力等研究成果。

1.2.1 以文化为导向的城市空间研究

文化对城市发展而言是提高自身竞争力的动力源泉。从历史文化遗产到地方特色，乃至传统技能和社会习俗，都是城市文化的重要内容。

刘易斯·芒福德从人文特色角度对城市特色与活力逐渐消退等问题进行了深入剖析，认为民众在推动城市建设发展的同时，也被改造的城市文化空间所影响。阿尔多·罗西从建筑类型学角度认为城市建筑类型的形成与人类文化发展紧密联系，城市空间由城市历史与公众感知形成集体记忆的场所。凯文·林奇提出道路、边界、区域、节点和标志物五种城市认知要素，并从公众认知城市形态的视角将意向研究应用于特色设计营造的实践中。丹麦建筑师扬·盖尔在其所著的《交往与空间》分析了城市公共空间文化质量及其对人类各种形式的活动吸引程度；阐明了在城市中能使人感受到亲近的城市空间所应具备的属性，着重从物质文化环境视角评价城市公共空间质量。

我国早在古代便有“居城市须有山林之乐”这一中国特色的“山水城市”营造思想，这也成为中国城市风貌理论形成的重要基础。吴国国都规划时曾提出“相土尝水、象天法地”的规划思想，体现了古代城市建设观天象、看风水的天地人和文化思想，并充分利用城市自然山水资源与城景相辅相成的背山面水城市风貌特色。近现代城市特色空间研究，主要来自钱学森基于建筑学角度对园林等空间研究，他提出了基于中国传统文化建设山水城市的发展理念。吴良镛在城市特色美学方面提出“美玉未发现之前为璞，而贵在识璞”，强调应通过环境整治、突出空间文化主题等途径展现城市特色。杨华文在《城市风貌的系统构成与规划内容》中分析了对传统文化的不自信致使中国城市风貌特色在经济快速发展影响下逐渐衰败。一座城市就是一种文化的载体，越具特色的城市对应其文化越有独特之处。

1.2.2 城市历史文化风貌区研究

历史文化风貌区是一座城市历史、文化表达和传承的重要组成部分，反映了城市历史发展状态和文化底蕴，凸显了城市的气质和性格、市民的文明和精神以及城市经济和科技等，是城市空间发展的高度概括。历史风貌区的价值和影响决定了其在城市发展规划中不可替代的位置。

国外早期认为历史文化区为破乱区域，应拆除并重新开发原始地块。第二次世界大战后，保护城市、建筑群及历史街区的意识逐步深化（表 1-1）。20 世纪 60 年代后，西方学者对城市特色空间进行了深入研究。关于历史文化风貌保护研究最早始于《威尼斯宪章》，宪章明确历史文物建筑概念的同时，强调必须利用科学技术保护、修复文物建筑，联合国教科文组织第 19 届会议通过了《关于历史地区的保护及其当代作用的建议》(简称《内罗毕建议》)。国外有关历史文化保护理论发展过程中，政府的支持和相关法令文件的颁布对保护措施的执行具有重要保障意义，各历史文化保护组织团体也是促进世界历史文化环境保护的重要推手。日本通过建立传统建筑保护制度的行政措施，结合详细的景观保护方案强调文化景观的重要性，欧洲以布达佩斯、罗马为代表的城市，是保护与修复历史古城风貌的典范。

表 1-1 各国历史文化保护相关法令

国　家	时　间	主要内容
希腊	1834 年	颁布第一部保护古迹的法律
法国	1840 年	公布首批保护建筑 567 栋
	1887 年	通过第一部历史建筑保护法
	1913 年	颁布新的历史建筑保护法，规定列入保护名录的建筑不得拆毁
	1943 年	立法规定在历史性建筑周围 500 米半径范围划定保护区
	1962 年	修订保护历史性街区法令——《马尔罗法》，确立历史街区保护概念
	1983 年	立法设立“风景、城市、建筑遗产保护区”，保护范围扩大至文化遗产与自然景观相关领域

续表

国　家	时　间	主要内容
英国	1882 年	颁布《古迹保护法令》
	1944 年	颁布《城乡规划法》，制定保护名单称“登录建筑”
	1953 年	颁布《古建筑及古迹法令》
	1967 年	颁布《城市文明法》确定保护历史街区
	1974 年	修正《城市文明法》，将保护区纳入城市规划控制范围
	1990 年	颁布第二部《古迹保护法》，将保护范围从古遗址扩大至宅邸、农舍、桥梁等有历史意义的普通构筑物
日本	1897 年	制定《古社寺保存法》
	1919 年	制定《史迹、名胜、天然纪念物保存法》
	1929 年	制定《国宝保存法》
	1952 年	将上述三个法令综合为《文物保存法》
	1966 年	制定《古都保存法》
	1975 年 1996 年	先后修订《文物保存法》，增加保护“传统建筑群”内容，导入文物登录制度

20 世纪末，中国对历史建筑保护研究逐步加深，形成了一系列关于城市历史文化风貌区研究成果，建立了我国历史文化名城保护体系，着重研究文物古迹、历史街区保护与未来发展，强调历史文化整体性保护与城市现代建设融合发展，分析了历史街区地段的保护规划同城市总规设计衔接路径。国务院于 1961 年发布《文物保护管理暂行条例》及《国务院关于进一步加强文物保护和管理工作的指示》，于 1982 年起陆续公布了我国 126 座历史文化名城名单及保护要旨，反映了我国政府对历史文化名城及历史文化遗产保护问题的关注与重视。同济大学学者阮仪三综合分析了我国历史文化风貌区保护与更新实践模式，提出了对应发展建议。王景慧根据我国法律政策提出历史文化保护三层次，指出需从全局角度寻求历史文化保护与城市建设发展关系的途径。李和平在分析历史街区建筑类型及建筑保护主要矛盾的基础上，探讨了街区保护整治及利用模式与方式。杨新海分析了历史街区有关风貌、遗存和空间的三个基本特性，据此提出街区保护原则。张明欣运用经济理论对城市历史街区进行价值与运营分析，重新焕发历史街区的活力，提升其存留价值。刘家明从旅游体验视角讨论历史街区旅游复兴思路，并以福州市三坊七巷旅游发展策划为例分析。王鹏在对重庆主城 19 个历史文化风貌区深入调查的基础上，提炼评价指标构建评价体系，探讨各级历史文化风貌的保护规划方法。

1.2.3 城市特色评价

从特色资源角度评价城市特色，余柏椿认为城市特色资源要素应包括人文资源、自然资源和人力资源三方面。蔡晓丰受城市意象原理启发，将城市风貌元素划分为城市风貌圈、风貌区、风貌带、风貌核、风貌符号五种元素，并将这种风貌意向结构运用到风貌评价体系中从宏观视角评价城市风貌。周燕在《城市景观特色级区系统属性理论概要》中提出城市景观特色级区依据不同评价标准及原则，具有不同层次性。黄兴国以主成分法简析城市主导特色评价体系，以回归模型与灰色模型分析城市特色演变及城市特色的形成与发展。杨文军提出了风貌现状评价的框架和思路，从宏观、中观、微观三个层次构建风貌评价因子，借助 ArcGIS 软件对不同因子模型图叠加评价了南宁城市整体风貌现状。杨俊宴提出以魅力模型方法构建城市空间特色结构，以特色要素比较矩阵方法，多角度探析特色空间的独特价值。王睿构建了资源特色、能力特色、环境特色三系统量化评价体系，采用德尔菲分析法、指标量化等评价方法提出了多层级、多目标的城市特色评价指标。唐大舟根据城市空间特色的理论、实践方面归纳提出空间与价值两个评价基本属性，确立了生态、传统、现代、活力与标志五层面评价因子，运用层次分析法研究镇江核心城区空间特色。吕茂鹏将城市风貌评价分为宏观、中观、微观三层次，并从区位要素、自然要素、人工要素、人文要素四方面构建特色评价体系，采用层次分析法确定指标权重评价了武汉城市风貌特色。杨丹枫通过对人文景观具备的独特性、根植性、参与性三大基本特征分析，结合公众情感价值研究构建了包含工艺价值、区位价值、风貌价值、历史价值、环境价值、场所价值、公众情感价值、再发展价值及社会影响价值等 9 个指标层及 27 项因子评价层，分析了历史地段的人文景观特色。张昊从自然资源、人文资源、人物资源分析武汉城市特色风貌资源，结合人气场、级区系统理论对城市风貌空间进行等级划分。

1.2.4 城市特色软实力研究

城市特色空间因承担城市特殊功能，如文化创意产业等新兴企业的落户，城市特色空间为其提供优质的空间载体，不仅提高了城市经济，同时特色空间与新兴产业结合提升了该区域集聚力，吸引大批高端人才，拔高空间品质。1983 年，时任希腊文化部长梅里纳 ·迈尔库里夫人在与欧盟各国文化部长聚会时提出了“欧洲文化之城”计划，其中《欧洲文化之城 2000 年计划》选取了欧洲九个各具特色的城市研究发现城市特色显著提升城市知名度，最终为城市带来经济效益和社会效益。这促使欧盟其他特色风貌不显著的城市积极挖掘或打造自身特色，在资源配置中占得优势。

王景慧认为文化遗存不仅是城市实施持续发展战略根基，也是体现城市综合竞争力的核心要素，是城市现代化实现特色发展的重要捷径。城市魅力源于它的个性文化和历史底蕴，这也是城市软实力的内容体现。故宫博物院前院长单霁翔提出城市特色文化决定城市竞争力，在物质增长方式趋同、资源与环境压力增大的背景下城市文化逐渐成为城市发展的驱动力。马武定提出城市风貌特色作为整体性的艺术符号，所展现的艺术形象传达着当地社会生活的本质和意义，承载着深厚的文化内涵，并赋予城市旺盛的生命力，使其发展并传播本土特色文化。城市的特色和创新功能在新经济时代大背景下对城市竞争优势的强化作用愈发显著，城市应以高品质文化和优质生活环境吸引高素质人才，影响企业投资并拉动空间发展。

1.2.5 城市风貌与城市设计研究

卡米诺·西特于 19 世纪末提出城市空间场所的重要性，强调城市建设应注重空间中的人行尺度及城市肌理的独特性，奠定了城市特色研究基础。克里尔兄弟提出城市设计应从城市空间文脉出发，主张城市设计应回归传统，从传统中寻找失去的意义。日本学者池泽宽在其所著的《城市风貌设计》中，通过研究不同案例从城市设计与历史遗产的保护、城市风貌构成要素等活力层面解释了何为城市风貌。他认为城市风貌是关乎城市形象、打造城市品牌的重要影响因素。简·雅各布斯提出应在民众行为影响空间活力并使城市运转复杂化的基础上进行城市设计。日本学者芦原义信在其所著的《外部空间设计》中，通过对比日本和意大利的城市外部空间特色，提出了加减法空间、积极空间、消极空间等富有创新性的概念，并同相关建筑案例对城市特色空间设计提出见解。张继刚提出城市特色研究应考虑风貌的空间生态和时间文态双重属性。段进基于符号学理论，提出从符号学和符意学分析城市特色，系统梳理了不同层级间的相互关系。孟兆祯在钱学森论点基础上提出应以自然山水为基底，构建以“山水城市”为终极导向的城市形态。赵士修认为城市要向特色富有化建设，必须运用城市设计的构思精心规划设计，并精心施工管理才能实现。刘豫归纳总结各时期广场地域特色的起源、发展、变化过程及特点，提出地域条件下转变模式和空间分异特征，以此讨论广场特色设计方案。肖宁玲在分析特色化城市慢行空间景观基本属性基础上，依照景观规划设计的相关内容，分别对自然生态特色、历史人文特色及人工环境特色的慢行空间探讨景观规划设计的具体方法。

城市特色空间风貌多样性是城市发展的重要支撑。从自然地理到经济社会，再到人的内心感受，城市特色空间研究更加注重生态、环境的梳理和利用，意在创造更好的人文、生活环境，打造城市特色文化。大力发展城市化水平已不再是重中之重，保护环境、塑造城市特色空间、彰显城市特色已成为建设者们更为关注的要点。随着城市发展，城市特色空间建设已成为社会经济与城市建设发展的客观要求，并以此完善城市生活品质，提高现代化水平。

1.2.6 开发区与中心城区融合研究

相比国内，国外对产业园区的研究较早，但早期的研究对象主要是产业区或贸易区而不是开发区。后来，学者们才将研究视角转为开发区的发展与创新方向，20 个世纪 90 年代，由于受到早期数据分析限制，以定性研究为主，对开发区现状进行描述。随后，国外研究主要集中在开发区的发展与所在区域的利益关系方面以及开发区转型与母城关系。

Miyagiwa 通过研究指数在一个新的开发区中，区内企业并不会长期依靠税收和低工资而是随着时间推移逐渐发展为密集技术型企业，指出自由贸易区的建立条件就是撤销保税区商品生产中进口的中间产品的税收；Palmer 与 Mathel 则以法国滑雪场为例分析旅游度假区对城市利益带来直接或间接的影响。

开发区与母城关系演进一般可分为起步、成长和成熟三个阶段，也称为母城依赖阶段、新城母城互动阶段、功能与空间整合阶段。中国开发区与城市空间关系成长的过程中现已步入第三个阶段，也就是开发区与城市融合阶段。班茂盛等指出集约利用开发区土地是开发区空间扩张和土地稀缺问题的主要解决方法。张小勇基于增长极和产业集群理论，以芜湖为例构建了经济技术开发区对城市经济空间结构影响效应的理论模型。

1.3 相关理论借鉴

1.3.1 城市意象理论

凯文・林奇调研波士顿、泽西城、洛杉矶三个城市市民如何解读组织城市空间信息，总结出城市物质形态五种构成元素——道路、边界、区域、节点和标志物。道路和边界归为线性要素；节点和标志物看作点状要素。系统地提出了城市意象的基本理论框架，强调城市应是一个可感知、可识别的物质和文化载体。城市意象作为一种基于城市空间形态的感知，是人脑对城市空间的物质性要素和非物质要素进行感知后形成的城市环境印象。城市环境在为人们提供实用性的同时，还应形成独有的视觉愉悦风貌，强化民众情感维系的记忆特征和体验深度。城市意象的所有要素并非独立存在，而是相互关联统一地呈现城市总体风貌。综合而言，城市意象以人们的视觉、听觉、感知为基础，以物质与文化并重为前提，综合考虑城市各物质要素的空间布置形式及城市的精神文化属性。

1.3.2 新文化地理学理论

文化地理学研究文化与地方环境的关系及其相互作用对人类的影响，传统文化地理学对地理空间研究偏重文化的空间分异。而新文化地理学强调文化的首位性，它基于空间和景观意义及其与人的关系分析视角，注重通过文化元素研究城市中各种文化空间关系。新文化地理学研究的重要目的就是培养研究者联系现实和地理环境反思并探寻各种文化现象的深层机制，思考不同的价值观如何影响景观、地方和空间。新文化地理学家看来，文化被看作空间的媒介，不同的景观、空间和地方其象征意义不同。人类借助文化的形成过程将物质世界的普遍现象转化为由这些现象赋予意义和价值的一些重要象征所组成的世界。新文化地理学主要任务就是揭示景观等地理表象下面蕴藏着的人性、人情、精神风貌以及社会政治含义等，而非传统文化地理学描述文化现象的空间分布。

1.3.3 都市文化学理论

都市文化学是基于“国际化大都市”和“世界级城市群”研究背景，通过人文科学与社会科学的交叉建构、理论研究与实践需要的紧密结合而形成的一门科学。理论明确指出作为城市化最新特点与最高表现的都市化进程，恰好构成了推动当代城市化进程的核心机制与主要力量，其核心是一种以文化资源为客观生产对象，以审美机能为主体劳动条件，以文化创意、艺术设计、景观创造等为中介与过程，以适合人的审美与全面发展的社会空间为目标的城市理念与形态。都市文化学研究目的在于减少人自身在都市化进程中的异化作用，最终实现人与人、人与自然的和谐共生。

1.3.4 城市风貌理论

1.3.4.1 历史文化空间相关理论

历史风貌是城市发展过程中，经长期历史进程，多方面因素组合且按特定文化作用方式组织而成的城市风貌，蕴含特有的地域特征、文化传承和历史文脉，注重城市空间所体现出的文化内涵，而非空间构成要素的简单物质相加。如中国有三千余年建城史的北京、十朝都会南京、华夏文明发源地西安、河洛文化发源地洛阳、清明上河图原创地开封等都拥有独特的历史风貌。

中国著名建筑文物保护学者梁思成提出对历史建筑保护要修旧如旧、必要措施及历史环境保护三个原则，强调在保护过程中必须保护原有的艺术价值、文化价值和历史价值，也要思考促进历史文化空间的保护与发展，包括空间自身发展、与现代风貌兼容并包等。吴良镛在对北京旧城和我国其他城市规划建设研究中提出“有机更新”理论，他认为在旧城改造中应循序渐进，拆除丧失原有风貌的历史建筑，修整结构与风貌相对完整的建筑，对文物价值高、质量好、保存好的建筑予以保留。因此在城市历史文化空间特色保护中需因势利导，在保护原有历史文化特色基础上，采用正确的技术手段、注重历史建筑与外部环境相结合，渐进式修旧如旧、逐步恢复传统风貌进行有机更新。阮仪三在对历史文化遗产保护研究中提出“四性五原则”，他指出在保护历史文化风貌中应遵循风貌原状的真实性、增强空间的可读性、保护风貌的整体性、使空间达到可持续性发展；对于老建筑的修缮应遵循原材料、原工艺、原式样、原结构及原环境，同时要注重保护传统空间格局。他尤其强调原真性的重要，指出原真性有助于提高对文化遗产价值的认识，也必须发展符合国情和文化特征的保护理论与方法。

1.3.4.2 自然景观相关理论

城市自然景观是培育地方特色的母体，是地方风貌骨架的核心组成。空间因人类利用方式和改造程度的不同，形成特色各异的风貌。如 13 世纪起，北京什刹海中的后海水域经人工改造形成现今的湖泊风光，云南的哈尼族人因地制宜开垦田地形成中外罕见的元阳梯田景观等。这些空间既承载对外旅游职能，又兼有对内生产生活、休闲游憩的职能，均反映了地方民族对自然景观的利用状况。此外，自然景观空间资源的禀赋和环境状况是特色价值的重要体现，越珍奇的资源所代表的美学、科研教育价值越凸显，良好的生态环境为空间特色营造创造坚实的基础。

景观生态学家肖笃宁从生态尺度、格局与景观等方面概述生态空间理论，强调自然景观的异质性、等级结构性、功能、动态尺度等特性，偏重对生态系统关系研究。俞孔坚强调生态空间对物种和栖息地的保护、提供游憩体验以及形成良好视觉景观有支撑作用。自然景观评价是对景观属性现状、生态功能进行综合评定过程，评价内容包括生态系统服务功能、美学价值、现状环境适宜性。基于自然生态视角考量城市建设，对城市空间发展、特色风貌研究具有重要意义。

1.3.4.3 现代风貌相关理论

建筑反映了时代和社会形态，可通过建筑物或建筑群窥见当时经济、政治、文化的真实状况。如巴黎的埃菲尔铁塔、布鲁塞尔的原子球体现了工业时代和原子时代的社会状况。同时，建筑也反映了社会科技进步状况、创新能力、当时社会形态的审美情趣、审美价值取向和美学追求。前两者是美的内涵，综合决定了建筑物的科技含量和创新水平。此外，建筑物的使用价值、鉴赏价值是建筑美学意义的重要体现，良好的建筑物及环境可构成好的建筑景观，其功能价值代表使用功能、服务民众内容的丰富，观赏价值代表外在给人美的感知。

建筑美学方面，汪正章、王世仁对探寻和揭示当代建筑美和建筑审美的特征这两个在建筑美学的理论研究中最为根本的问题提供了诸多启发。他们提出了建筑的美因（物质功能和科学技术）、美形（审美形式和艺术形式）、美意（精神和意蕴）、美境（自然和人文环境）、美感（审美主体和审美客体），建筑美的模糊性、艺术的共通性、建筑意境的实境与虚境等一系列重要的建筑美学观点，指出建筑特色是自然与人文、科技与功能、审美与艺术相融合的结果。侯幼彬强调了建筑意境和建筑意象在建筑美学的重要性，认为构景方式和山水意象是影响建筑环境的主要因子，提出应从艺术角度分析鉴赏，触发感受者对建筑美意境的鉴赏敏感和领悟深度。余卓群在探寻建筑理论对实践影响时，从理论结构入手，以设计理论为核心，认为建筑构成、造型、形式构图的美学规律、空间组织的思路、环境效益、视觉效果以及建筑文化等综合形成建筑美学景观。英国美学家罗杰斯・斯克拉顿认为建筑的实用性、地区性、技术性、总效性和公共性等特性构成建筑美学特征。美国现代建筑学家托伯特・哈姆林提出关于建筑技术美的十大法则，强调统一、均衡、比例、尺度、韵律、布局、风格、色彩等是建筑美学形成的重要因素，他认为韵律形成不同感观享受、色彩是最直接的美感和外观元素。

1.4 核心概念

1.4.1 城市特色

城市特色是指一座城市在内容和形式上明显区别于其他城市的个体特征，具体包括城市所特有的自然风貌、历史文化底蕴、城市景观形象和形态结构等。它由显性物质载体与隐性非物质内涵所组成，显性物质特色指视觉感受到的空间环境形态，包括地质地貌、建筑形态、城市空间结构等；隐性非物质特色指城市的精神气质和文化氛围，包括历史文化、民俗风情、城市事件等。城市特色作为城市的生命线，不仅是城市内在本质属性，也是区域长远发展的基底。

1.4.2 城市空间

城市空间是城市赖以生存和发展的容器和场所，是城市的核心要素和物质载体，是城市中物质环境、功能活动和文化价值等组成要素间关系的表现方式。城市空间包含城市地理、经济、社会、文化等自然和人文要素综合的区域实体，如城市文化空间、生态空间、地域物质空间等，具有物质属性、生态属性、社会经济属性和历史文化属性等。

1.4.3 城市特色空间

城市特色空间是指依托城市特色环境，根植于城市发展地域空间，传承城市历史文化，源于城市自然环境与人工环境长期的演化积累，其物化环境形式能有效区别于其他城市空间，具有展现城市形象能力、体现城市文化发展和内涵的地表综合体。特色空间由城市在不同时期的自然特征、传统文化和市民生活的相互作用、共同影响下发展而来，是城市经济发展和政治文化变迁过程中的结晶，融合了自然环境、历史和现代文化、社会经济、空间景观等多重要素。时间序列上，它表现有传统的、历史的特色，也有新型现代的特色。空间序列上，不同的自然地理条件、人文背景、人工构筑物均影响特色空间环境，形成特色各异的城市空间。空间尺度上可以是广场、公园等节点，可以是历史文化街区、特色街道等线性空间，也可以是生态景观片区、现代风貌建成区等面状空间。

城市特色空间往往是最易被识别的城市空间，承载着地域文化并成为集体记忆和认同感最深刻的场所。积极培育和塑造城市空间特色是完善城市功能、提升城市品质、延续城市文脉、提升城市综合竞争力的重要途径。

1.4.4 开发区景观

俞孔坚从四个方面解释景观含义：①景观作为视觉审美的对象，在空间上人物自我分离；②景观作为生活其中的栖息地，是体验的空间，所指表达了人与自然的关系、人对土地、人对城市的态度，也反映了人的理想和欲望；③景观作为一个生态系统，是城市生态学的研究对象，应该科学、客观地解读；④景观作为符号，是人类历史与理想，人与自然、人与人相互作用与关系在大地上的烙印。因而，开发区景观可以理解为开发区这个特定区域内的景观，它包括了该区域内的自然景观和人文景观，如建筑、道路、水体、园林植物以及园区特色、企业文化等及其背后的意蕴。

1.4.5 城市特色空间构成与属性

1.4.5.1 城市特色空间系统构成

根据空间表达形式，城市特色空间分为城市特色空间格局和城市特色空间网络两方面（表 1-2）。城市特色空间格局指城市外部层面上的城市山水、形态格局等富有特色的空间形成系统，细分为城市区域格局和城市整体格局。城市区域格局是城市在区域中作为一个点，与周围山水环境形成的关系，这种格局往往按特定意识形态形成，具有固定且独特的特点。城市整体格局指城市平面上的形态特征、山水格局和组团格局等，这种格局有相对固定的特征，如选址、交通因素等，同时又随城市发展而演化，具有可塑性。

表 1-2 城市特色空间系统构成解读

系统	子系统	案例
城市特色空间格局	城市区域格局	浙江宁波：襟江滨海，环湖臂山
		四川阆中：三面江水抱城郭，四围山势锁烟霞
		江苏南京：襟江带河，依山傍水，钟山龙蟠，石头虎踞
	城市整体格局	浙江宁波：三江六塘河、一湖居城中，一核两翼、两带三湾
		湖南衡阳：一江两水、四山三塔，一带一轴、一核八片
		江苏扬州：四水通江淮、一河绕广陵，文昌连古今、岗林楔入城
		安徽铜陵：江绕山依、城湖相连，一环双心、两廊十片
城市特色空间网络	特色节点	宁波天一阁，武汉黄鹤楼，北京故宫、鸟巢，上海东方明珠，苏州东方之门
	特色区块	南京夫子庙、宁波三江口、杭州西溪湿地、长沙橘子洲
	特色廊道	宁波中山路、上海南京路、苏州平江路、南通濠河景观带

城市特色空间网络指城市内部层面由各类特色空间资源所形成的系统，也是城市特色空间系统最核心的内容。按资源表现形式分为特色节点、特色区块和特色廊道。特色节点指

城市最有特色意象的关键节点，包括门户节点和标志性构筑物；可以是具有文化底蕴的历史建筑，也可以是时代鲜明的现代风貌建筑。特色区块指空间上某类特色资源集聚所形成的特色显著区域。特色廊道指空间形式呈线性的特色资源，包括滨水廊道、景观轴线、城市道路等线性空间及其周边区域。

依据城市特色空间系统构成解析城市特色，城市区域格局和城市整体格局属宏观层面，城市特色节点、区块、廊道属微观层面。本书研究内容围绕城市内部特色空间展开，即本书研究对象为微观层面的城市特色空间系统。

1.4.5.2　城市特色空间资源构成

城市特色空间由能体现独特形象的城市内部空间要素构成，分为自然景观、历史文化和现代风貌三类（表 1-3）。自然景观和历史文化是构成城市特色的基石和本源，是一个城市或地区自身具备的优势资源，现代风貌是在新时代背景下创造产生的新要素，是基于前两者基础上的革新。不同层级、不同类别的特色空间具有复合性，如名胜古迹是城市特色中自然景观和历史文化景观的融合，杭州的西湖、苏州的古典园林、南京的中山陵都是城市独特的自然景观和历史文化遗存。各要素在空间上相互影响，并叠加形成城市特色空间系统，对城市特色空间的理解，不仅需识别包含的特色要素，还应把握整体特色。

表 1-3　城市特色空间构成要素

要素类别	要素内容
自然景观类	江湖河水系、山体山脉、绿地系统等
历史文化类	历史文化街区地段、历史文化名镇名村、文物古迹、民间艺术、民间习俗、革命史迹等
现代风貌类	城市轴线、节点、广场片区、建筑风貌等

（1）自然景观

自然景观资源形态主要是以显性物质资源为主，由山、水、绿化三类要素构成。自然景观资源作为城市特色资源的基础构成要素，包括有一定体量、连绵度、自然形态优美、植被状况较好的风景名胜区、森林公园、郊野公园、自然保护区等，充分代表城市某一方面独特个性的自然资源区域，并为城市特色空间构建总体框架。自然景观作为城市所在自然地理环境，是城市特色的形成基础，可在城市整体感观中给人直接感受。如济南是泉城、苏州是水城、武汉是江城、重庆是山城、青岛是海滨城、三亚被称为“东方夏威夷”等，自然条件催化自然特色的产生。

（2）历史文化

历史文化资源形态包括显性和非显性物质资源两类。显性物质资源包括历史文物、历史文化区（历史街区、建筑群、古村落）等社会景观，隐性物质资源包括城市民俗活动、民间传说、著名城市事件等多种文化景观。二者反映了城市的起源、发展、变更等演进过程，体现了地域文化，同时也折射出城市可能的发展规律。城市中各历史空间文化内涵各异，挖掘所富含的文化意义对传承文化、保护历史名城具有的正向推动作用。

（3）现代风貌

现代风貌资源形态以显性物质资源为主，指在自然环境基础上经人为改造而成的城市景观，包括城市建筑实体、街道、广场、城市轴线等，其形态、色彩等较为突出，易被识别。它最大的特征是运用当代的科学技术和建筑材料，借助建筑物体现时代性、民族性和地方性。建筑物是城市的组建细胞，它给城市现代特色的形成打下了基调，不同地域、不同民族的区域建筑因此往往有着不同建筑风貌。

1.4.5.3 城市特色空间属性

城市特色空间主要呈现出空间物质性、公众开放性、显著地标性、特色映射性和形成历时性五个属性。

空间物质性。城市特色空间的首要特征在于物化环境的特异性，主要表现在城市特色要素空间层面的属性。自然山水类、历史文化类景观载体是其空间物质，相关文化、政治、经济内涵均依托于城市特色空间本体。

公众开放性。城市特色空间可为人们进入并自由活动，是城市公共空间系统的重要组成部分，公共性是城市特色空间的前提。一些空间虽有特色但非开放或有限开放，如临港工业区，大众难以进入感受临港特色则不属城市特色空间。

显著地标性。城市特色空间具有独特地理标志性，一方面因拥有独特空间要素同其他空间显著区分，另一方面因地域所处文化背景、地理气候的不同而各具特色，表现为地域空间差异。

特色映射性。主要包括三方面：第一是对自然环境的映射，即空间对地形地貌、水文气候等自然特点的反映；第二是对历史文化的映射，即空间对地域文化的反映；第三是对时代特色的映射，即空间对现代技术、创新思维等的反映。

形成历时性。城市中的建筑物、街区等要素作为历史的载体，经历史沉淀所拼贴的城市肌理使城市个性特征突出显示，体现了区域特色及空间形态随人类文明的历史演进。

1.5 研究内容、方法与技术路线

1.5.1 研究内容

研究拟采用定性定量相结合的方法，基于特色空间理论评述，构建特色空间资源评价模型，对宁波中心城区城市特色空间资源进行综合评价，基于特色资源评价结果进行空间特色分异特征研究，识别宁波中心城区重点特色空间，对城市特色空间格局优化及特色品质提升提出建议（图 1-1）。主要研究内容包括以下几项。

理论基础梳理。该部分重点构建城市特色空间理论框架，包括研究背景与意义、国内外研究动态、相关理论借鉴与核心概念。通过综述学界关于城市特色空间研究进展，辨析相关研究热点，借鉴城市特色理论分析，明确有关特色空间核心概念、构成及属性，提出特色空间解析逻辑，为下文研究提供理论依据。

宁波中心城区城市特色空间构成分析。城市特色空间源于自然山水、历史文化、都市文化景观三方面，在城市空间上以点线面的空间形式展现城市特色形象。基于宁波中心城区概况、名城保护相关研究，解读城市特色内涵价值，系统梳理城市特色空间系统。采用实地走访调研、网络检索的方式，整理收集资源名录，结合特色资源点 POI 数据，建立地理信息空间数据库。

宁波中心城区城市特色空间资源评价与空间特色分异研究。资源特色评价是进行城市特色评价的重要依据，构建特色评价体系是评价特色资源的基本路径。以宁波中心城区城市特色空间资源为研究对象，基于理论评述构建特色空间资源评价指标体系，运用层次分析法确定各项指标权重，结合模糊综合评价法计算各项特色维度综合得分。借助 ArcGIS10.2 实现特色空间资源地理可视化，运用克里金空间插值法进行空间特色分异研究。

宁波市开发区与城市景观融合的案例研究，选取宁波高新技术产业开发区和宁波石化经济技术开发区两种不同开发区类型，从空间区位、经济关联、社会关联、创新溢出作用四个维度对比研究，并进行综合评价，最后对不同融合模式进行提炼，分析各自的特点，提出城市景观融合发展路径。

识别重点城市特色空间及格局优化。承特色空间资源评价结果及空间分异特征，叠加行政边界矢量数据，甄别重点特色空间，结合宁波城市发展战略，探究特色空间格局优化策略。

1.5.2 技术路线

技术路线如图 1-1 所示。

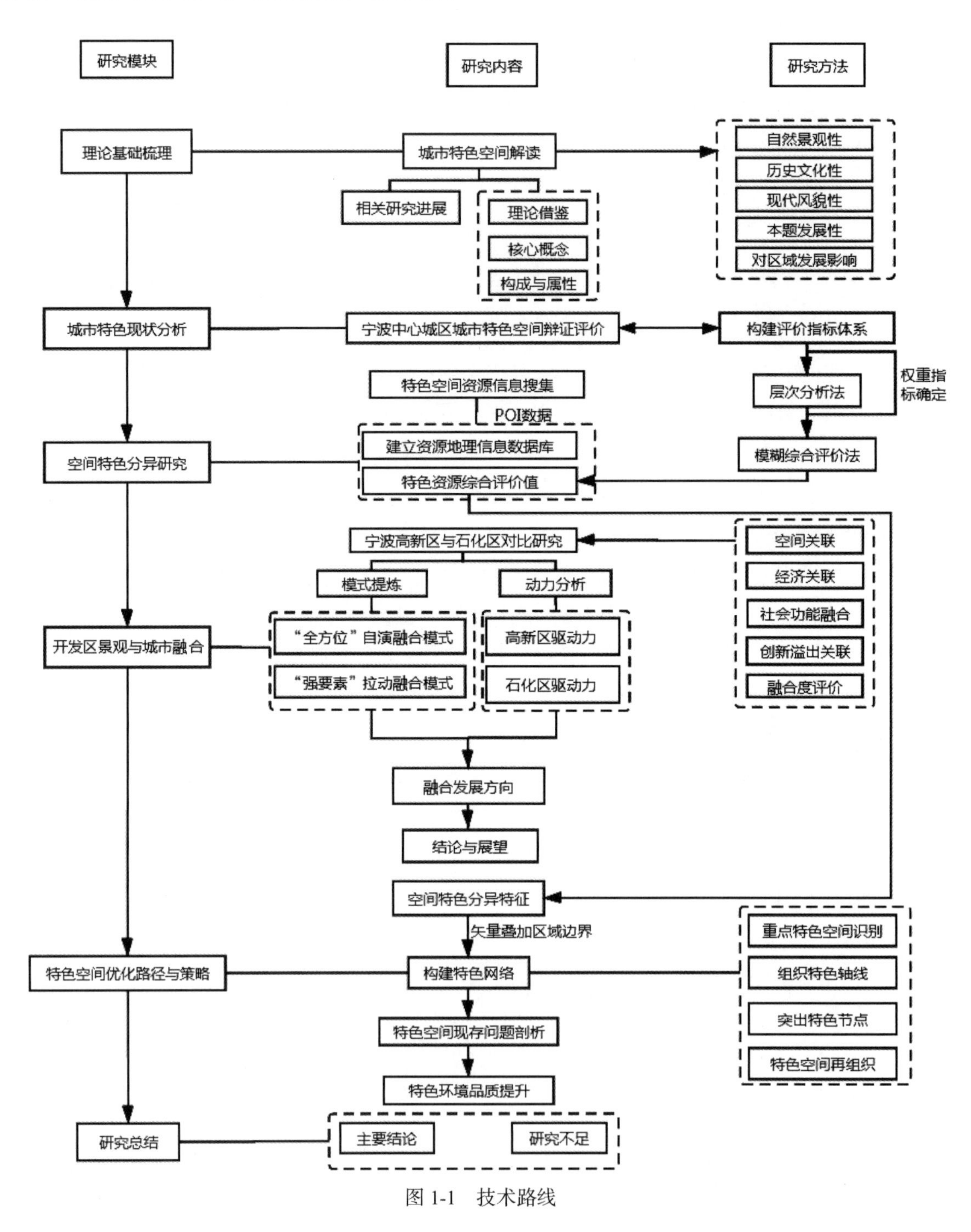

图 1-1　技术路线

1.5.3　研究方法

本书按照提出问题、分析问题、解决问题的基本思路，围绕城市特色空间评价及空间再组织核心议题，综合多学科方法对城市特色构成及格局优化进行系统研究。

文献分析法。通过检索中国知网及外文数据库中有关城市特色空间研究成果及发展趋势相关文献，归纳总结关于特色空间分类评价相关研究和实践，作为本书分析基础资料和参考依据。

实地调研法。对宁波中心城区特色空间资源进行实地踏勘，全面获取资源特色现状资料，整理代表宁波中心城区特色空间的特色要素。

专家咨询法。根据特色空间研究主题，以征询意见形式向专家请教获得相关信息。通过与宁波市自然资源与规划局各分局规划管理者和城市特色发展研究专家进行交流访谈，了解他们对特色空间评价及格局优化的相关意见，提高研究科学性。

系统分析法。综合运用地理学、城市规划学等学科相关理论，系统整理基础理论，采用地理空间信息分析等手段建立科学决策模型，探索适用于宁波城市特色空间评析方法。

定性与定量相结合方法。城市特色内涵具有多样性，科学构建特色资源评价指标体系，运用定性与定量相结合的综合评价法进行定量研究，并基于量化研究结果定性评价特色空间。

规范案例分析法。选取高新区和石化区为典型案例，对典型开发区与城市融合的模式与动力分析，研究其与主城的互动关系在一定程度上能够窥探出开发区与母城互动发展的景观融合规律。

熵权法。对开发区与城市融合评价指标体系中各指标数据进行标准化处理，求得各个指标信息熵，确定各指标权重来综合评测宁波高新区和石化区与宁波主城的融合程度。

问卷调查法。问卷调查更好地了解与分析开发区人员的日常工作生活和主城的互动交流程度。

交通优势度分析。交通优势度是评价区域交通优势高低的集成性指标，一般情况下区域交通优势度值越大，表明其交通的总体优势越突出。实际应用中可以用交通网络密度、交通干线影响度和区位优势度三个指标来评价地区交通优劣情况。

2　宁波文脉表征物丰度及其在浙江省的地位

城市文脉是城市发展过程不同阶段有形或无形的文化遗存，具体表征为各级各类文化遗产，如世界/国家/省/市级非物质文化遗产、历史文化名城名镇名村、重点文物保护单位等。本章将基于此类数据，剖析宁波市文脉表征物的结构与空间赋存格局。

2.1　浙江省文脉表征物本底

漫长的历史演进造就了浙江丰富多彩的文化资源，奠定了浙江文化大省的地位。浙江人文渊薮，非物质文化遗产精彩纷呈，有10个项目先后入选联合国教科文组织非遗名录项目，包括昆曲、古琴艺术、中国传统蚕桑丝织技艺、龙泉青瓷传统烧制技艺、中国篆刻、中国剪纸、中国木拱桥传统营造技艺、中国活字印刷术、中国皮影戏和二十四节气。其中，昆曲艺术于2001年5月被列入“人类口述和非物质遗产代表作”，实现了中国非物质遗产列入《世界遗产名录》零的突破。截至2018年，全省拥有217项国家级非物质文化遗产、196位国遗传承人，均居全国首位，浙江省的非遗保护工作也走在全国前列，创造了非遗普查的“浙江模式”和连续4批国家级非遗名录项目数全国第一的“浙江现象”，并在全国非遗保护传承中开拓了“浙江经验”。2011年6月24日“杭州西湖文化景观”被正式列入《世界遗产名录》；2014年6月22日第38届世界遗产大会上，中国大运河获准列入《世界遗产名录》，大运河浙江段包括京杭大运河（浙江段）和浙东运河，流经5个设区市，19个县（市、区），共计运河遗产河道683千米，沿线列入世界遗产河道327千米、世界文化遗产点13处；2019年7月6日，中国良渚古城遗址被列入《世界遗产名录》。此外，浙江省目前拥有国家级历史文化名城10座，历史文化名镇20座，历史文化名村28座，全国重点文物保护单位231处，国有博物馆163座，省级以上风景名胜区59处（表2-1）。

表2-1　浙江省主要文化资源（部分）

资源类别	主 要 名 录
中国历史文化名镇	龙门镇、慈城镇、石浦镇、前童镇、岩头镇、乌镇、西塘镇、盐官镇、南浔镇、新市镇、安昌镇、东浦镇、佛堂镇、廿八都镇、皤滩镇、鹤溪镇
中国历史文化名村	深澳村、新叶村、许家山村、屿北村、南阁村、冢斜村、俞源村、郭洞村、厚吴村、山头下村、寺平村、三门源村、高迁村、大济村

续表

资源类别	主 要 名 录
省级历史文化街区、村镇	新叶、塘栖、衙前、进化、河桥、龙门、深澳、芹川、新登镇、大章村、慈城、前童、梁弄和横坎头、石浦、鸣鹤、岩头、许家山村、南阁、新河、岩头、苍坡、枫林、箬山、腾蛟、水碓坑、黄坑、林垟、屿北、碗窑、金乡、百福岩、塔头底、温峤、坡南街、顺溪镇、泗溪镇、筱村镇、黄檀硐村、黄塘村、北阁村、岩龙村、乌镇、西塘、南河头、盐官、南关厢、新塍、新埭镇、长安镇、南浔、新市、荻港村、鄣吴村、安昌、东浦、柯桥、斯宅、崇仁、枫桥、华堂、竹溪、冢斜村、山头下、郑宅、曹宅、郭洞、俞源、赤岸、佛堂、厚吴、虹霓山、永昌、岭下汤、嵩溪、女埠镇、芝英镇、寺平村、倍磊村、田心村、新光村、陶村村、山下鲍村、上坦村、榉溪村、管头村、横路村、大皿村、甘八都、清湖、清漾、湖镇、三门源、霞山、庙下村、泽随村、灵山村、大陈村、南坞村、马岙、东沙、里钓山村、大鹏岛、皤滩、路桥、章安、街头、高迁、楚门镇、大济、河阳、独山、石仓、西溪、阜山、界首、王村口、上田、大窑村、山下阳村、曳岭脚村、鹤溪、小梅镇、下樟村、吴弄村、靖居村、横樟村
国家重点风景名胜区	杭州西湖、新安江–富春江、雪窦山、雁荡山（含中雁、南雁）、楠溪江、百丈漈、方山–长屿硐天、莫干山、浣江–五泄、天姥山风景名胜区、双龙洞、方岩、大红岩、江郎山、普陀山（含朱家尖）、嵊泗列岛、天台山、仙居、仙都
省级风景名胜区	超山、大明山、东钱湖、鸣鹤–上林湖、天童–五龙潭、仙岩、泽雅、瑶溪、滨海–玉苍山、洞头、寨寮溪、南麂列岛、九峰、南北湖、天荒坪、下渚湖、南山、曹娥江、鉴湖、吼山、六洞山、仙华山、三都–屏岩、九峰山–大佛寺、花溪–夹溪、白露山–芝堰、烂柯山–乌溪江、钱江源、三衢石林、岱山、桃花岛、桃渚、划岩山、大鹿岛、响石山、石门洞、南明山–东西岩、云中大漈、箬寮–安岱后、双苗尖–月后
国家重点文物保护单位	跨湖桥遗址、茅湾里窑址、郊坛下和老虎洞窑址、临安城遗址、岳飞墓、于谦墓、文澜阁、胡庆余堂（含胡雪岩旧居）、凤凰寺、功臣塔、闸口白塔、六和塔、梵天寺经幢、飞来峰造像（含西湖南山造像）、宝成寺麻曷葛剌造像、章太炎故居、钱塘江大桥、西泠印社、之江大学旧址、笕桥中央航校旧址、良渚遗址、吴越国王陵（含吴汉越墓）、京杭大运河、河姆渡遗址、上林湖越窑遗址（含寺龙口和开刀山窑遗址）、永丰库遗址、慈城古建筑群（孔庙、甲第世家、福字门头、布政房、冯岳彩绘台门、冯宅）、王守仁故居和墓、宁海古戏台、天一阁（含秦氏支祠）、白云庄–黄宗羲–万斯同–全祖望墓、庆安会馆、庙沟后–横省石牌坊、保国寺、阿育王寺、天童寺、宁波天宁寺（塔）、镇海口海防遗址、它山堰、东钱湖石刻、浙东抗日根据地旧址、蒋氏故居（含溪口镇建筑群）、龙山虞氏旧宅建筑群、江北天主教堂、钱业会馆、浙南石棚墓群、高氏家族墓地、永昌堡、蒲壮所城（含壮士所城、白湾堡和巡检司遗址）、芙蓉村古建筑群、顺溪古建筑群、刘基庙及墓、玉海楼、四连碓造纸作坊、南阁牌楼群、圣井山石殿、赤溪五洞桥、新河闸桥群、泰顺廊桥、仕水矴步、利济医学堂旧址、罗家角遗址、谭家湾遗址、马家浜遗址、南河浜遗址、莫氏庄园、安国寺经幢、绮园、盐官海塘及海神庙、嘉兴南湖中共“一大”会址、王国维故居、茅盾故居、京杭大运河、钱山漾遗址、下菰城遗址、安吉古城遗址、顾渚贡茶院遗址及摩崖、安城城墙、嘉兴堂藏书楼及小莲庄、飞英塔、寿昌桥、独松关和古驿道、新四军苏浙军区旧址、南浔张氏旧宅建筑群、莫干山别墅群、陈英士墓、良渚遗址、富盛窑址、小仙坛青瓷遗址、印山越国王墓、大禹陵、崇仁村建筑群、斯氏古民居建筑群、吕府、王守仁故居和墓、青藤书屋和徐渭墓、八字桥、古纤道、鲁迅故居、秋瑾故居（含秋瑾烈士纪念碑）、蔡元培故居、马寅初故居、大通学堂和徐锡麟故居、上山遗址、铁店窑遗址、东阳土墩墓群（石角山、派园、银角山）、俞源村古建筑群、诸葛–

续表

资源类别	主 要 名 录
国家重点文物保护单位	长乐村民居、芝堰村建筑群、郑义门古建筑群、东阳卢宅、黄山八面行、榉溪孔氏家庙、玉山古茶场、延福寺、天宁寺大殿、法隆寺经幢、古月桥、太平天国侍王府、衢州城墙、孔氏南宗家庙、三卿口制瓷作坊、湖镇舍利塔、法雨寺、普陀山多宝塔、花鸟灯塔、台州府城墙、桃渚城、国清寺、大窑龙泉窑遗址、时思寺、松阳延庆寺塔、如龙桥、通济堰、仙都摩崖题记
国家级非物质文化遗产	白蛇传传说、梁祝传说、西湖传说、钱王传说、苏东坡传说、古琴艺术（浙派）、江南丝竹、十番音乐（楼塔细十番、遂昌昆曲十番）、余杭滚灯、昆曲、淳安三角戏、杭州小热昏、杭州评词、杭州平话、独角戏、武林调、滩簧（杭州滩簧、绍兴滩簧）、苏州评弹（苏州弹词）、金石篆刻、鸡血石雕、翻九楼、十八般武艺、张小泉剪刀锻制技艺、竹纸制作技艺、制扇技艺（王星记扇）、余杭清水丝绵制作技艺、杭罗织造技艺、铜雕技艺、西湖绸伞制作技艺、西湖龙井茶制作技艺、越窑青瓷烧制技艺、中式服装制作技艺（振兴祥中式服装制作技艺）、径山茶宴、雕版印刷技艺（杭州雕版印刷技艺）、蚕丝织造技艺（杭州织绵技艺、辑里湖丝手工制作技艺）、胡庆余堂中药文化、中医传统制剂方法（朱养心传统膏药制作技艺）、正骨疗法（张氏骨伤疗法）、端午节（五常龙舟胜会）、端午节（嘉兴端午习俗、蒋村龙舟胜会）、梁祝传说、徐福东渡传说、布袋和尚传说、海洋号子（象山渔民号子）、奉化布龙、宁海平调、甬剧、姚剧、四明南词、宁波走书、唱新闻、宁波朱金漆木雕、硖石灯彩、骨木镶嵌、海盐晒制技艺、宁波金银彩漆、宁波泥金彩漆、越窑青瓷烧制技艺、传统棉纺织技艺（余姚土布制作技艺）、渔民开洋、石浦-富岗如意信俗、宁海十里红妆婚俗、刘伯温传说、海洋动物故事、畲族民歌、道教音乐（东岳观道教音乐）、大奏鼓、龙舞（碇步龙、开化香火草龙、坎门花龙）、盾牌舞（藤牌舞）、泰顺药发木偶戏、瓯剧、木偶戏（平阳木偶戏、单档布袋戏）、木偶戏（泰顺提线木偶戏、廿八都木偶戏）、温州鼓词、温州莲花、乐清细纹刻纸、乐清黄杨木雕、乐清龙档、瓯绣、瓯塑、彩石镶嵌、木活字印刷技术、木拱桥传统营造技艺、蓝夹缬技艺、汤和信俗、七夕节（石塘七夕习俗）、妈祖祭典（洞头妈祖祭典）、祭祖习俗（太公祭）、琵琶艺术（平湖派琵琶）、嘉善田歌、滚灯（海盐滚灯）、海宁皮影戏、平湖钹子书、嘉兴灶头画、掼牛、高杆船技、五芳斋粽子制作技艺、网船会、含山轧蚕花、防风传说、长兴百叶龙、湖剧、湖笔制作技艺、双林绫绢织造技艺、蚕丝织造技艺（杭州织锦技艺、辑里湖丝手工制作技艺）、绿茶制作技艺（紫笋茶制作技艺、安吉白茶制作技艺）、扫蚕花地、西施传说、徐文长故事、王羲之传说、嵊州吹灯、新昌调腔、越剧、绍剧、乱弹（诸暨西路乱弹）、绍兴平湖调、绍兴莲花落、绍兴词调、绍兴宣卷、滩簧（杭州滩簧、绍兴滩簧）、嵊州竹编、调吊、绍兴黄酒酿制技艺、石桥营造技艺、大禹祭典、水乡社戏、黄初平（黄大仙）传说、浦江板凳龙、十八蝴蝶、龙舞（兰溪断头龙）、浦江乱弹、婺剧、醒感戏、兰溪滩簧、金华道情、永康鼓词、东阳木雕、锡雕、麦秆剪贴、剪纸（浦江剪纸）、竹编（东阳竹编）、翻九楼、线狮（九狮图）、金华酒传统酿造技艺、婺州举岩茶制作技艺、金华火腿腌制技艺、诸葛村古村落营造技艺、俞源村古建筑群营造技艺、东阳卢宅营造技艺、浦江郑义门营造技艺、赶茶场、浦江迎会、庙会（张山寨七七会、方岩庙会）、烂柯山传说、龙舞（碇步龙、开化香火草龙、坎门花龙）、西安高腔、木偶戏（泰顺提线木偶戏、廿八都木偶戏）、皮纸制作技艺（龙游皮纸制作技艺）、祭孔大典（南孔祭典）、观音传说、舟山锣鼓、传统木船制造技艺、谢洋节、济公传说、黄沙狮子、龙舞（碇步龙、坎门花龙）、

续表

资源类别	主 要 名 录
国家级非物质文化遗产	台州乱弹、临海词调、仙局花灯、竹刻（黄岩翻簧竹雕）、天台山干漆夹纻髹饰技艺、正骨疗法（章氏骨伤疗法）、刘伯温传说、畲族民歌、十番音乐（楼塔细十番、遂昌昆曲十番）、青田鱼灯舞、松阳高腔、青田石雕、迎罗汉、龙泉青瓷烧制技艺、龙泉宝剑锻制技艺、木拱桥传统营造技艺、畲族医药（痧症疗法）、畲族三月三、黄帝祭典（缙云轩辕祭典）、庙会（张山寨七七会、方岩庙会）、农历二十四节气（九华立春祭、班春劝农）
省重点扶持的文化节庆	杭州西博会·狂欢节、中国·桐庐民间剪纸艺术节、中国·象山开渔节、中国·秀洲农民画艺术节、中国·德清游子文化节、中国湖笔文化节、中国·诸暨西施文化节、绍兴大禹祭典、中国·浦江书画节、中国义乌文化产品交易博览会、中国·衢州孔子文化节、中国·岱山海洋文化节、中国·临海江南长城文化节、中国·玉环海岛文化节、中国·青田石雕文化节、中国·龙泉青瓷宝剑节中国·遂昌汤显祖文化节、中国·景宁畲乡“三月三”民歌节
国家级及省级爱国主义教育基地	浙江省博物馆、侵浙日军投降仪式旧址（含千人坑）、浙江革命烈士纪念馆、硬骨头六连荣誉室、中国丝绸博物馆、杭州市革命烈士纪念馆、中国茶叶博物馆、南宋官窑博物馆、胡庆余堂中药博物馆、岳王庙、良渚博物馆、中国剪刀博物馆、龚自珍纪念馆、章太炎纪念馆、张苍水纪念馆、新安江水力发电站、浙江自然博物馆、桐庐严子陵钓台碑园、武警浙江总队杭州市支队三中队、钱塘江大桥纪念馆、潘天寿纪念馆、中国印学博物馆、梅家坞周恩来总理博物馆、浙江省档案馆、杭州历史博物馆、萧山衙前农民运动纪念馆、于谦祠、钱王陵园、浙江大学校史馆、江南水乡文化博物馆（余杭博物馆）、中国京杭大运河博物馆、西湖博物馆、杭州马寅初纪念馆、镇海口海防遗址、河姆渡遗址博物馆、鄞州区四明山革命烈士陵园、余姚市四明山革命烈士纪念碑、天一阁博物馆、北仑港、沙孟海书学院、潘天寿故居、奉化滕头村、保国寺古建筑群、柔石烈士故居、北仑博物馆、宁波服装博物馆、卓兰芳烈士纪念馆、王阳明故居、浙东（四明山）抗日根据地旧址群、宁波博物馆、鄞州湾底农村文化科普博览园、温州浙南平阳革命根据地旧址群、温州革命烈士纪念馆、洞头先锋女子民兵连纪念馆、中国工农红军第十三军军部旧址纪念馆、乐清市雁荡山革命烈士陵园、瑞安市玉海楼、肇平垟革命历史纪念馆、文成县珊溪革命历史纪念馆（原刘英纪念馆）、温州博物馆、永昌堡、苍南县革命烈士陵园、温州革命历史纪念馆、泰顺中共闽浙边临时省委成立旧址、南湖革命纪念馆、茅盾故居、秦山核电站、张元济图书馆、侯波徐肖冰摄影艺术馆、吴镇纪念馆（梅花庵）、沈钧儒纪念馆、平湖市莫氏庄园陈列馆、海宁市钱君匋艺术研究院、嘉兴博物馆、新四军苏浙军区纪念馆、孝丰革命烈士陵园、73011部队军史陈列馆、湖州市博物馆、南浔文园、天荒坪抽水蓄能电站、中国湖笔博物馆、德清县博物馆、浙江图书馆嘉业藏书楼、湖州叔平奖学金展览馆、鲁迅故居及纪念馆、禹陵、周恩来故居、秋瑾故居、蔡元培故居、兰亭、陆游纪念馆、俞秀松烈士陵园、孙越崎纪念馆、马寅初故居及纪念馆、绍兴环城河景区、绍兴博物馆、上虞博物馆、上虞春晖中学、刘英烈士陵园、杨东海纪念馆、金华侍王府纪念馆、东阳横店集团鸦片战争电影拍摄基地、金华严济慈纪念馆、“江南第一家”郑氏宗祠、金佛庄烈士陵园、横店红军长征博览城、台湾义勇队纪念馆、金华何氏三杰陈列馆、衢州孔氏家庙、衢州中国氟化工生产基地、乌溪江引水工程、94616部队国防教育基地、江山碗窑水库、徐徽言纪念馆、衢州市博物馆、细菌战衢州展览馆、舟山鸦片战争纪念公园、舟山革命烈士纪念馆、海军91991部队军史馆、金维映故居、蚂蚁岛创业纪念室、马岙博物馆、

续表

资源类别	主 要 名 录
国家级及省级爱国主义教育基地	勤俭创业修理连、岱山县海洋文化博物馆、解放一江山岛烈士陵园、戚继光纪念馆、亭旁起义纪念馆、陈叔亮书画馆、“海空雄鹰团”荣誉室、临海古城墙、中国工农红军第十三军第二师革命烈士陵园、坎门英雄基干民兵营营史展览室、黄岩桐树坑革命纪念馆、陈安宝烈士纪念馆、临海郭凤韶烈士纪念馆、龙泉革命烈士陵园、紧水滩水力发电工程、中共浙江省委机关旧址、遂昌汤显祖纪念馆、龙泉市博物馆、遂昌王村口红军革命纪念地、浙西南革命根据地领导机关旧址

宁波市已有历史文化名镇8处，其中中国历史文化名镇4处，省级历史文化名镇4处；各级历史文化名村72处；传统村落44处；全市共有1282处有保护价值的古建筑被确认为历史建筑；拥有23个国家级非物质文化遗产。国家级爱国主义教育基地3处，省级爱国教育基地14处。此外，宁波象山举办的开渔节是中国著名的民俗节日之一，被纳入首届中国农民丰收节系列活动。可见宁波市具有丰富的历史文化遗存，汇集着众多的城市文脉，城市内涵丰富，在浙江省文脉荟萃的组成部分中占据着重要的地位。

2.2 区域文脉表征物丰度衡量体系构建

2.2.1 基于文化资源评价区域文脉表征物丰度

文化资源是指凝结了人类无差别劳动成果的精华和丰富思维活动的物质和精神产品或者活动，是蕴含了区域物质文化、行为文化、精神文化的文化综合体，是区域文化的表现形式，包括历史人物、文物古迹、民俗、建筑、工艺、宗教信仰、语言文字、戏曲等。现有研究大多集中在文化资源价值评估方面，对于区域文化资源总体赋存状况涉及较少，尚缺乏一套完整的定量评价体系。因此，本节尝试提出基于区域文化资源刻画区域文脉丰度概念，区域文脉表征物丰度是区域文化资源基础的定量测度，是对区域文化资源数量和质量的综合评价。通过构建区域文化资源赋存的总体状况定量测度评价指标体系，试图评价区域文脉表征物的丰度。

2.2.2 指标体系选取原则

2.2.2.1 科学性原则

科学性是建立区域文脉表征物丰度评价指标体系的首要要求。在相关学科充分研究基础上，严密推敲评估内容，明确指标概念，科学界定指标的内涵和外延。各项评估指标及其相应的计算方法、各项数据，都要标准化、规范化和科学化，以确保能够真实度量和反映区域文化资源的丰裕程度。

2.2.2.2　可获性原则

本节研究空间尺度以县（市、区）为基本单元，因此在构建指标体系时，数据量较大，不易采集。可获得的基础数据才能准确地评价区域文脉表征物的丰度。

2.2.2.3　系统性原则

区域文脉表征物丰度评价指标体系作为一个有机整体，要全面反映区域文化资源的数量和质量优势，因此需按照系统论的观点，采取系统设计、系统评估的原则，构建指标体系时首先找出能够全面反映被评价区域文化资源的各侧面的基本特征，每侧面由一组指标构成，各指标之间相互独立又相互联系，共同构成一个有机整体。

2.2.2.4　“质”“量”结合原则

本节以浙江省县域文化资源作为区域文脉表征物的丰度评价主要依据，在评价指标体系构建过程中，不仅要考虑各文化资源数量指标，还要注意资源的等级、规模、影响力和物质形态等评价指标设置，只有综合考虑数量和质量，才能全面、客观地反映区域文化资源的丰裕程度。

2.2.3　指标体系构建

2.2.3.1　指标选取说明与数据来源

地区文化通常由两部分构成：一是物质遗产，如地方特色建筑、历史遗存；二是非物质文化遗产，如特色技艺、风土人情，这是地区文化的核心。本节以区域内具有国际或国内一流水平的资源为基本要素对区域文脉表征物丰度进行评价，选取浙江省历史文化街区、浙江省历史文化名镇、浙江省历史文化名村、省级文物保护单位、省级非物质文化遗产、省级旅游度假区、全国重点文物保护单位、国家级历史文化名镇、国家级历史文化名村、国有博物馆、国家级非物质文化遗产、世界文化遗产及世界非物质文化遗产等 13 项指标，构建区域文化资源丰裕度评价指标体系，对区域文脉表征物丰度进行定量评价。

研究数据来源于联合国教科文组织、国务院、国家文物局、浙江省文物局以及浙江省非物质文化遗产网等公布的各项名录。

2.2.3.2　指标体系定量评价

（1）指标数值标准化

本节选用指标均为以个数为单位的效益型指标，数值越多越好，且都为正向指标取值，但为排除各指标的数量级差异对结果干扰，采用极差标准化方法对各指标数据进行预处理，使各指标值保持在 0~1。其计算式为：

$$y_{ij} = \frac{x_{ij} - \min x_{ij}}{\max x_{ij} - \min x_{ij}} \alpha + (1 - \alpha) \tag{2-1}$$

式中，$\max x_{ij}$、$\min x_{ij}$ 分别为指标 j 中的最大、最小值。为保证某些数据的意义，加入常数 α，一般取 α=0.9。

（2）确定指标权重

指标权重确定是定量评价的重要步骤，直接影响到评价结果的合理性，现有评价方法大致分为主观赋权法和客观赋权法两类。主观赋权法主要包括主观经验判别法、专家征询法、层次分析法等，其优点是能够体现决策者的经验判断，权重的确定一般符合实际；缺点是仅对评价指标重要程度主观判断，具有较大的主观随意性。客观赋权法包括主成分分析法、变异系数法、熵权系数法、局部变权法等，其优点是能有效传递评价指标的数据信息与差别，评价过程比较透明；缺点是仅以数据说话，忽视了决策者的经验和知识，有时会出现权重系数不合理的现象。

综合考虑各种方法的优势利弊，结合本节实际采用信息熵确定指标权重。熵权法是一种客观赋权方法，其原理是根据各评价指标数值的变异程度所反映的信息量大小来确定权数。即某项指标的指标值变异程度越大，指标所包含的信息量就越大，信息熵越小，从而该指标在综合评价中所起的作用越大，权重应该越大；反之，某项指标的变异程度越小，指标所包含的信息量就越小，信息熵越大，从而该指标在综合评价中所起的作用越小，权重应该越小。其计算步骤如下。

① 对经过无量纲化处理的指标数据进行比重求值，记 p_{ij}：

$$p_{ij} = \frac{y_{ij}}{\sum_{i=1}^{m} y_{ij}} \tag{2-2}$$

② 计算指标的熵值 e_j：

$$e_j = -k \sum_{i=1}^{m} p_{ij} \ln p_{ij} (k = 1/\ln m; j = 1, 2, \cdots, n) \tag{2-3}$$

③ 计算第 j 个指标的熵权 h_j：

$$h_j = 1 - e_j (j = 1, 2, \cdots, n) \tag{2-4}$$

④ 计算评价指标的权重 w_j：

$$w_j = \frac{h_j}{\sum_{j=1}^{n} h_j} (j = 1, 2, \cdots, n) \tag{2-5}$$

2.2.4 区域文脉表征物丰度综合评价模型

采用 TOPSIS（Technique for Order Preference by Similarity to Ideal Solution）模型计算区域文脉表征物丰度 c_i 值。TOPSIS 模型是由 Hwang 和 Yoon 在 1981 年提出的一种决策技术，被广泛应用于风险决策分析、环境质量测评、土地生态安全评价和土地整理实施效益评价等方面。该模型的优点在于能够充分利用原始数据、计算过程数据丢失量较小、几何意义直观且不受参考序列选择的干扰。“正理想解”和“负理想解”是 TOPSIS 模型中的两个重要概念，即通过寻求各指标中的最优解和最劣解，构建评价指标与最优解和最劣解之间距离的二维数据空间，在此基础上对各评价指标与最优解和最劣解做比较，如果在最接近最优解的同时又最远离最劣解，则该方案为待评价方案中的最优方案；反之，如果在最接近最劣解的同时又最远离最优解，则该方案为待评价方案中的最差方案。计算公式如下：

$$c_i = \frac{d_i^-}{d_i^+ + d_i^-}(i = 1, 2, \cdots, m) \quad (2\text{-}6)$$

式中 $d_i^+ = \sqrt{\sum_{j=1}^{n}(a_{ij} - a_j^+)^2}; d_i^- = \sqrt{\sum_{j=1}^{n}(a_{ij} - a_j^-)^2}(i = 1, 2, \cdots, m)$；$c_i$ 为不同用途与最优方案的贴近度，本节中表示区域文脉表征物丰度；d_i^+、d_i^- 为不同样区评价向量到正理想解和负理想解的距离；a_{ij} 为 y_{ij} 标准化指标与权重 w_j 相乘后指标；a_j^+、a_j^- 分别为指标 j 中的最大、最小值；c_i 越大，表示第 i 项区域文脉表征物丰度越接近于最优水平。贴近度 c_i 的取值范围为 0～1，其中，当 c_i=1 时，区域文脉表征物丰度最高，c_i=0 时，区域文脉表征物丰度最低。

2.3 浙江省文脉表征物基本特点

2.3.1 单体数量多、丰度大

选取文化旅游资源中遗址遗迹、中国历史文化名镇、中国历史文化名村、省级历史文化街区/村镇、国家重点风景名胜区、省级风景名胜区、国家重点文物保护单位、国家级非物质文化遗产、省重点扶持的文化节庆和国家级及省级爱国主义教育基地等品牌文化资源进行分析可发现浙江省文化旅游资源单体数量多，丰度大，尤其以环杭州湾地区、温台地区最为明显（表 2-2）。省内既有独特的山水文化景观，又有悠久的人文景观，特别是遗址遗迹资源丰富，民俗、文学艺术、节庆等资源独具特色，这些构成了浙江文化旅游资源丰富而完整的体系。以杭州为例，作为浙江省文化资源最丰富的城市，杭州市文化资源类型划分主要呈现三方面特点：其一，杭州市文化资源的种类较为齐全，既涵盖了自然、历史、民俗、节庆等各板块，也覆盖了从远古、近代到现代的各时间序列；其二，杭州市的自然文化资源和历史文化资源均较为丰富，尽管杭州西湖、“两江一湖”等自然景观具有极大的开发品质，但以文物古迹资源、民俗文化资源、宗教文化资源为突出代表的历史文化资源在总量上高于自然文化资源；其三，不同类型文化资源具有一定程度的融合或交叉成分。例如，杭州西湖就是一处以秀丽清雅的湖光山色与璀璨丰富的文物古迹和文化艺术交融一体的世界文化遗产，历史文化资源与自然文化资源交相辉映，巧妙地融合了自然、人文、历史和艺术等各类文化资源，共同建构了别具一格的西湖文化景观。

表 2-2　浙江省各地市文化旅游资源单体和储量状况

资源类别	遗址遗迹	中国历史文化名镇	中国历史文化名村	省级历史文化街区、村镇	国家重点风景名胜区	省级风景名胜区	国家重点文物保护单位	国家级非物质文化遗产	省重点扶持的文化节庆	国家级及省级爱国主义教育基地
杭州	166	1	2	10	2	2	23	40	2	32
宁波	87	3	1	7	1	3	22	22	1	18
温州	95	1	2	22	4	8	16	27	0	13
嘉兴	120	3	0	8	0	1	12	12	1	10
湖州	89	2	0	4	1	2	14	8	2	10
绍兴	82	2	1	9	2	4	16	21	2	14
金华	49	1	5	25	3	6	16	27	2	10
衢州	92	1	1	11	1	3	4	7	1	8
舟山	64	0	0	4	2	2	3	4	1	8
台州	61	1	1	6	2	4	3	9	2	11
丽水	97	1	1	18	1	5	6	15	4	7
合计	1002	16	14	124	19	40	135	192	18	141

2.3.2　文化特色鲜明

浙江既富名山胜水，又多文物古迹，是中国旅游业最发达的省份之一，素有“鱼米之乡”“丝茶之府”“文物之邦”“旅游胜地”的美称。以西塘、乌镇、南浔等为代表的江南水乡古镇是浙江省文化旅游资源中一张名牌，同时也是浙江省地域文化特色的象征，以提供具有江南文化特色的民俗体验旅游活动为主。普陀山是“海天佛国”，为中国的四大佛教圣地之一。莫干山号称“万国别墅园”，为中国四大避暑胜地之一。雁荡山则以“造型地貌”闻名，多奇石怪岩，又是动植物宝库。京杭运河从这里开始。天一阁被称为“天下第一藏书楼”。杭州、绍兴、宁波等国家历史文化名城是浙江省独具特色的旅游资源。其中，杭州素以“人间天堂”驰誉世界，文物古迹遍布城内外，因此成为中国六大古都之一和五大旅游热点之一。同时，浙江省非物质文化资源种类丰富，品质较高，拥有两百余项国家级非物质文化遗产，并且有 10 项目先后入选联合国教科文组织非遗名录，浙江省的非遗保护工作走在全国前列，在全国非遗保护传承中开拓了“浙江经验”。浙江省现代文化资源也独具特色，横店影视城是我国最具代表性的影视文化类旅游目的地，被称为“东方好莱坞”，杭州西博会·狂欢节、中国义乌文化产品交易博览会等省重点扶持的文化节庆为开发新兴文化旅游产品提供了支持。

2.3.3 文脉表征物丰度分布不均

利用 Arcgis10.2 软件对浙江省文化资源总量、世界级文化资源、国家级文化资源和省级文化资源分布状况进行核密度分析，文化资源分布密度显示。

除杭州、宁波、嘉兴、绍兴地区呈现集中分布外，多数文化资源单体空间分布较为分散，不利于文化旅游产品的开发。

浙江省文化资源大多集聚在市区，杭州、嘉兴、宁波、金华和温州主城区及其所辖县级市资源密度较高，是区域内文化资源分布的中心区。城市是历史上人类活动的主要集中地，凡是历史上人类活动频繁的地区，尤其是古人类出现地，历史文化遗存数量较多，等级也高，如杭州良渚古城遗址、宁波河姆渡文化所在地。世界级文化资源几乎全部分布在市区，其中杭州和宁波市辖区为两个主要核心区；国家级文化资源在空间分布上与世界级文化资源趋于一致，主要集中于杭州、嘉兴、宁波。此外，金华婺城区与温州瑞安市一带文化资源密度也相对较高；省级文化资源数量多、分布广，除杭州、嘉兴、宁波等地区高度集中分布，金衢和温州一带也形成了相对独立的两个文化资源高密度区。

杭州、宁波、嘉兴、绍兴文化资源密度较大，这与各地历史进程中人类活动密切相关。杭州市区文化资源密度最大，密度图可以看出杭州主城区文化资源高度集中，萧山、余杭、富阳等区文化资源密度也相对较高，呈现由杭州主城区向四周扩散的密度分布趋势；宁波则形成了以江北、海曙和鄞州为核心的高密度分布区；温州呈现以鹿城、瓯海、瑞安、平阳、苍南为轴的带状分布；金衢一带则形成了以兰溪、婺城、龙游、衢江为集聚区的连片分布；丽水、台州文化资源分布相对分散，规模较小，没有形成文化资源分布高密度区。

此外，浙江省大部分文化资源等级不高（表 2-3），以二级和一级资源为主，资源的开发面临很大难度，形不成开发的集聚效应，可利用程度不高。

表 2-3 浙江省各级文化资源单体比例状况　　单位：%

资源类别	五级	四级	三级	二级	一级	等外
杭州	2.41	3.61	6.02	27.71	60.24	0.00
宁波	4.60	3.45	11.49	34.48	45.98	0.00
温州	0.00	5.26	10.53	26.32	57.89	0.00
嘉兴	0.00	4.17	5.83	35.00	55.00	0.00

续表

资源类别	五级	四级	三级	二级	一级	等外
湖州	0.00	2.25	7.87	22.47	65.17	2.25
绍兴	1.22	1.22	6.10	25.61	65.85	0.00
金华	0.00	2.04	8.16	22.45	67.35	0.00
衢州	0.00	2.17	5.43	19.57	35.87	36.96
舟山	1.56	1.56	9.38	28.13	26.56	32.81
台州	1.64	1.64	4.92	49.18	42.62	0.00
丽水	1.03	1.03	5.15	31.96	42.27	18.56
全省合计	1.20	2.79	7.19	29.14	52.20	7.49

2.4 浙江省文脉表征物丰度评价结果及宁波生态位

通过利用公式 2-6 计算得到浙江省县域文脉表征物丰度值，为了避免某一年度数据的特殊性，本节以 2009—2018 年浙江省 89 个县（市、区）文脉表征物丰度平均值展开评价（表 2-4），并将各县（市、区）文脉表征物丰度综合评价值作为空间地理变量赋值于各县域单元空间中心点，利用 Arcgis10.2 软件进行克里金插值模拟，分析浙江省县域文脉表征物丰度发展格局特征。

表 2-4 浙江省县域文脉表征物丰度综合评价与排序

县（市、区）	综合评价值	排名	县（市、区）	综合评价值	排名
西湖区	71.60	1	浦江县	44.01	14
兰溪市	69.04	2	泰顺县	43.73	15
海宁市	65.15	3	象山县	42.84	16
龙游县	60.99	4	越城区	42.59	17
上城区	52.56	5	宁海县	41.18	18
龙泉市	49.04	6	苍南县	41.12	19
南浔区	47.86	7	余姚市	41.06	20
桐乡市	47.62	8	松阳县	39.46	21
永嘉县	47.15	9	义乌市	39.26	22
仙居县	46.52	10	乐清市	37.05	23
余杭区	46.12	11	婺城区	37.05	24
鄞州区	44.35	12	江山市	36.92	25
永康市	44.22	13	平阳县	36.21	26

续表

县（市、区）	综合评价值	排名	县（市、区）	综合评价值	排名
柯桥区	35.85	27	奉化区	16.74	59
安吉县	34.74	28	衢江区	16.70	60
武义县	33.90	29	天台县	16.66	61
嵊州市	29.50	30	定海区	15.59	62
临海市	28.84	31	景宁畲族自治县	14.93	63
平湖市	26.67	32	青田县	14.84	64
德清县	23.60	33	淳安县	14.53	65
瑞安市	23.43	34	柯城区	14.43	66
莲都区	22.72	35	秀洲区	13.82	67
遂昌县	22.51	36	镇海区	13.77	68
缙云县	22.40	37	普陀区	13.77	69
吴兴区	22.33	38	新昌县	13.64	70
南湖区	21.60	39	江干区	13.55	72
海曙区	20.89	40	椒江区	13.42	73
萧山区	20.80	41	文成县	13.24	74
桐庐县	20.50	42	金东区	12.93	75
东阳市	19.96	43	下城区	12.70	76
磐安县	19.84	44	岱山县	13.55	71
庆元县	19.66	45	海盐县	12.57	77
长兴县	19.08	46	云和县	12.04	78
温岭市	18.95	47	北仑区	12.04	79
开化县	18.87	48	玉环县	11.82	80
鹿城区	18.83	49	拱墅区	11.73	81
上虞区	18.80	50	黄岩区	11.73	82
诸暨市	18.56	51	三门县	11.46	83
临安市	18.46	52	龙湾区	11.20	84
嘉善县	18.45	53	瓯海区	10.84	85
富阳区	18.45	54	滨江区	10.53	86
慈溪市	17.38	55	洞头区	10.53	87
建德市	17.27	56	路桥区	10.31	88
常山县	17.07	57	嵊泗县	10.31	89
江北区	16.79	58			

2.4.1 总体格局

浙江省县域文脉表征物丰度的标准差指数和变异系数显示（表 2-5），2009—2018 年浙江省各县（市、区）文脉表征物丰度均值呈上升态势。绝对差异看标准差从 2009 年的 13.60 上升到 2018 年的 15.03，呈现逐渐扩大的趋势，表明近 10 年浙江省县域文脉表征物丰度发展不平衡的绝对差异在不断扩大。相对差异看变异系数从 2009 年的 64.70%下降到 2018 年的 57.49%，说明浙江省县域文脉表征物丰度离散程度减小，总体非均衡性逐年降低，文脉表征物丰度相对差异逐渐缩小。

表 2-5 浙江省文脉表征物丰度描述统计结果

	均值	标准差	变异系数
2009 年	21.02	13.60	64.70
2010 年	22.17	14.76	66.58
2011 年	22.99	15.02	65.32
2012 年	23.14	15.00	64.80
2013 年	23.14	15.00	64.80
2014 年	23.29	15.22	65.35
2015 年	26.15	15.03	57.49
2016 年	26.15	15.03	57.49
2017 年	26.15	15.03	57.49
2018 年	26.15	15.03	57.49

2.4.2 省域空间差异与宁波生态位

浙江文脉表征物丰度格局呈现区域性失衡的特点。区域结构特征是：尽管浙江省文化资源整体规模不断扩大，但各地区文脉表征物赋存水平存在较大差异。浙江省文脉表征物丰度赋存水平呈现出从内陆到沿海逐渐降低的梯度分布格局，按文脉表征物丰度综合评价值高低可划分为五个等级：①内陆文脉表征物丰度高发展水平地区呈“3”字形带状分布，包括安吉县、德清县、西湖区、余杭区、上城区、南浔区、桐乡市、越城区、诸暨市、桐庐县、浦江县、兰溪市、金东区、婺城区、永康市、武义县等，属于第一等级地区，文脉表征物丰度最高，是浙江省文化资源开发潜力最大区域，其中西湖区位于第一位，是浙江省文化资源最为丰裕的地区，无论数量还是质量，西湖区文化资源均占据独特优势；②“3”字形周边沿线地区文化资源发展水平也较高，包括长兴县、柯桥区、临安市、建德市、淳安县、缙云县、仙居县、遂昌县、江山市、龙游县、常山县、开化县等，属于第二等级地区，文脉表征物丰度优势相对较为明显，具有较好的文化资源开发基础；③第三等级地区包括秀洲区、富阳区、上虞区、嵊州市、新昌县、磐安县、莲都区、云和县、景宁畲族自治县、庆元县等，是浙江省文脉表征物丰度中等水平地区，具备一定的文化优势；④第四等级地区文脉表征物丰度水平较低，文化资源优势一般，包括北仑区、镇海区、江北区、宁海县、天台县、椒江区、青田县、瑞安市、平阳县、苍南县等；⑤第五等级地区主要位于东南沿海，包括嵊泗县、岱山县、定海区、象山县、三门县、临海市、黄岩区、路桥区、温岭市、乐清市、玉环县、洞头区、龙湾区、瓯海区、文成县等，文化资源基础较差，文化遗存相对较少，且等级不高，组合状况不佳，是浙江省文脉表征物丰度相对落后区域。总体而言，宁波市仅海曙区、宁海县的文脉表征物丰度位居中上水平，其他县市区文脉表征物丰度与全省相比较为逊色。

2.5 本章小结

本章以区域文化资源刻画区域文脉表征物丰度，站在浙江省各县分析宁波市文脉表征物丰度生态位，结果表明浙江省文化旅游资源单体数量多，丰度大，尤其以环杭州湾地区、温台地区最为明显，并且区域文化资源特色鲜明。通过密度分析发现除杭州、宁波、嘉兴、绍兴地区呈现集中分布外，浙江省多数文化资源单体空间分布较为分散，不利于文化旅游产品的开发。文化资源大多集聚在市区内，世界级文化资源高度集中于杭州市区，国家级文化资源在杭州、嘉兴、宁波以及温州一带分布较为集中，周边地区分布较少，省级文化资源总量较多，除杭州、嘉兴、宁波等地区高度集中分布，金衢和温州一带也形成了相对独立的两个文化资源高密度区。

依据文脉表征物丰度评价结果可将浙江省 89 县（市、区）划分为五个等级：第一等级地区包括安吉县、德清县、西湖区、余杭区、上城区等，文化资源数量较多，质量较高，优势明显；第二等级为长兴县、柯桥区、临安市、建德市、淳安县等地区，文化资源较为丰富，资源开发基础较好；秀洲区、富阳区、上虞区、嵊州市、新昌县等为第三等级地区，文化资源优势中等，具备一定的开发潜力；北仑区、镇海区、江北区、宁海县、天台县等为第四等级地区，文化资源丰裕度水平较低，文化资源优势一般；第五等级为嵊泗县、岱山县、定海区、象山县、三门县等地区，文化资源基础较为薄弱。

3　宁波港城文脉内涵与现代化发展

3.1　构筑大都市与宁波城市精神

3.1.1　宁波城市精神

宁波精神具有深刻而广泛的含义，不仅仅是指传统的宁波精神，更包括宁波的创新精神和开拓精神；不仅仅指宁波人的精神，还应包括宁波的商业精神、文化精神和城市精神等。在构筑大都市的过程中更需要体现的是宁波的城市精神。

城市是现代人的生存空间，它不仅仅只有自己的物理空间，而且应该具有自己内在的精神。宁波作为具有强劲活力的港口城市，正在向现代化大都市方向迈进，城市空间不断开拓，这不仅需要大量的资本、技术、人力资源的充分投入，更需要能反映城市“生命力、创造力与凝聚力”的城市精神。

什么是城市精神？城市精神首先是一种对自己肩负的历史使命的高度自觉。当一个城市不满足于普遍的物质繁荣或成就，而是想到自己应该承担的历史责任的时候，我们就说它有了一种精神。当宁波这个城市不满足于小富即安，不满足于以往取得的成就，而是充分意识到自己所肩负的历史责任时，它就有了一种精神。一种要自觉创造伟大业绩，完成历史使命的精神。没有这样一种志气，没有这样一种精神，一个城市经济再繁荣，也不会成为一个伟大的城市。

第一，新一轮的宁波城市建设主要职能将是：上海国际航运中心的深水枢纽港及大型远洋集装箱转运中心，东南沿海大宗散货物资的中转基地；长江三角洲南翼贸易、物流中心，东南沿海重要工业基地；浙江省贸易口岸和金融中心、新科技中试基地、文化旅游基地和省教育副中心；具有江南水乡特色的生态型城市。这些职能要求宁波社会经济发展要保持一定的高速度，城市社会经济结构加快向高度化、外向化发展，城市建设走向现代化。发展工业化、城市化、现代化，使宁波向大都市方向迈进。只有这样，才能担负起全省、长江三角洲、全国乃至世界各个层次地域综合体赋予宁波的历史使命。

第二，城市精神还体现在城市规模空间上的一种气势。构筑大都市形态，拉开城市空间，在规模与气势上体现一种城市精神。宁波大都市空间结构分为市域、都市区和中心城三个形态：市域内形成以宁波中心城为核心，“T”字形交通骨架（滨海线、沿海国道主干线）为主轴，二区（北部都市区、南部生态发展区）为主体的面向杭州湾的开放式空间布局结构；都市区将形成以南部中心城为核心，余慈地区–杭州湾南岸新城组成的带形组团式布局。中心城区将形成“一心两带三岸多点”组团式空间格局：“一心”即以三江六岸为核心，“两带”即滨海北仑、镇海产业带，沿着运河和铁路的交通生态带；“三岸”即镇海、北仑和海湾生态带隔离，形成一个组团式城市；“多点”即围绕中心城的十多个卫星城。大都市功能区的发展都要求落实到空间上，这个需要便形成了宁波城市空间拓展和用地功能重组的一个强大拉动力。这种大范围拉开城市空间，扩大都市框架，面向杭州湾的开放式空间布局结构，体现了现代化滨海大都市的非凡气势。

第三，城市精神也体现为一种深远的人文精神。像著名的国际大都市巴黎、伦敦都有深厚的文化底蕴，包括大英博物馆在内的所有伦敦公共博物馆都免费向公共开放。宁波如果要成为现代化大都市，也必须要有自己鲜明的精神气质。这就要求宁波除了物质文明的建设外，还要有精神的追求，要有高水平的文化设施、高水平的运动队和受过良好教育的市民。我们也许不能像发达国家那么富有，但每个生活在我们这个城市里的人都会受到人文关怀和尊重。

第四，城市精神也需要城市布局格调高雅、有良好的生态环境。构筑大都市使宁波的空间组织出现新的单元：高新技术园、高教园区、旅游度假区、货物流通区、生活居住区等等。城市新功能不断涌现，更需要合理规划，构建格调高雅的都市景观和良好的生态环境。通过提高城市品位和提高城市档次，来反映宁波城市精神。

构建现代化大都市，需要城市精神来支撑。我们要不断培养新的精神因子和要素，养成新的城市精神，使它成为我们城市发展的内在支撑与依托，使得城市不仅是一个繁荣的城市、富裕的城市，更是一个文明的城市、有内涵的城市；不仅受人喜爱，更受人尊敬。

3.1.2 古韵延伸：以宁波慈城为例

慈城镇地处宁波西北部，距宁波市中心大约 18 千米，古城区面积 2.16 平方千米，人口 1.85 万（2000 年普查数据），是省级历史文化名镇。慈城历史悠久，早在唐代就是当时慈溪县治所在。自唐至清，重教敬学形成风尚，素有“儒学重城”“进士故里”的美誉，人文荟萃，文物古迹遍布，辉煌的历史沉淀了深厚的文化底蕴。因此，慈城具有鲜明的历史文化特色，是名副其实的古城。

3.1.2.1 发掘千年古县城：机遇与挑战并存

慈城是宁波市区内唯一的中心镇，在推进宁波城市化进程中具有特殊地位。作为宁波市区历史不可分割的组成部分，慈城的发展必然置于宁波城市发展的大环境之中。宁波经济增长迅速，城市品位不断提升，高速发展的经济运行态势所带来的直接与间接影响，为慈城古城的保护与发展提供了现实的历史机遇。

挖掘城市文化内涵和提高城市环境质量已经成为当今世界城市建设和发展的主流。文化内涵是城市的灵魂，是城市的希望和生机所在。文化越来越成为一个城市综合实力竞争的重要指标。提高城市文化品位将是未来宁波城市建设的重要内容。这一战略的实施，无疑是慈城这一千年古县城展现灿烂文化历史、再现宁波辉煌历史痕迹底蕴的难逢良机。

随着宁波市地位和声誉的日益提升，尤其是与宁波经济高速发展相伴随的居民收入与闲暇时光的增加，带动了全市旅游业的稳步发展。在这一形势下，拥有独特自然资源和历史资源的慈城，受到了市、区主要领导和有关部门的高度重视与关心，慈城古县城的保护与开发得到一个绝佳的机遇。

从全国范围来看，古镇的保护与开发已引起各地的关注和重视，并纷纷推出各自的古镇，打造自己的品牌。特别是位于太湖平原的六大古镇，地处江南，邻近上海，以上海大都市为其客源市场，以各自独特的街巷风貌和文化民俗为特色，在强大的宣传攻势下，发展势头强劲，已成为全国的典范。这六大古镇有联合发展，走向世界的意向。这对于地理位置相似，但是至今未得以开发的慈城来说，不啻为严峻的挑战。

面对良好的机遇与严峻的挑战，未来慈城的开发与振兴应走什么样的道路，已是一个令人深思的问题。鉴于国内古镇的开发现状与慈城千年古城的独特性，未来慈城的发掘首先应把慈城作为宁波历史文化名城重要部分来进行保护与开发，由宁波的发展带动其发展。要做到使游客来宁波之前，有一种一定要看看宁波这座千年古城历史面貌的欲望，否则，就会有一种非常遗憾和不完整的感觉。另外，慈城作为历史超过千年的古镇，其特质又不同于江南六大古镇，应该做好这一“特”色文章，充分体现出一个古县城所应有的内涵。

3.1.2.2 千年古县城的发展对策与建议：保护与开发并重

纵观慈城历史和现状，其历史文化底蕴极其深厚，既有悠久的原始文化遗址和千姿百态的青瓷越窑，又有浙东的宗教文化，更有浙东最完整的孔庙和儒家传统；慈城也是“宁波帮”的发祥地、古建筑的大观园、中华民族抵御外来侵略的古战场；同时还拥有五彩纷呈的艺术珍品、中国传统的城市格局。面对着如此丰富的历史文化遗产，如何做到保护与开发兼顾，既不破坏古城的“古”韵，又能凸显特色，振兴城镇经济，并做到可持续发展。这是一个值得探讨与深思的问题。我们应该从慈城的实际出发，采取以下几方面对策措施：

（1）要正确处理好现代化建设与古城保护的关系

随着社会发展和人类文明的进步，任何一座历史文化名城，不仅沉淀着丰富的地方历史文化内涵，同时又充满着现代城市文化的内容。这种城市文化的双重性，对慈城来说，在城镇现代建设中这方面的矛盾则更难回避。合理适度地处理好城市现代化进程中的特色保护问题，一直是历史文化城市发展建设中的难题。作为一座古镇，慈城承担着居住、商贸、游憩和交通等功能，其发展是必然的。随着时间的推移，城镇内的建筑及设施在不断老化、过时，需要进行更新，新的建设不可避免。而在城市发展中，人口的增长，经济的发展，交通流量的增加，对古城风貌的传承是一种威胁。因此，对具有完整古城风貌的慈城而言，要特别注重保护。保护是为了更好地发展，是为了促进可持续永久性的开发，而开发带来的经济收益又能促进更好的保护。对于慈城而言，保护是第一位的，开发是第二位的。要在充分尊重历史环境、保护历史文化的前提下进行开发，切实避免造成新的“建设性破坏”。开发中要慎重拆建，力争整体和谐。在古城保护与开发中，不要一味地受经济利益的驱使，为了开发而开发，大拆大建，到处新建仿古建筑，却破坏了古城整体环境。当然，对于慈城而言，就其现状来看，由于历经千余年沧桑，地上遗物有的已经消失不见，现有的景物仍不足以反映古县城昔日的盛况，为了延续历史的脉络，可以择其重要的加以恢复再现，甚至创造。但要注意保持建筑实体与周围环境整体融洽和谐，共同成为城市“时间的标记”，传承古县城的古韵。

（2）要对自然生态环境进行复合性保护与恢复

历史上的慈城深受佛教、儒教文化的影响，筑城背山面水，城北群山连绵，山势高平，如屏风横立；东山如龙，旋延至南；西山如虎，雄居城西；南则平野十里，慈、姚两江襟绕其前。城北慈湖与东钱湖、月湖合称明州三湖，风景清幽，别具风采。古城布局源于《周易》中依山面水的风水学说。优越的地理环境，良好的自然生态，借助山势衬托的城市轮廓，形成古城优美自然景观。但是由于对城市文化与生态环境认识的局限性，慈城在发展建设过程中，对自然生态环境和城市历史文化的建设性破坏也较严重。因此，在古城保护与开发过程中，一定要结合慈城的生态与自然景观，恢复天然水系与绿地系统，形成环绕慈城外廓的群山绿地系统与城内河网水系交相辉映，把自然生态环境中的山水“灵气”引入城区，与文物古迹结合起来，从而提高慈城的生态环境和城市景观质量，为文物古迹的保护与开发提供良好的环境基础。

（3）要加强古城历史文化环境的保护与再生

上千年的悠久历史为慈城留下了丰富的文化遗产：官宦宅第、功德牌坊、宗庙祠堂等等。但也正因其历史久远，现保存下来的这些古建筑大都已出现严重的物质性老化和功能性衰退，呈现出破败不堪的景象，急需修整。有些能反映古县城历史文化积淀的景物也有消损，需要择其典型进行恢复，如清道观等。

传统街巷是城市生活的主要发生空间，它为人民提供了一个可以面对面接触的中心场所。慈城镇区内有些街巷的传统风貌还是相当完整，如民权路、民生路、民主路、尚志路、太阳殿路等，它们代表了慈城居住性街巷与商业性街巷的典型特征。对这些街道可以有选择地加以保护，在尊重历史原貌的基础上适当增加一些服务设施，拆除或改建其中不符合传统街巷风貌的建筑。

传统建筑群是记载城市发展综合历史信息、体现城市特色风貌的重要构成部分。慈城的传统建筑主要有官宦宅第群、儒林学宫、宗室祠堂、功德牌坊四类。其保护与修复应从内外两方面入手。外表的修复本着“修旧如旧”“以存其真”的原则进行，充分反映其历史原貌。内部的整治一方面要在结构上进行加固，增加现代化设施，改善居住环境。另一方面，还应尊重历史复原其厅堂的摆设，以展示古代官宦的生活起居状况。

古城墙及传统城市格局对城市历史风貌起着很大的作用，如有条件，可以选择性地在其原址上恢复一段城墙，彻底整治护城河，给人们一种直观上的对古县城的认知。慈城保留完好的棋盘式街巷格局，是区别于其他古镇的一大特色，今后应加以保护，尽量不改变原有的道路结构。作为中国古代城市规划的样板，可起宣传教育的作用，同时也有助于城市空间结构构成历史形态的传承，增强古城历史气氛。

（4）要注重传统风貌特色的维护与强化

古城的保护与发展最关键的是要充分挖掘其内涵与特色，重点挖掘以下 4 个方面，以充分体现其深厚的历史文化底蕴。

第一，千年之“古”。慈城历史悠久，唐开元二十六年（739）即选县治于此，历经近一千三百年。其“古”的特色主要体现在古建筑群、古城风格以及民风民俗等方面。慈城至今仍保留着唐代城市街道的“井”字型布局、大量明清古建筑和古代沿袭的民风民俗等。今后可以借“古”的优势，开辟城市格局游、古建筑鉴赏游、民风民俗游等。

第二，（古）县城特质。作为县治所在地，慈城是全县政治、经济、文化中心，拥有大量的文物古迹。这些文物古迹是反映慈城各时代文化、思想、艺术、科学技术、政治、经济、军事等方面的杰出代表，记载着慈城作为县治的历史信息。可作为参观旅游的对象，以县衙等为政治代表，以消费休闲设施反映经济职能，以文物古迹呈现慈城文化等等，向人们全面展现慈城的历史风貌。

第三，人才辈出。慈城从古至今，文人名士荟萃。从县志记载可见，慈城涌现过上至宰相下至县令的无数官员，唐至清共中进士 519 人，是名副其实的官城、读书城。佛教、道教、儒教“三教合一”现象最直接的体现便是慈城拥有数量众多的官宦宅邸、气势恢宏的孔庙和清道观。可辟以名人故居、儒家学府和佛、道教景点等向游人开放。

第四，传说众多。慈城历史悠久，传说故事也多。可以择其典型，以雕塑的手法诉说慈城历史。如董孝子的故事，吃年糕的传说，八月十六过中秋的典故等。

3.2 宁波港口城市文化内涵挖掘与文化现代化

3.2.1 宁波港口城市文化内涵的挖掘与重塑

任何一个城市的发展，都有其自身所具备的各种条件，港口城市的形成与发展是与港口的演变过程密不可分的。宁波作为一座沿海港口城市，其文化特色需要纳今更需要博古。和宁波许多逐渐消失的文化一样，作为宁波城市文化重要的一部分，港口文化也需要人们去搜集，去关注、去寻找、去品味。挖掘城市记忆，形成宁波城市独特的文化风格，宁波的文化个性才不会被国际化现代化的浪潮所淹没，我们的城市才能形成一种永久不衰的魅力。历史文化名城和港口城市品牌具有不可替代的经济文化内涵和不可交易的专有功能，它以高度凝练的形式，集中了一座城市自然资源和人文创造之精华。在经济快速发展的同时，打造宁波城市的文化之美、灵魂之美、和谐之美才能更好地使这座中外闻名的港口古城走向现代化、国际化。

3.2.1.1 追寻宁波港口城市的历史发展足迹

宁波城市的产生及其发展过程是与港口的开发和兴衰紧密联系在一起，宁波港口是宁波城市发展的物质基础。宁波历史悠久，早在 7000 年前，先民们就在这片土地上繁衍生息，创造了灿烂的河姆渡文化。早在公元前 4 世纪，宁波就是古越国水军营建的要塞句章港所在地，这也是我国最古老的军港之一。在唐代，宁波已是“海外杂国、贾船交至”的全国主要对外贸易港口，宁波港于唐天宝十一年（752）正式开埠，并与扬州、广州一起列为我国对外开埠的三大港口。宋代，宁波港又与广州、泉州并列为我国三大主要贸易港。宁波是“海上丝绸之路”“瓷器之路”“海上茶路”的起点和通道。鸦片战争后又辟为“五口通商”口岸之一。越窑青瓷，中国茶叶通过明州（宁波）口岸远销朝鲜、日本、东南亚以及阿拉伯等国家和地区。近代史上，宁波新兴工商业发展较早，“宁波帮”更是闻名海内外。

港口的发展为宁波城市留下了丰富的文化遗址。唐至清初，港址主要集中在奉化江左岸，就是现今东门一带。建港之初，“三江口”附近只是一个被称为“甬水村”的集市性聚落，实际上是个渔业港湾，随着港口的兴起和经济的繁荣，明州州治也舍小溪而迁宁波，在现今中山公园一带，建立了子城。现在的鼓楼，就是子城的南门。子城的建立，是宁波成为地方中心城市的标志。到唐景福元年（892）建成宁波之廓——罗城，现今灵桥路—江厦街—和义路—永丰路—望京路—长春路围成的区域就是罗城的基本轮廓线；当时宁波已成为东南沿海的一个港口城市，这是宁波港的第一个发展阶段。

到了宋代，堪称全盛时期，宁波发展为我国三大主要贸易港口之一。鸦片战争之后，宁波成为五口通商口岸之一，外国商船相继来到宁波，城区东门一带的航道码头已无法满足需求，于是在江北地区设置码头，建造库场。随着新港的兴起，城市规模也就再次扩大，跨过奉化江和姚江向江东和江北发展，宁波港进入了第二个发展阶段。由于国际市场对丝、茶叶的大量需要，刺激江浙地区蚕丝和茶叶生产在排挤粮食的基础上加速发展，成为当时宁波港的重要出口物资。这一时期的城市经济，由于港口条件的改善和远洋航运的开辟而逐渐发展起来。

由于国际航海运输业的飞速发展，船舶趋向巨型化，而宁波港由于甬江航道狭窄、淤浅，不能适应现代海运发展的需要，有利的地理位置逐渐被上海港所代替，城市发展也就停滞不前。随着镇海港区和北仑港区的开发，又开创了宁波港演变过程中新的历史时期，也就是第三个发展阶段，进入了远洋巨轮运输为特征的港址向外推移到河口海岸的新时期。宁波逐渐由内河城市向河口城市再向海港城市演进，并形成三江口、镇海、北仑三个滨海临江发展的空间格局。进入21世纪，作为港口集疏运的重要通道——杭州湾跨海大桥的建设，打通了宁波与长三角核心区的便捷联系，宁波城市发展空间将向杭州湾延伸，市域空间格局从“三江口时代”走向“杭州湾时代”。

3.2.1.2 挖掘宁波港口城市的深厚文化内涵

作为有着源远历史、内涵丰厚、影响深广的宁波港口文化，在历史长河中，既不断积淀，自成特色，又逐渐与其他外来文化发生融合，提升自己的品位，提亮自身的色彩，以其独特魅力滋养着生活在其中的人们。这些文化特质为宁波人民世代相传，浸润在一代代人的血脉中，从而为城市经济繁荣、社会进步积聚了深厚的文化底蕴，起到了积极的推动作用。

宁波的港口文化深刻地融汇在“宁波精神”之中，“诚信、务实、开放、创新”集中体现了港口文化内涵。关于“诚信”，历史上宁波有“尊德性，立诚信”的老话，宁波出现过许多在事业上因诚信而取得成功，在道义上因诚信而受到尊重的典型人物及事迹。关于“务实”，浙东学术文化有一条由心学向实学转化的脉络，“知行合一”“经世致用”重在“践履”和认为“不实践无以为学”等都包含了“务实”的内容，务本求实是宁波人的经营之道，宁式建筑、木器、缝纫、首饰、手工制品等都以做工考究，货真价实，闻名于世。关于“开放”，宁波人世代面对大海的挑战，艰险的环境养成了他们开阔的视野，自明、清以来，一代代宁波人外出经商，打开“无宁不成市”的局面，他们善于吸收、应用外来先进科学文化技术来发展壮大自己，在“宁波帮”的创业经历中，具有强烈的开放意识和开拓精神。关于“创新”，7000年前的河姆渡人就种出了世界上最早的稻谷，创建了杆阑式木结构建筑。宋代以及明清期间，宁波地区的众多思想家向当时承袭程朱理学为教条而食古不化的陈腐思想提出挑战，冲破当时理学的价值体系，为中国儒学注入生气，使之具有了一种新颖的风貌。当代宁波拥有童第周、路甬祥等 120 余名宁波籍两院院士，他们为现代化建设事业做出了重要贡献，成为创新人物的代表。这表明，宁波人对改革与社会发展规律的认识，由以往的较注重“物”与“经济”开始向重视人的“精神”与“文化”建设转变。

一座城市的历史、文化、风俗，是城市最具个性的因素，是城市最持久、最具资源潜力和最关照人的精神家园归属感的特征。宁波市具有1180多年的城市史，全市现有各级文物保护单位320处（截至2007年11月），还有公布的市、县级文物保护点645处（图3-1）。宁波市国家级文物保护单位总数名列全国110座历史文化名城前列，浙江省第二位，计划单列市首位，有力提升了宁波城市的个性和品位。城市发展史可以看出，宁波城市以航运而兴起，以港口而发展。历史上名人众多，留下了绚丽多彩、形态多样的经济文化。

图3-1　文化遗址鼓楼与民居

3.2.1.3　重塑宁波港口城市的历史文化魅力

21世纪毫无疑问是城市的世纪，随着城市的发展，城市之间竞争的加剧和城市竞争的全球化，城市的核心竞争力正在慢慢地从城市的经济实力为主，而越来越多地转移到城市个性特色、城市文化魅力的影响上来，可以这样说，21世纪是“城市环境和历史、文化复权”的世纪。

当今世界，许多著名城市在现代化建设中，都采取严格措施保护历史文化遗产，从而使城市现代化建设与历史文化遗产浑然一体、交相辉映，既显示了现代文明的崭新风貌，又保留了历史文化遗产的奇光异彩，受到世人的普遍称道。宁波，作为国际性港口城市和国家级历史文化名城，40多年来保护利用管理文化遗产取得了显著成绩，名城在保护中发展、文明在传承中延续，城市文化根基进一步夯实，迸发出文化与经济相互交融的魅力（图3-2）。众多修缮开放的港口文化遗产以及港城历史街区的整治，提升了宁波城市品位，改善了宁波城市形象。

图 3-2　历史上三江口船只林立，一派繁荣景象；宁波历史文化遗址——河姆渡

然而从宁波城市建设现状看，大规模的现代化建设，也致使许多悠久的历史文化遗存遭受不同程度的破坏，而宁波港口城市的文化内涵并未充分挖掘和真正体现。另外，宁波自古以来就以港口著名，比上海港历史悠久得多。如此悠久的港口历史文化和丰富的港口物流遗迹，却在当今宁波城市建设中并未真正体现。在市区范围内没有相应主题的博物馆，也没有一条城市道路以港口或码头来命名，城市雕塑和标志性建筑缺乏港口文化内涵，整个老城区似乎已与港口无关。而且，由于国际航运向“大吨位、深水港”方向发展，宁波港址已从三江口向镇海和北仑迁移，市区历史上原有的“货船张帆待发，商贾蜂拥而至”的港口繁忙景象已经不见。如何在城市建设中体现港口文化，形成港口城市特色氛围，这就需进一步充分挖掘宁波港口城市的历史文化底蕴，重塑宁波港口城市的历史文化魅力。

作为沿海港口城市和国家历史文化名城，其悠久的历史文化无不带上港口的烙印。在宁波城市特色塑造过程中，要充分体现和挖掘港口文化这一反映宁波城市特色的最本质的要素。在现代化的城市中要让人们感受到港口的发展过程，体现港口文化的氛围，培育港口文化特色。因此，宁波城市建设不仅要在建筑造型、道路格局、城郭形象和局部景观上把港口文化特色加以体现，而且可结合甬江两岸的开发，在原轮船码头附近兴建港口博物馆、海上丝绸之路博物馆、海上瓷器茶路博物馆，将与港口有关的风俗、民情和分散的文物古迹集于一处，成为有较强地方特色的景点。实现文化遗产在“保护中求发展，建设中求和谐”，使得历史文化融入现代生活，促进城市精神的重塑和文化空间的营造。城市保护与发展最终就是以人为中心，注重历时性和共时性两个方面的规划管理。历史文化名城和港口城市品牌具有不可替代的经济文化内涵和不可交易的专有功能，它以高度凝练的形式，集中了一座城市自然资源和人文创造之精华。在经济快速发展的同时，打造宁波城市的文化之美、灵魂之美、和谐之美，使这座千年的中外闻名的港口古城走向现代化、国际化，吸引世界不断去关注这座城市所发生的一切。

3.2.2 宁波文化现代化指标体系的制定与评价

21 世纪是知识经济时代，文化越来越成为一个城市综合实力竞争的重要指标。文化能够丰富城市内涵，提高市民素质，展示城市形象；能够优化投资环境，吸引人才，促进对外交流，扩大对外影响；能够培植新的经济增长点，推动新兴产业发展，拉动经济增长。因此，文化是城市的灵魂和内涵，是城市的希望和生机之所在。加快文化现代化，既是城市化建设的重要内容，也是城市现代化的重要保证。但由于文化现代化涉及面很广，受各种社会、经济、自然要素影响，加之具有综合性、动态性、区域性等特点，使得对其进行定量描述十分困难。因此，建立一套能量度城市文化现代化发展水平的指标体系，已成为学术界和各级政府十分关注的热点。

3.2.2.1 关于文化现代化基本概念的内涵界定

“文化现代化”作为一个完整概念被提出，首先需要对这一概念的内涵作界定。这涉及“文化”“现代化”和“文化现代化”三个子概念。

（1）文化

文化定义众多，国内学术界对文化的通常界定，主要是从其外延和内涵两方面将其区分为大、中、小文化。所谓大文化，即“精神文明”的另一种说法；中文化，具体指哲学社会科学、文艺体育、新闻出版和群众性精神文明活动等；而小文化则主要指目前政府文化职能部门所管辖的“文化事业”。考虑到理论逻辑体系应与实际操作体系相配套，本节所涉的“文化”以目前政府职能部门管辖的文化门类为主，旁及关系密切的部分文化领域，主要包括艺术生产、群众文化、文化产业和文化服务、图书馆藏、文化遗产等。

（2）现代化

“现代化”是指一种由传统社会向现代社会转型，经济、文化、社会协调发展，以工业化、智能化、城市化为主要内容的社会状态及其变迁过程。

（3）文化现代化

指文化诸因素、门类的国际现代发展水平或最新、最高发展水平，是在继承、弘扬民族的、全人类的优秀传统文化的基础上创造、发展，不断向现代文化转型的特殊变迁过程。其内容应包括文化设施现代化、文化信息化、文化产业化、文化消费经常化、文化交流国际化、文化科技化、文化人口高比例化、文化人才高档化、文化管理法制化等。

3.2.2.2 文化现代化指标体系的设计

将原来比较笼统、抽象的文化概念加以具体化，从而构成便于直接量化的目标体系，这一体系包括“标的”与“标量”两部分。“标的”是将具有“现代”特点的文化分解为若干最基本的因素（指标）；而在“标量”部分，则主要以数字的形式表示其“现代”的品性和“化”的程度。

（1）指标体系设计的原则

代表性原则。文化门类众多，涉及广泛，应抓住主要门类和最有代表性的项目，提炼表现文化内涵的最基本因素，指标不宜过多过繁。

层次性原则。一般而言，指标体系应与其所表征的文化现代化内涵和外延的层次相一致。选择一至三级层次设置指标是适宜的。

时代性原则。指标的选择要考虑文化现代化的 21 世纪特征，反映文化的最新发展趋势，充分考虑高新技术对文化发展的影响。

可操作性原则。设计的指标既要注意切实可行，又要考虑到便于操作。

可比性原则。要以一定的数值或空间布局形式，来标示文化现代化建设现状、本质要求和未来努力方向；为便于与国内外相关城市加以比较，采用无量纲指标。同时要顾及数据来源的方便和获取的及时性，保证文化数据的可采集性。

（2）指标体系的构建

根据以上原则，城市文化现代化指标体系可分为三个层次：目标层(A)、门类层(B)和指标层(C)（图 3-3）。

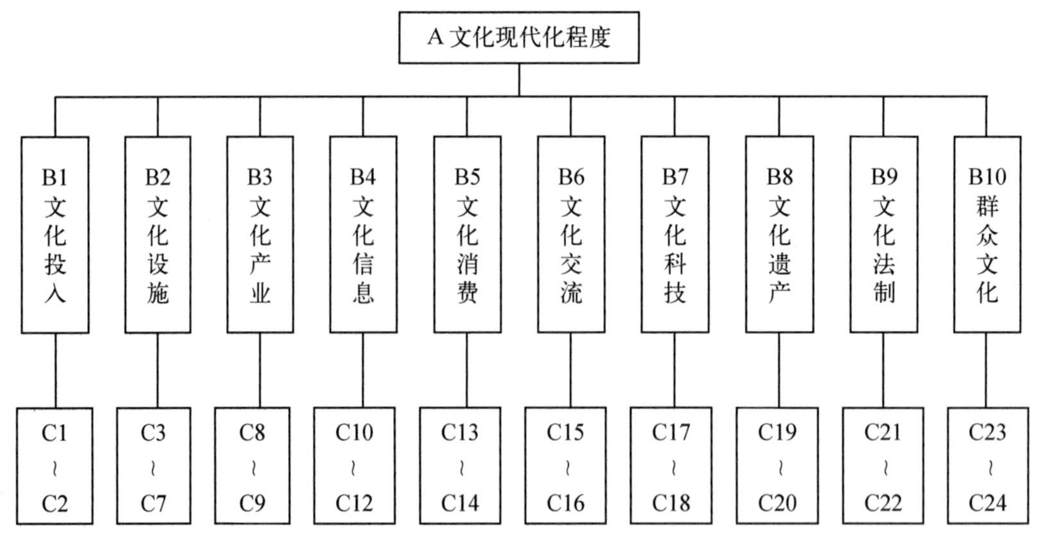

图 3-3　文化现代化指标体系层次结构

目标层(A)为文化现代化程度；门类层(B1~B10)包括文化投入、文化设施、文化产业、文化信息、文化消费、文化交流、文化科技、文化遗产、文化法制、群众文化这 10 个二级指标；指标层(C1~C24)由 24 个三级指标构成，具体含义如下。

B1={政府文化投入率(C1)、全社会文化投入率(C2)}。

B2={千人公共文化设施面积(C3)、标志性文化设施数(C4)、万人博物馆拥有率(C5)、万人影剧院拥有率(C6)、万人公共图书馆拥有率(C7)}。

B3={文化产业增加值占第三产业比重(C8)、人均文化产值(C9)}。

B4={人均公共图书馆藏书量(C10)、公众上网率(C11)、百人报刊订阅率(C12)}。

B5={家庭文化娱乐教育服务支出占家庭消费总支出比重(C13)、每百户文化耐用品拥有量(C14)}。

B6={年国际文化交流人数(C15)、艺术团体国际交流次数(C16)}。

B7={高科技文化设备总值占文化固定资产原值比重(C17)、文化系统中级职称以上人才比例(C18)}。

B8={文化遗产保护利用程度综合评分(C19)、文化遗产保护经费占文化经费比重(C20)}。

B9={已立法的文化门类比重(C21)、文化执法人员占文化管理人员比重(C22)}。

B10={社区文化和乡镇文化参加率(C23)、居民文化素质和文明水准综合评分(C24)}。

其中：①政府文化投入率=(政府文化经费支出/全市财政总支出)100%；②全社会文化投入率=[(政府文化投入+民间文化投入)/国内生产总值]100%；③高科技文化设备是指灯光系统、音响系统、电子字幕、舞台电器、放像设施、电脑及网络、技术监控系统、技术保存保护系统、通信系统、电化教育设备、光学器材、电子设计与制作、自动监控系统、光电复制系统等共计 14 个项目。

3.2.2.3 指标权重的确定

当前国内外对指标体系的综合评价，通常采用权重加权法，即按不同指标所占的权重进行加权，最后得出评判综合指数。本节采用层次分析法(AHP)确定指标的权重。

假定评价目标为 A，评价指标集 $F=\{f_1、f_2、\cdots、f_n\}$，构造判断矩阵 P(A-F)为

$$P=\begin{Bmatrix} f_{11}, f_{12}, \cdots, f_{1n} \\ f_{21}, f_{22}, \cdots, f_{2n} \\ f_{n1}, f_{n2}, \cdots, f_{nn} \end{Bmatrix} \tag{3-1}$$

根据上述判断矩阵，利用和积法或幂法求得最大特征值及其对应的特征向量，对这个向量作归一化处理后作为各指标的权重。以宁波市为例，根据 AHP 法得出文化现代化各项指标的权重（表 3-1）。

表 3-1　宁波市文化现代化各项指标权重 AHP 计算结果表

项目	文化投入	文化科技	文化法制	文化设施	文化产业
序值	0.2312	0.1454	0.1371	0.1296	0.0697
序次	1	2	3	4	5
项目	群众文化	文化交流	文化遗产	文化信息	文化消费
序值	0.0666	0.0640	0.0588	0.0546	0.0430
序次	6	7	8	9	10

由表 3-1 可以看出，影响宁波市文化现代化的重要指标是：文化投入、文化科技、文化法制和文化设施。

3.2.2.4　文化现代化水平评价方法与步骤

对文化现代化水平进行评价，应以定量计算为主，通过对已知的指标数据依据科学方法加以综合计算，进而得出结论。

首先，确定评价模型。为使模型尽可能准确和简化，采用在单因子评价基础上，以加权求和的方法求得综合评价结果。评价的模型公式如下:

$$Q=\sum_{j=1}^{m}N_jW_j \quad (3\text{-}2)$$

$$N_j = X_j / Y_j (j=1,2,3,\cdots,m)$$

式（3-2）中：Q 为评价综合指数；N_j 为第 j 个指标的指数；X_j 为第 j 个指标的实测值；Y_j 为第 j 个指标的标准值；W_j 为第 j 个指标的权重($0\leqslant W_j\leqslant 1$ 且$\sum W_j=1$)；m 为评价指标的个数。

其次，以实测值与标准值进行比较，其比值再与该指标所占有的权重相乘，即得该指标的评价值。相应指标的评价值相加即为总的评价指数。Q 值的大小反映文化现代化的综合水平。

3.2.2.5　宁波文化现代化水平评价结果综合分析

把实测值与标准值分别代入式（3-1）和式（3-2），经评价模型计算，得现状评价值。

宁波文化现代化水平的现状综合评价值为：$Q=\sum N_jW_j$=41.17。

此数据表明，如文化现代化水平为 100 分，则宁波目前的文化现代化水平仅 41.17 分，离文化现代化差距为 58.83 分。

主要差距排序分析。把现状评估结果中距离现代化标准值最远的指标依次排列出来，便可得到文化现代化进程中各指标的主要差距（表 3-2）。

表 3-2　宁波市文化现代化指标的差距排序

项目	第一位	第二位	第三位	第四位	第五位
序值	文化产业	文化法制	文化投入	文化信息	文化交流
序次	30.53	31.51	33.20	35.17	39.05
项目	第六位	第七位	第八位	第九位	第十位
序值	文化设施	文化消费	群众文化	文化科技	文化遗产
序次	39.62	43.64	50.63	51.30	57.70

说明在 10 个二级指标中，宁波市距文化现代化标准最远的四个指标依次是文化产业、文化法制、文化投入、文化信息，距现代化标准最近的指标是文化遗产。

3.3　现代化国际性港口城市创建与宁波文脉景观塑造

3.3.1　现代化国际性港口城市的创建与宁波风景名胜的纵深开发

宁波地处东海之滨，我国对外开放的前沿地带。地理位置优越，气候温暖湿润，山水景色秀丽，名胜古迹亦多，开发风景名胜潜力很大。但对风景名胜资源的开发利用水平不高，与其他开放城市相比还较落后。这与宁波创建现代化国际港口城市的要求和所处的经济地位极不相称。因此，充分利用和合理开发风景名胜资源已成为宁波创建现代化国际港口城市、促进经济再度腾飞的重要内容。

3.3.1.1　风景名胜开发已成为扩大开放建设现代化的有效途径

旅游业是当今世界发展最快、具有重要经济意义的产业。据世界旅游组织（WTO）统计，1989 年全世界国际旅游者人数和旅游收入分别比 1950 年增长 16 倍和 98 倍。这是世界上任何一个行业不可能达到的发展速度。世界旅游业的发展促进亚太地区的旅游业发展。20 世纪 80 年代是亚太地区经济高速增长时期，也是其旅游业大发展时期。许多亚太国家愈发认识到旅游业在吸收外资和经济振兴中的重要性，纷纷制订发展旅游业的计划，积极开发风景名胜资源，促进经济迅速增长。到 1989 年，亚洲地区的国际旅游人数已占世界国际旅游总人数的 13.6%。中国、印度尼西亚、泰国、尼泊尔、新加坡等国家，国际旅游人数增幅达 20%～70%。

旅游业的发展为亚太地区许多国家外向型经济作出了重要贡献，对增长各国的外汇收入、弥补贸易逆差、提供就业机会产生深刻影响。20 世纪 80 年代，亚洲地区在世界旅游收入中的份额从 11.4% 增加到 17.1%。一些国家如泰国、新加坡、马尔代夫等，旅游外汇收入已成为这些国家的主要外汇来源。

从亚太地区许多发展中国家发展旅游业现状看，不难发现这些国家在发展工农业生产的同时，正致力于开发旅游业。有的用旅游外汇平衡国际收支，发展了生产；有的靠旅游的增值作用，使本来贫穷落后地区改变了面貌；有的通过开发风景名胜来改善投资环境，提高对外资的吸引力；有的通过旅游宣传，提高知名度，增强了国际竞争力。旅游业的发展不仅促进了亚太地区经济的高速增长，而且对这一地区的自然景观开发、文化遗产保护、民间艺术复兴、投资环境改善等都起到了促进作用。可见，开发风景名胜资源、发展旅游业已成为当今发展中国家建设现代化、与国际接轨竞相采用的一种手段，也是扩大对外开放、吸引外资、增强国际竞争力的一条有效途径。

3.3.1.2　风景名胜纵深开发对创建现代化国际港口城市的作用

宁波作为我国对外开放较早的港口城市，外向型经济突飞猛进，各项事业蓬勃发展，但旅游业发展却明显滞后，反映在旅客人数上和外汇收入上均低于其他沿海开放城市和计划单列市（表 3-3）。

表 3-3　1991 年宁波市与其他开放城市和计划单列市旅游业的比较

城市名称	宁波	大连	天津	青岛	上海	福州	广州	深圳	珠海
国际旅游者人数（万人次）	3.12	7.30	6.27	6.09	98.18	14.81	203.44	182.98	46.01
旅游外汇收入（万元）	3085	30585	17566	19029	151453	16614	175643	110464	74816
城市名称	厦门	哈尔滨	沈阳	西安	武汉	重庆	北京	南京	成都
国际旅游者人数（万人次）	20.51	6.79	5.01	31.01	8.96	7.31	132.15	22.13	13.96
旅游外汇收入（万元）	31585	4480	8821	29051	11173	11532	449031	24090	10897

旅游业的明显滞后与宁波经济建设和对外开放的超前发展形成巨大反差。因此大力开发风景名胜资源、振兴宁波旅游业已成为创建现代化国际港口城市中十分重要而迫切的任务，它对宁波扩大开放，促进与国际港口城市接轨有着积极的作用。

风景名胜资源的开发利用水平是反映一个城市现代化和国际化程度的重要标志。从许多国家现代化发展的规律看，当经济发展到一定水平时，风景名胜资源的开发利用的程度也随之提高了，对整个国民经济的发展起到了明显的促进作用。宁波市经过 20 世纪 80 年代大规模对外开放，经济发展已进入关键时期，为顺利实现经济发展的战略目标，建成现代化国际港口城市，必须紧紧抓住当前有利时机，力争使外向型经济上一个新台阶，把风景名胜资源开发利用提高到一个新水平。

风景名胜的纵深开发是现代化国际港口城市建设的必然要求。建设现代化国际港口城市是今后宁波城市发展中一项战略任务，也是宁波参与国际竞争的基本要求。纵深开发风景名胜资源也就成为建设现代化国际港口城市的一个重要内容。风景名胜资源，既可作为外商投资项目，吸引更多外资；又可作为投资环境建设，为现代化国际港口城市建设创造一个良好的投资环境以提高在国际上的竞争力。风景名胜的开发还能招来更多的海内外旅客前来观光、旅游，从而加深海外人士对宁波的了解，增加宁波投资贸易。风景名胜的开发利用也有助于加强宁波与国际港口城市的友好合作，为宁波向现代化国际港口城市迈进起到“筑桥铺路”的作用。

风景名胜的纵深开发有助于促进“以港兴市、以市促港”发展战略的实现，加速发展第三产业。港口的开发开放，带动了宁波市的全面发展，而港口的进一步发展也需要各行各业与之配套，为之服务。作为第三产业重点的旅游业更应与港口发展相适应。随着港口向大型化国际化方向迈进，宁波的旅游业也应采取更加大胆的步骤和灵活的措施，推进风景名胜资源的纵深开发。一流的港口城市需要一流的风景名胜，只有提高风景名胜的级别、档次，扩大风景名胜的数量、规模，才能与先进的港口和繁荣的城市相适应，才能与现代化国际港口城市的地位相称。

国际国内竞争激烈，纵深开发风景名胜资源迫在眉睫。当前国际资金来源紧缺。国际资本市场呈现供需紧张状况。东南亚各国和地区调整产业政策，采取优惠措施广泛地吸收外资。国内来看，随着先进地区加快发展和新兴地区的迅速崛起，市场竞争和城市间的竞争更加激烈。各地为了发挥自身的优势，每年都推出新的发展招数，以增强竞争力。在这种情况下，进一步改善宁波市的投资环境显得尤为迫切。要使宁波在国际竞争中立于不败之地，除了进一步加快各项基础设施建设外，大力开发风景名胜资源则不失为既可吸引外资又可改善环境的两全之策。

3.3.1.3 纵深开发宁波风景名胜资源的对策与措施

宁波风景名胜资源是以自然与人文资源并茂为特点的，空间分布呈北密南疏的格局。这一特点，决定了开发利用必须充分发挥港口城市、山水资源和优越位置这三大区域优势。建设以港口城市为枢纽，以东钱湖、天童、溪口为重点，以寺庙、古迹和自然山水景观为特色，外延普陀山、天台山等毗邻地区风景区的浙东旅游中心，这里仅就如何发挥三大区域优势，纵深开发风景名胜资源提些对策、措施。

充分发挥港口城市优势，努力扩大国际旅游资源，使风景名胜资源得以充分开发利用。我市风景名胜资源是随着港口对外开放和贸易往来而开发起来的。1984 年以来，港口吞吐量的日益提高和对外开放力度的逐渐加大，来甬旅客与日俱增（表 3-4）。

表 3-4　1984—1992 年宁波市接待国际旅游人数

年份	1984	1985	1986	1987	1988	1989	1990	1991	1992
人数（万人）	0.75	1.06	1.08	1.19	1.65	1.61	2.56	3.12	4.20
比上年增长（%）	/	41.33	1.89	10.15	38.66	-2.42	59.01	21.88	34.61

（注：不包括国际海员和我国台湾地区渔民）

但与其他先进城市相比尚有不小差距（表 3-3）。国际旅游人数相对偏少将直接影响我市风景名胜资源开发利用的程度和国际港口城市的创建。为此，我们认为，充分发挥港口城市优势，采取下列措施，是改变国际客源偏少的有效途径。

利用港口的逐步开拓，继续加大开放力度，发展大型港口工业，努力形成以“两区一岛”为重点的各县、市、区，各部门全方位、大开放的格局，面向国际市场，加强与国外协作，吸引更多的外商来甬洽谈投资贸易，从而为增加国际客源创造条件。

利用海港和空港开辟国际旅游出入境口岸。可开辟通往日本、澳大利亚和东南亚的定期客运航班，尔后再增新的国际客运航线。这样可使宁波由原来的旅游线路尾站变为头站和我国出入境通道。

利用港口城市对基建投资有较强吸引力和消化力，加快旅游基础设施深层次开发。根据宁波特点新辟特色旅游，如商务旅游、举办交易会、海员旅游、组织专家考察、宗教旅游、华侨探亲观光、滨海沙滩度假等，以吸引更多的国际旅游客源。

利用港口知名度，加强风景名胜宣传。宁波历史上是著名的国际贸易口岸，现在又是较早开放的港口城市，深水良港举世瞩目。因此，要利用港口把宁波的风景名胜、风土人情、名特土产“输送出口”，让国际游客更多了解宁波、认识宁波。

根据宁波山水资源特点，开发新的风景名胜。风景名胜资源的开发是一个战略性课题，从时间系列考虑是长期的，从空间系列考虑是全方位的。因此要利用宁波山水之利，积极开发新的风景名胜，扩大旅游范围，丰富旅游内容。

四明山是宁波境内一块还未开发的宝地，这里自然景观和生态平衡破坏很少，珍稀物种得以保存，风光天成。选择有旅游价值的地方加以开发，完全有可能成为新的旅游点。这里可结合花木生产开展特色旅游，可增植四时花卉、珍贵名木、放养特色动物、搞好盆景、花圃、温室，开辟花木观赏园、天然植物园等景目，使之成为宁波的花卉之乡。

宁波拥有漫长的海岸带，许多地段自然景观与人文景观融为一体，有很大的开发潜力。沿海还有众多的岛屿、礁石，形成水路环绕的海岛景色。只要开辟航线，可望建成较理想的避暑胜地和度假村。浙江已开发的海洋旅游资源并不多，宁波应充分利用近海优势大力发掘海洋旅游资源，建立海滨浴场、海洋公园、水上文化运动中心等，向游客展示风光旖旎的海岸独特景象。

依托上海，接轨浦东，发挥区域位置优势，纵深开发风景名胜资源。上海浦东的开发开放，将使上海成为长江流域中一个充满活力的“发展极”，大量的资金、人员、设备涌向浦东，必然也会吸引众多中外游客。宁波受“发展极” 聚焦扩散效应极大，浦东开发需要宁波等邻近地区提供风景观光、周末度假等旅游活动和设施，这些均对宁波市风景名胜提出更高要求。根据现代化国际港口城市要求和宁波旅游自身条件，接轨浦东，纵深开发风景名胜资源应从以下几个方面着手。

起点要高。浦东开发的起点很高，突出了金融、贸易、高科技加工等产业的战略地位，明确提出要把上海（浦东）建设成国际金融、商贸中心。这就决定了宁波旅游业接轨浦东的起点应高一点，要以现代化国际港口城市高标准进行建设。起点高就是开发目标高、档次高、规模大。目标高，首先是指宁波风景名胜开发的目标市场应是国际旅游者，在上海的外籍人士和高薪阶层等；其次是指宁波风景名胜开发应有超前意识和国际意识，要以满足 21 世纪的需要为目标。档次高就是要求宁波开发的旅游产品都应上一定的档次。应在风景名胜开发的品种、质量上下功夫。

特色要明显。旅游资源开发既有共性，又有个性。共性是指旅游业开发不外乎行、吃、住、游、购、娱六要素。个性即特色，每个地方的六要素侧重点应有所不同，体现六要素的形成也应有所不同。宁波风景名胜优势和特色在于自然景观和人文景观融为一体，相得益彰。许多景点、景区良好的自然环境和独特的文化背景交相辉映，相辅相成，山区原始的森林景观与海滨现代化的港口兼而有之。将这些优势和特色融进现代化旅游项目中，再造宁波旅游的新特色。

速度要快。接轨国际，接轨浦东，发展旅游业要抢先于人，抢一个时间差，占领大市场，具体开发中应对风景名胜资源采取“新区铺轨，老区转轨，宣传先行，配套推进”的办法。新区铺轨是指抓紧市区外围新风景区的开发建设；老区转轨是将以市区为中心的老风景区(点)逐步从国内旅游为主转为国际旅游为主，以适应国际游客的消费需求；宣传先行就是从现在起就重视宁波在世界各国和上海浦东的宣传工作，扩大宁波的旅游知名度；配套推进就是既注意风景名胜内部各要素的协调开发，又要注意旅游与交通、工业、贸易、文化、体育等各部门的协调发展。做到经济开发与资源开发相结合，市场经济与旅游经济相结合，以适应建设现代化国际港口城市的需要。

3.3.2 宁波市构建现代化生态城市战略思考

3.3.2.1 生态城市建设的重要作用

生态城市就是用生态学方法解决城市设计问题，力求同时满足文化、经济和生态三方面的需要。1971 年，联合国教科文组织发起了“人与生物圈计划”。在此后，“人与生物圈计划”的研究过程中，提出了“生态城市”的概念。1975—1977 年，确立了城市规划生态学理论框架。“生态城市”必须同时既是一个生物体，又是一个能够供养人和自然的环境。“生态城市”是人与生物圈中理想的住区，生态城市的社会和生态过程以尽可能完善的方式得到协调。

生态城市设计是一门正在探索过程中的学科，它是在城市社会、文化背景下的跨学科的综合研究。世界上一些发达国家，如德国已开始着手生态城市的规划和建设。国外现代化城市在整治、改造过程中，亦融入了生态城市的思想。以日本为例，东京提出“家园城市的东京构想”，把东京建设成为“安居乐业的城市”“生机勃勃的城市”“可称之为故乡的城市”。又如大阪府以“创造时代的大阪”“领导新的富裕时代的大阪”为指导思想，规划未来的大阪具有充分交流的人类空间、自由和创造的文化经济圈、多极分散型国土结构的先行城市、地球社会高层次交流的基地等四种形象。从世界一些现代化城市的规划建设可以看出，都注重环境与经济、社会、文化、教育各系统的协调发展，城市的功能是多样的。城市发展从工业增长型转变到可持续发展型。

生态城市所具有的综合效益表现为以下五方面。①环境效益。这是直接效益，可以改善城市环境，减少污染，净化空气。②生命效益。促进城市居民身体健康、长寿。③文化效益。可以通过环境优化设计、现代艺术造型、城市景观美化来提高整个城市文化品位和档次。④经济效益。通过发展绿色产业，促进花卉业、旅游业、商贸业和环保产业的增长，提高经济景气指数。⑤社会效益。生态城市有利于提高城市居民情趣，对陶冶情操，丰富生活内涵，提高文化素养都会有很好的作用。同时通过改善城市投资环境，提高了城市在国际上的知名度。

3.3.2.2 宁波建设生态城市所面临的制约因素

解决资源环境与经济社会发展的矛盾是宁波能否在 21 世纪建成现代化国际性港口城市面临的艰巨任务。随着宁波经济社会的继续快速增长，生态环境也将遇到日益增大的压力。一般认为，人类活动的生态环境质量，主要受制于以下三大基本因素。

一是人口增长因素，主要反映在总人口的规模上。

二是经济增长因素，主要反映在人均消费量或人均产量上。

三是技术进步因素，主要反映在单位产品（或产值）的污染物排放量上。

根据科玛纳尔（Commoner,1972,1991）提出的“环境压力”（environmental stress）理论，可以对上述三因素与生态环境之间建立定量关系，其数学表达式为

$$P(T)=P(P)*[P(G)/P(P)]*[P(T)/P(G)] \quad (3\text{-}3)$$

式（3-3）中，$P(T)$为排入环境中的污染物数量；$P(P)$为总人口；$P(G)$为总量或产值。这一模型可改写为“一个给定时段内的动态变化方程”

$$1+\Delta P(T)=[1+\Delta P(P)]\ *\left|\frac{1\ +\Delta P(G)}{1+\Delta P(P)}\right|*\left|\frac{1\ +\Delta P(T)}{1+\Delta P(G)}\right| \tag{3-4}$$

显然，$P(T)$，$P(P)$和 $P(G)$分别表示在单位时间内，区域污染物的增量、区域总人口的增量和区域产品(或产值)的增量。该方程建立了区域环境状况同人口、经济和科技进步之间的数量关系。

宁波市的 PRED 系统（人口、资源、环境、发展）正处于剧烈变动状态，城市生态环境也面临着人口、经济和科技等多种因素的制约。

（1）人口因素

根据人口增长模型和国家人口政策的连贯性，增长的人口无疑需要有相应的资源环境容量作支撑。按照人口城市化的阶段性发展规律，在城市化水平处于 30%～70%的阶段内，只要经济发展没有大的挫折，人口自然增长率得到有效控制，人口城市化速度将会是加速趋势，人口迁移、人口流动将日趋频繁。估计今后宁波城市化水平每年提高 1.8 个百分点左右。全市城市化水平达到 50%。大量人口向城市集聚，城市化不断推进，固然对城市经济快速发展有极大推动作用，但也对城市生态环境带来了日益增大的压力。1990—1998 年，宁波市总人口从 510.76 万人增加到 535.27 万人，增幅达 4.8%，同期外来暂住人口从 20 万猛增到 40 万，增幅达 100%，城镇登记失业人口也从 2.7 万增加到 4.9 万，增幅达 81.48%。巨大的人口压力，给城市生态环境造成了负面影响，不利于居民身体健康。1993—1998 年宁波市居民患重大疾病死亡人数一直呈上升趋势，见表 3-5。

表 3-5　宁波市重大疾病*死亡人数变化表　（单位：人）

年份	1990	1991	1992	1993	1994	1995	1996	1997	1998
人数	2941	2886	2870	2535	2699	3179	5837	6264	6299

* 重大疾病是指：恶性肿瘤、呼吸系病、脑血管病、损伤中毒、心脏病、消化系病、新生儿病、精神病、泌尿系病、传染病 10 类重大疾病。

（2）经济因素

宁波经济快速向现代化方向发展，社会经济水平和人民消费水平的提高必然伴随有相应的环境影响，不可避免地会导致城市环境和城市生态的变化。1990—1998 年，宁波市国民经济呈快速发展态势，然而“三废”的排放量也在增加（表 3-6），废水排放量增长 21%，废气排放量增长 66%，固体废物增长 72.5%。这给城市生态环境带来严重后果。

表 3-6　1990—1998 年宁波市“三废”排放量变化表

年份	工业废水（万 t）	生活废水（万 t）	工业废气（亿 m^3）	工业粉尘（万 t）	工业固体废物（万 t）
1990	11 438.75	4 881.90	561.34	1.60	107.31
1991	10 280.85	6 344.10	542.27	0.97	135.35
1992	9 174.92	9 294.38	731.82	2.03	132.23
1993	9 443.00	11 012.60	785.60	3.66	137.93
1994	7 707.05	8 158.86	690.60	1.54	138.74
1995	9 362.00	6 848.00	864.00	1.80	178.10
1996	9 193.60	/	870.93	1.82	176.20
1997	18 927.80	7 150.00	875.95	1.89	190.66
1998	10 811.38	8 929.00	931.40	1.40	186.50

（3）技术因素

宁波的生产工艺还有明显的高消耗高排放特征。如果生产技术不及时地向环境优化型方向转化，将给宁波的环境状况带来叠加的压力。特别是宁波的经济结构以“小、轻、集、加”为特征，工业技术进步滞后于工业化进程，工业技术更新有一定难度，生产设备落后，资源消耗过高，城市生态环境改善面临极大制约。1990 年至 1998 年，宁波市国内生产总值从 141.4 亿元人民币上升到 973.4 亿元，增幅近 6 倍，然而衡量技术进步的重要指标万元工业产值能耗只下降 4 倍（表 3-7）。

表 3-7　宁波市经济发展与技术进步关系变化表

年份	1990	1991	1992	1993	1994
国内生产总值（亿元）	141.4	169.9	213.1	316.4	463.5
万元工业产值能耗（吨标煤）	2.57	1.31	1.22	0.68	0.87
年份	1995	1996	1997	1998	
国内生产总值（亿元）	609.3	795.9	897.4	973.4	
万元工业产值能耗（吨标煤）	0.77	0.59	0.55	0.51	

资料来源：《宁波市统计年鉴》（1990—1999）。

（4）资源因素

土地和水资源仍然是制约宁波城市生态系统的重要因素。要满足居民日益增长的对环境和农产品的需求，宁波现有的土地和水资源压力将与日俱增。从 1978 年至 1993 年的 16 年间，宁波市耕地共减少 2.98 万 ha。虽然宁波地处我国东部沿海，属湿润地区，年均降水量在 1400mm 以上，但淡水资源短缺，人均淡水资源 1327m^3，仅为全国人均的二分之一。资源不足已成为制约生态城市建设的重要因素。随着城市人口不断增加，对资源的需求量也在直线上升。1990—1998年，宁波市生活用电总量和城市居民用水量呈同步增长状态，全市耕地面积则呈不断下降态势（表3-8）。

表3-8　宁波市总人口与资源需求量变化表

年份	总人口（万人）	生活用电量（万kW）	城市居民生活用水量（万t）	耕地面积（千ha）	
				全市	市区
1990	510.76	/	7094	354.02	60.63
1991	514.16	/	7530	352.06	60.35
1992	516.72	57 502	9218	230.46	39.17
1993	519.98	66 515	8902	225.96	37.59
1994	522.85	84 678	10671	222.91	36.43
1995	526.20	101 512	11403	218.09	35.13
1996	530.08	118 328	17304	217.64	34.65
1997	533.31	122 927	18806	216.25	34.32
1998	535.27	131 463	19036	216.30	34.13

资料来源：《宁波市统计年鉴》(1990—1999)。

宁波的未来有两种不同的选择：沿袭传统环境退化型不可持续的发展模式，在获得快速经济增长的同时，付出较高的环境代价；相反，采用生态城市建设所强调的环境优化型发展模式，用较小的环境代价来赢得较好的经济增长。显然，对于自然资源奇缺、环境容量有限的宁波，建设生态城市无论从哪个角度讲都有其紧迫性。

3.3.2.3　宁波市建设现代化生态城市的思路

（1）把“可持续发展观”作为现代化城市建设的指导思想

宁波应具有在国内领先建成生态城市的前卫意识，促进“人口—资源—环境”和“人口—经济—社会”两个系统的可持续发展。宁波的经济发展迫切需要从关注发展数量跃入到关注发展质量以及关注与社会、环境之间的协调。随着经济发展水平的提高，宁波市民对生活质量也有了更多的要求和更高的期盼。因此，要把环境建设看作与经济建设同等重要的现代化的内容，确立与现代化国际性港口城市相适应的高标准的环境建设目标，建立一套现代化水准的生态城市指标体系，实现整个城市的可持续发展。

（2）善于创新，设计和建设高质量的生态环境

宁波可从水环境的开发设计入手，如以月湖为中心，姚江、奉化江、甬江为线索，把市区的水体连成网络，实行整个水资源系统的网络开发。设计出各具特色的水环境文化系列，如姚江文物古迹系列带、奉化江民间艺术系列带、甬江现代化港口系列带等，展示宁波水乡滨海特色。

在城市的规划建设中要创建良好的人居生态环境。居住区的绿化覆盖率应在40%以上，开放式绿地与旁宅绿地相结合，可通过立体绿化、垂直绿化、屋顶绿化等方式，加大绿地面积。在具体的绿化种类上，应从居住生态环境和人与自然相融合的角度考虑，强调花、草、树并举，遵循生态学和景观生态学的原理，建立多层次、多结构、多功能的稳定人工植物群落，使生态效益、社会效益、经济效益融为一体，同步发展。此外还应重视环境质量，创造宁静、舒适、安全、优美的生活环境。

（3）全社会共同努力和参与，城市政府作为生态城市建设的第一推动力量

经济领域。建立有宁波现代化国际港口城市特点的节约资源、减少排放，体现高附加值的生产体系。从调整产业结构入手提高经济的可持续性，发展物耗低、污染轻、效益好的产业与产品，淘汰物耗高、污染重、效益差的产品与产业；从生态学规律进行合理产业布局；从推行清洁生产入手，减轻工业对资源环境的压力。

社会领域。科学规划宁波跨世纪人口规划，减少人口对生态环境的压力；引导建立可持续的消费方式，提倡清洁消费和减少污染排放；减少高消耗的生活方式对资源环境的负面影响，建立可持续发展社会体系。

城建领域。实现宁波的城市人口有疏密相间的空间分布，优化城市体系的内部结构和空间布局；大力发展城市公共交通，逐步淘汰各种助动车和摩托车，减少不可持续的交通方式对生态环境的影响。从长江三角洲的整体出发，安排宁波的产业布局、能源布局、交通设施和水利建设。

环境领域。把城市生态环境建设看成宁波现代化的重要组成部分。坚持开源与节流并重，合理开发利用宁波的水、土地、海洋等自然资源；加强对城市大气污染、水污染和固体废物排放的防止和治理，使得环境污染控制水平与宁波的经济社会发展相适应；加强中心城市绿化建设，形成点线面相结合的城市绿化系统。

（4）必须加强立法，用法律来保证城市生态环境的现代化建设

必须立法，制定地方性法规，规范企业的经济行为，依靠法律手段进行城市建设管理。同时创造良好的城市治安环境，打击各种破坏生态环境的犯罪行为，确保社会稳定，居民安居乐业。

3.3.3 宁波港城文化景观特色塑造策略研究

宁波既是沿海港口城市，又是国家历史文化名城，有悠久的港口和灿烂的文化。宁波城市的开拓与发展，与港口和海洋息息相关，其悠久的历史文化无不带着港口和海洋的烙印。在宁波城市特色塑造过程中，要充分体现和挖掘港口文化和海洋文化这一反映宁波城市特色的最本质的要素。在现代化的城市中要让人们感受到港口的发展过程，体现港口和

海洋文化的氛围，培育港城文化特色。

3.3.3.1 塑造港城文化景观特色应具有先进理念

面对全球化下城市之间的激烈竞争，提高城市竞争力、提升城市品质和形象，已经成为中外许多城市实现可持续发展的目标和行动。而文化景观品质的提升是快速实现城市转型升级的有效途径。宁波地处我国大陆岸线中部，域内又有“两湾一港”（杭州湾、三门湾和象山港）相嵌，岸线曲折，港湾众多，港口和海洋成为宁波最有特色的城市空间文化资源，如何发挥海湾资源优势营造国际性的文化环境？如何建设具有一流环境的现代化国际港城？这就需要高起点的塑造策略和高水平的规划设计，构建具有先进理念的城市文化景观特色。

（1）海湾城市理念

海湾城市的诞生、发展乃至成为在国内、国际有相当知名度的城市都离不开所依托的滨海环境。如美国的西雅图、旧金山、坦帕，加拿大的温哥华、维多利亚，澳大利亚的悉尼，日本的东京、大阪、神户等大都是围绕着海湾资源进行环湾保护、拥湾发展的。宁波市南北紧靠海湾，从城市发展的整个自然空间特征和发展趋势看，杭州湾、三门湾和象山港都有着得天独厚的海湾条件，存在着滩涂、湿地、大桥等组成的海湾景观，构成了“海湾—滩涂—湿地—大桥—城市”的和谐关系，“海湾城市”理念顺应宁波大都市向海湾发展的空间态势。因此，在城市的规划设计上，首先要树立海湾城市的理念，按照海湾城市的标准来进行规划设计，按照海湾城市的建设标准来配置基础设施；其次，在空间开发上要体现海湾特色，以人为本，发展海洋产业、休闲产业，做足“海”的文章，立足沿海，拓展海湾，放眼海洋。既要高标准保护好海洋环境，又能高效能开发好海洋资源，科学处理好海湾与城区的关系，特别是城市景观，合理规划政务、商务、居住、休闲功能区，给居民留出生活休闲的岸线，编制出与海湾城市协调发展的城市天际线。

（2）休闲城市理念

发展休闲产业、打造“休闲城市”正在成为城市新一轮发展竞争中的战略举措。所谓休闲城市，从经济形态上讲，即以休闲产业为主导产业的城市，而从文化与空间形态上讲，它是以休闲文化作为城市的气质与灵魂，拥有先进的城市休闲理念、良好的休闲环境和完善的休闲设施，提供个性化的休闲服务的城市。休闲产业、休闲空间、休闲文化是休闲城市的 3 个核心要素。宁波市拥有绝佳的休闲区位优势、休闲自然条件和良好的生态环境，港城的城市规划建设要全力打造休闲城市品牌，树立娱乐、健身、文明为一体的城市休闲理念，以提高休闲城市品位为目标，整合挖掘休闲资源，突出生态海湾休闲文化，打造休闲精品，培育、营造休闲氛围，完善城市休闲设施，增加城市休闲空间。在城市主要节点和重要功能区，增辟广场、绿地等开敞休闲空间，建设多个具有国际水准的休闲精品景区和魅力街区，全面提高城市的生活品质和文化品位。

（3）宜居城市理念

以现代化、特色化和超前化的规划思路，着重从城市结构、功能分区、环境建设等方面突出“宜居”理念，力求将宁波市打造成为长三角区域的时尚之城、创意之城、宜居之城。宁波市自然条件独具特色，特别是海洋、滩涂、河道、湖泊等天然滨水景观极具价值，在规划建设中要充分体现记忆与未来双重主题，既要原汁原味保护海塘、河流，引入绿色文化理念，构建开放空间系统；又要大力发展国际时尚品牌产业和文化产业，打造具有国际影响力的时尚宜居港城。特别是对体现港城和海洋风貌的镇海、北仑、象山等区域新城和都市核心区的规划建设，要重视现代商务办公功能与服务休闲功能的兼顾，在空间布局上形成商务办公区、综合服务区、休闲娱乐区和配套居住区等。可以发展动漫等创意产业和交通系统的合理组织、景观植物的灵活选配，以及公共设施的匠心布置，显现出既有区域特色，又能有机融合为一体的景观形象，体现以人为本、生态关怀、创意和宜居城市的文化景观理念。

（4）生态城市理念

生态城市已成为世界各地的共同追求，许多国际大都市以建设发展生态城市为荣，关注和重视在城市发展过程中的代价最小化以及人与自然和谐相处、人性的舒缓包容。生态城市的理念应融入港城规划各方面，渗透到生产生活各领域，如建筑物朝向、通风以及城市的交通都要为生态低碳的模式创造条件。在城市非主干道路、广场、办公楼公共空间、庭院、公园等地方可采用太阳能照明；在宾馆饭店、洗浴中心采用太阳能加电辅助热水系统；地源热泵、水源热泵的应用，污水集中处理，垃圾填埋场的填埋气体回收利用等。固体废弃物实行循环利用，热能和电力可通过风能、生物能和太阳能光伏直接获得。港城规划建设要遵循生态优先的原则，利用现有的海滩、河流、湿地、水道、树木植被等要素，引入城市生态设计理念，合理组织多层次的城市生态体系，达到内部生态循环，建设一个人工环境与自然环境和谐共存、可持续发展的低碳生态城市。此外，规划遵循可示范性原则，利用得天独厚的条件，选择几个特定区域构筑滨海产业循环经济示范区、人居环境示范区、盐碱土壤改良示范区、河口湿地恢复建设示范区、海岸滩涂治理示范区，为 21 世纪人居环境的改善进行积极探索和尝试。

（5）智慧城市理念

21 世纪的城市必将是智慧型的城市。所谓“智慧城市”，简言之，就是“物联化、互联化和智能化”的城市。它运作的原理是：利用智能传感设备将城市公共设施物联成网，对城市运行的核心系统实时感测，“物联网”与互联网完全连接，将收集到的数据整合提炼，以预估的方式来实现城市更有效率的管理。“智慧城市”理念与中国经济社会发展期望高度合拍，物联网已成为推动产业升级迈向信息社会的“发动机”，成为让城市生活更美好的“智慧伴侣”。电子化政府、网络化小区、数字化生活机能成为“智慧城市”在中国实践的三大目标。同时，通过与政府、行业、IT 服务供应商的合作，城市实现从政府、小区到居民的物联化、互联化、智能化，这也是“智慧城市”梦想追逐的重要方向。人口集聚是城市化的基础，是实现科学发展的人力资源保障，但在人口大量进入城市之时，由此带来的能源紧张、饮水短缺、安全隐患、环境污染、交通拥挤、医疗匮乏、就业困难等问题也日益凸显，这也是城市化发展面临的现实挑战。“智慧城市”可以解决这一系列问题，其中最重要的是“物联网”建设。“智慧城市”离我们并不遥远，智慧的宁波港城必将闪亮展现。

3.3.3.2 港城文化景观特色塑造重点

宁波港城最大的景观元素是港口、海洋、历史遗迹、滩涂岛屿、大桥、湿地等，河流山脉交相辉映，江南水乡特色鲜明。港城的文化景观特色塑造就要把握这些个性和特质。抓住时代发展特点，建设具有国际化特点的大都市，充分利用宁波自然环境特点，创造城市特色，需要时代环境和特色塑造相结合。

随着杭州湾大桥的建成和高铁、区域规划的陆续完成，宁波与上海等城市的时空距离进一步缩短，环杭州湾地区将进入同城化发展新阶段。从各城市的发展态势看，将形成 3 个独具特色的增长空间：一是滨海产业空间，是产业新区、专业服务和旅游的主要增长地区；二是沿传统城镇走廊的综合服务功能拓展空间，沿主要的轨道站点出现新的服务空间；三是沿山区的休闲度假产业发展空间。宁波应主动配合，形成合力。宁波市未来城市文化景观特色塑造应在完善城市功能、增强城市实力、提升城市形象、促进城市发展等方面下功夫；要从宁波城市的整体发展出发，将港城文化景观特色塑造作为提升大都市功能和竞争力的有机组成部分，妥善处理好局部与整体、近期与长期、需要与可能的关系，采用可生长城市和综合发展的规划理念，研究分析未来宁波港城的发展方向和模式。文化景观特色塑造重点可以从以下 6 个方面展开。

一是分析与港城密切相关的海湾城市和休闲城市发展规律，研究海湾特色的休闲产业，确定港城特色内涵、总体发展目标，提出特色发展具体思路对策。

二是在保护好滨海湿地和滩涂海岸等原生态自然风貌基础上，研究确定海湾休闲城市空间发展模式和城市用地布局形态。

三是分析研究海湾城市休闲项目、设施布局及合理规模，使功能性与审美性相统一。

四是根据海湾休闲城市特点，设计具有地方特色的地标形态、标志性建筑、城市色彩和建筑风格，充分展现港城的特色。

五是梳理海湾城市休闲功能与路网的关系，在城市景观、城市风情营造上，都尽量体现海湾休闲城市的特色，营造别具一格的海湾休闲城市道路景观和城市形象。

六是贯彻可持续发展战略，充分利用港城生态要素，构筑海湾休闲城市生态绿地系统，塑造既有海湾风情，又有浙东文化品位和江南水乡风格的城市文化景观特色。

3.3.3.3　港城文化景观特色塑造的思路和方法

港城文化景观特色塑造，需要有许多挑战性的构思应对。宁波市背山、面海、临港的优越环境条件和历史悠久的文化背景，给港城文化景观的塑造提供了广阔的空间。高水准、高起点塑造港城文化景观，要体现较高的建设水平和最新的城市面貌。因此，城市文化景观特色塑造需要进一步解放思想、创新思路，形成别具一格的港城文化景观特色。

（1）以理清发展框架为基础，确定文化景观特色发展目标

宁波是一座有着深厚文化积淀的城市，是具有 7000 年历史的河姆渡文化的发祥地。这里有财源茂盛达三江，“重利、尚义、爱乡”“无宁不成市”“走遍天下不如宁波江厦”的商业文化；有院士之乡和藏书文化为代表的教育文化；有灿烂的海洋文化、渔业文化、抗倭文化。宁波是海上丝绸之路、海上陶瓷之路、海上佛教之路和海上图书文化之路的起始港，这里有弥勒文化节、中国开渔节、梁祝爱情节和中国旅游日等节庆活动，宁波依托独特优势，创造了属于自己的节庆文化。城市是经济和文化发展的载体，经济是动力，文化是灵魂。宁波的发展正处于十字路口，现有的文化与经济和城市的发展相比已突显出一定的不足，需要对宁波港城文化进行更高层次的定位，明确文化的发展方向；以厘清发展框架为基础，确定文化景观特色发展目标，厘清文化景观的布局框架，制定近期、中期、远期港城文化景观特色发展目标。

（2）以城市设计为抓手，体现“海湾+休闲”的城市文化景观特色

宁波港城文化形象和文化品质不高，港城文化特色不浓，文化的影响度不够，有标志性的文化建筑较少，在国内的关注度和认知度低于其他同类城市。因此，要用国际眼光和世界高度提炼宁波港城文化特色，打造活力高效的海湾生活空间，构建品质突出的休闲景观，是未来宁波港城文化的重要内容。用高水平规划手段对建筑风貌特色及周边开放空间进行具体设计，用大手笔城市设计的方法提升城市品位，进一步提炼港城“海湾+休闲”的特色。充分体现现代化港城风貌，发挥杭州湾、三门湾和象山港的天然港湾优势，构建海湾、海岸和海岛国际休闲度假空间，形成滨海临港新城的港湾+休闲空间景观特色；注重在中心城区的姚江、奉化江、甬江和月湖、东钱湖的绿地水系规划中运用现代设计手法，建构富有意味和品位的城市滨水文化景观风貌；体现高端休闲服务业、高端战略性新兴产业和绿色生态农业相结合的“两高一绿”产业特色；注重围海造地建城与湿地开发保护相结合的生态演进特色。

（3）以景观设计为重点，突出“宜居城市”的文化景观品质

良好的城市景观能净化人居环境、减少噪声污染、调节小气候、提高生活质量，并对

宣扬城市文化、体现城市个性起到非常重要的作用。通过高水平的景观设计，旨在打造高品质的城市景观。宁波港城文化重点部位的景观设计有：①追寻城市依江蜿蜒、跳跃向海、傍湖面湾的历史脉络与发展路径，重塑宁波特色的港城文化景观风貌。划定余姚江段为港城文明起源景观区，甬江段为港城跨越景观区，东钱湖为都市后花园。围绕运河和海港文明主题，精心塑造博览展示和文化创意区。②打造“江河、港湾和湖泊”的都市蓝脉系统，加快港城公共活动滨水区建设。突出三江口的整治提升，突出港城的第一品牌。启动建设滨水文化娱乐、商业、主题公园建设，利用丰富的河塘水网资源和岸线资源，积极修建生活岸线、休闲步行道、健身体育设施，整合打造社区层级的滨水景观网络系统。③推动产业创意园建设。以港口滨水区、高新园区和滨水文化创意园建设为核心，吸引高端人才和研发团队。在镇海老港区、甬江两岸结合产业更新进行滨水区建设；在高新区以及栎社机场周边高新区建设第三类滨水区；积极开发河谷林地、海湾地带、海岛地区的滨水休闲基地、度假小镇。④明确范围保护湿地、水源涵养地。主要包括杭州湾河口湿地、四明湖湿地、小峡江生态湿地、象山港西沪港海岸湿地、三门湾海岸湿地等及各水库水源涵养区。

（4）以新技术为导向，塑造“低碳+智慧”的港城文化景观特色

未来低碳生态将引领我国城市发展，要规划一个节能、低排放、低碳的城市，首先要了解影响城市能源和资源使用效率的决定因素，从城市规划管理决策层面把提高能源效率作为城市规划的核心目标之一，并实施到总体规划和详细规划中。要以新技术为导向，体现先进的低碳理念和低碳技术，在景观设计中大力发展以低碳循环为特色、以高新技术为主体产业，指导宁波港城文化景观设计成为“低碳生态景观城市”。参考宁波鄞州新城、杭州钱江新城等都市核心区的成功经验，深入细致地为港城量身定做具有国内外先进水平的城市规划和能够跻身世界先进行列的标志性的建筑设计。注重在城市公共中心、绿地水系规划中运用现代设计手法，建构富有意味和品位的城市景观风貌。同时对“物联网”和“互联网”的基础设施提前进行规划设计，为“智慧城市”奠定基础。

3.4 宁波市推进文明创建均衡化发展调查

宁波市作为首批全国文明城市，创建活动的开展，带动了全市经济、政治、文化和社会的全面发展，城乡文明程度、公民素质和生活质量大幅提高。同时，随着创建活动的深入开展，人们也越来越重视文明创建的均衡化发展和城市文明成果的共建共享。推进文明创建均衡化是在更高层次、更高水平上推动城市和农村协调发展的迫切需求，也是深入贯彻落实科学发展观的具体实践取向。因此，对文明创建均衡化进行全面考察、研究已显得十分重要而迫切。

本节选取宁波市乡镇街道为基本研究单元，分别从全市、县市区和乡镇街道三个层次

对其文明创建均衡化的现状、成因进行调查分析，并提出推进文明创建均衡化发展的对策建议。

3.4.1 推进文明创建均衡化的重要意义

要对文明创建均衡化进行研究，首先需要对文明均衡化的相关概念进行界定，揭示其基本内涵，进而有助于提高对文明创建均衡化重要意义的认识。

3.4.1.1 文明创建均衡化的内涵界定

文明创建均衡化的相关概念，涉及文明、文明创建、均衡及城乡均衡、城乡文明创建均衡化等关键词。

（1）“文明”的含义

“文明”一词，英文是 civilize，是指高贵者对卑贱者持礼貌和温和态度的一种品质。英文中的 civilize 一词出自拉丁文 civis（公民）和 civilitas（有组织的社会），在拉丁文中文明的词汇是 civilis，有两个基本的意义：一是指作为一定社会成员的公民所特有的素质和修养；另一种是指对公民的教育和影响。不论是拉丁文，还是英语，文明的最初词义是指一个公民对他人的行为和态度。在中国，汉文的“文明”一词最早出现在古代典籍《周易·乾卦·文言》中的“见龙在田，天下文明”一语。意思是有龙出现在田野时，仿佛阳气上升到地平线上，于是天下“文明”普照。由此可见，在西方和中国，“文明”一词的早期语义中其社会含义并不明显，还不是从社会的发展和进步状态来说的。

在西方，最早给“文明”一词赋予社会意义的是英国早期启蒙思想家托马斯·霍布斯，他于公元 1651 年写《利维坦》一书中提出了“文明社会”的概念，也可以说他是西方思想家最早明确使用“文明”一词的人，他当时所说的“文明社会”是指与战争状态相对立的和平状态。在西方正式明确使用“文明”一词时，主要都是从社会意义上来说的。英国启蒙思想家洛克在《政府论》一书中也使用“文明”一词，主要是指私有财产的产生和确认。法国启蒙思想家的首领伏尔泰、孟德斯鸠、卢梭等人，视文明为自由、平等和民主，把文明与专制、不平等对立起来。在中国，把文明赋予社会含义的要首推清代戏曲理论家、作家李渔，他在《闲情偶寄》中说：“辟草昧而致文明”，把文明视作是一种人类社会的进步状态。近代西学东渐以后，“文明”一词具有了明显的社会、政治和文化的含义，一般视为“民主政治”“自由权利”“科学技术”和物质生产、物质生活、文化生活水平。

19 世纪中期，在人类思想史上产生了科学的马克思主义理论，马克思、恩格斯的科学文明论也随之而生。马克思、恩格斯把科学、美术看作是文明中“精致的东西”。他们认为“文明时代是学会对天然产物进一步加工的时期，是真正的工业和艺术产生的时期”。马克思的科学文明观突出了文明的历史性和社会性，认为文明是一个历史概念，是人类社会发展中一定阶段才出现的一种进步状态。文明又是一个社会范畴，马克思、恩格斯认为文明时代是从阶级的产生、国家的建立、文字和一夫一妻家庭的出现而开始的人类历史时期。他们有一句名言：“当文明一开始的时候，生产就开始建立在级别、等级和阶级对抗上……没有对抗就没有进步。这是文明直到今天所遵循的规律。”马克思、恩格斯的文明观为我们研究人类文明的发展提供了科学的指导思想。

20 世纪 60 年代中期，苏联著名的理论家罗森塔尔、尤金合编的《简明哲学辞典》指出：文明是人类在社会历史实践过程中所创造的物质财富和精神财富的总和。这在苏联、东欧以及我国的理论界都产生过相当大的影响。苏联的一些学者根据马克思主义经典作家关于社会体系分为物质生活、社会政治生活和精神生活三个部分和人类基本活动方式也分为物质生产活动、社会政治活动和精神生产活动三部分，认为文明也应分为物质文明、政治文明、精神文明。

（2）“文明创建”的含义

字面上理解“文明创建”是通过创造一些文明实践的活动和载体，推进各项文明建设的过程。广义上来讲，文明创建应该包含上面所述的物质文明、精神文明、政治文明以及生态文明的创建。狭义上专指精神文明建设，精神文明是指人们改造主观世界的社会精神生活积极成果的总和。社会主义精神文明建设包括思想道德建设和教育科学文化建设，根本任务是提高公民的思想道德素质、科学文化素质和健康素质，培养有理想、有道德、有文化、有纪律的社会主义公民。

改革开放以来，我国涌现出了一个亿万人民广泛参与并普遍受益的新生事物——群众性精神文明创建活动。这是人民群众移风易俗、改造社会的伟大创造，是人民群众在党的领导下建设美好社会的生动实践，是把中国特色社会主义经济建设、政治建设、文化建设、社会建设各项任务落实到基层的有效途径。经过 40 年的实践和发展，群众性精神文明创建活动在提高公民文明素质、社会现代文明程度中的作用日益突出，已成为精神文明建设不可或缺的重要组成部分。以创建文明城市、文明村镇和文明行业、文明单位为主体的各种形式的群众性精神文明创建活动以其蓬勃的生机和旺盛的活力，有力地促进了精神文明建设各项任务的落实，廉洁高效的政务环境、安全稳定的治安环境、诚实守信的市场环境、健康向上的人文环境、安居乐业的生活环境、文明礼貌的社会环境、可持续发展的生态环境逐步发展和形成。

（3）“均衡”及“城乡均衡”的含义

均衡（equilibrium）是从力学的平衡概念移植过来的，与平衡（balance）基本同义。它是指两种或者几种不同的力量、过程达到某种均势的状态，而平衡是指两种不同的力量、过程达到某种均势的状态。均衡概念最早由马歇尔引入经济学，主要指经济中各种对立的、变动着的力量相对静止、不再变动的状况。资源经济学认为人类的资源是稀缺的，而人们的需要是无限的、多种多样的。为了合理配置人类有限的资源，达到市场需求与供给的相对均衡，经济学家提出了市场均衡理论。均衡理论被应用到许多领域，如应用到教育领域，强调的是教育资源配置、受教育的权利和机会以及教育质量、效果的均等或大致均等。均衡理论应用到城乡关系上就产生了“城乡均衡”这一概念。

“城乡均衡”是指城市和乡村之间在经济、社会、文化、政治、资源、环境及发展空间等影响城乡关系的诸多方面达到相互联系、相互促进的均势状态。促进城乡均衡包括两种不同的过程，一种是促进城乡关系由“失衡”到“均衡”转变过程，另一种是促进城乡关系在“均衡状态”下协调发展与整体发展、保持较长时间“均衡状态”的过程。对我国来说，促进城乡均衡主要是指促进城乡关系由“对立”转向“融合”并进一步转向“一体”的过程。

（4）“城乡文明创建均衡化”的含义

城市是人类文明发展到一定阶段的产物，城市的形成和发展又促进了人类素质的提高和人类自身的发展。人的较高素质和人的发展不是生来具有的，它是在一定的自然环境特别是较好的人工环境条件下逐渐形成的。人的素质提高和自身发展，需要人群相互交往，物质生产力的发展、文化科学的进步、教育的普及以及较浓的社会文化氛围。这样的条件首先是在城市中体现出来，并且也集中和典型地反映在城市里。因为城市是人们政治、经济、文化交往的中心，城市是用先进科学文化技术武装起来的大工厂所在地，城市是承上启下、继往开来的传统文化储存地，城市又是反映先进文化的教育和科学研究机构的聚集场所，城市生活又有较为严格的法律，先进文化的氛围比农村要高，于是城市成为培育人和提高人素质的比较理想场所。当然，城市和农村在对人素质的提高方面都发挥着不同的作用，也有不同的特点，但就提高人素质、促进人的发展而言，城市比农村有着更强的优势。城乡文明不均衡现象也由此客观且普遍地存在。同样，由于城市集中的文化教育机构和设施、城市对先进文化的接受较快等原因，城市对精神文明建设重视程度和行为意识远高于农村，因此城乡在文明创建上也呈现不均衡。

“城乡文明创建均衡化”是指城市和乡村之间在文明创建方面达到相互联系、相互促进的均势状态。城乡文明创建均衡化发展的目标是实现城乡文明一体化，城乡文明均衡化不仅仅是地理空间范畴，而且还涉及众多概念。它不仅要求把城市和乡村当作一个有机整体，而且要求把城市和乡村当作地位平等、有机联系的社会实体，通过建立健全城乡经济、社会、文化相互渗透、相互融合、相互依赖的体制，促进全体居民素质提高和全面发展。

3.4.1.2　宁波文明创建均衡化的重要意义

宁波市在新一轮文明城市创建工作中，率先提出要“坚持协调推进，在城乡文明均衡化上求突破”，这是对文明创建深层次思考之后作出的重要决策，具有十分重要的现实意义。

文明创建均衡化，是推进和谐社会建设和实现全面小康的重要前提。创建文明根本目的是提高人民群众生活品质，不断促进社会和谐，城乡物质文明、政治文明、精神文明、生态文明的协调发展是和谐社会的根本标志。我们要构建的和谐社会，是在全面建设小康社会中，以经济与社会发展的和谐、不同地区之间发展的和谐、农村与城市之间发展的和谐为特征的和谐社会，其中就包含了城乡文明均衡化的要求。因此，文明创建均衡化对促进城乡文明、提高全社会文明程度、推进全面小康社会建设都有重要的作用。

文明创建均衡化，是文明城市创建工作与城市化进程同步推进的必然要求。城乡文明创建均衡化的提出，强调把文明城市创建工作从中心城区向城乡接合部及新城区、县（市）拓展，从重点部位向一般地带延伸，使文明创建工作与“东扩、北联、南统筹、中提升”的发展战略互动，确保文明城市创建与城市化进程同步推进；把创建全国文明城市与推进区域统筹协调发展高度契合，是宁波市主动深化创建内涵、扩大创建外延，实施“全域宁波全面创建”的战略抉择。

文明创建均衡化，是“以城带乡，城乡共建”，实现城乡文明一体化的有效途径。统筹城乡文明创建工作，就是要充分发挥城市对农村的带动作用和农村对城市的促进作用，通过文明创建均衡化，来实现城乡文明一体化。城市和农村作为一个整体，城乡间的相互联系、相互作用的不可分割性，必然要求文明创建也要“以城带乡，城乡共建”。世界各国的文明发展历程表明，城市的发展源于农村，但其发展水平又高于农村。推进城乡文明一体化的发展，应充分发挥城市先进生产力、先进文化对农村的辐射作用，形成以城市文明带动农村文明，城乡社区特色鲜明、相得益彰的发展格局。

文明创建均衡化，是新一轮文明城市创建工作向纵深推进的战略举措。宁波市作为首批全国文明城市，各项文明指标已经达到较高水平，宁波市已进入人均 GDP（国内生产总值）一万美元新的发展阶段，文明创建工作正处在新的历史起点，深入推进新一轮全国文明城市创建活动，争创全国文明城市“三连冠”，需要在更高的起点上、更广的范围内实现新的突破。因此，推进文明创建均衡化是在更高层次、更高水平上推动城市和农村协调发展的迫切需求，是市委市政府深入贯彻科学发展观作出的重大决策，是科学发展的新要求、宏观环境的新变化、人民群众的新期盼，也是学习追赶国际先进城市、加快推进现代化国际港口城市建设的战略举措。

3.4.2 宁波市文明创建均衡化的现状

宁波从 20 世纪 80 年代开始探索推进港城文明建设，文明创建活动取得了显著成绩，2005 年获得了首批“全国文明城市”称号，2008 年成功蝉联。通过深入持久的创建活动，全市经济保持了平稳较快发展，综合实力显著增强；公共服务逐步改善，办成了一批群众期盼的好事实事；城市形象快速提升，涌现了“爱心宁波”“文明社区”“文明之星”等具有广泛影响的文明品牌。通过几年的文明城市创建，城市环境、城市面貌、城市管理水平和文明程度、人的精神状态发生了翻天覆地的变化，反映文明城市创建基本情况的测评指标也在不断进步。

截至2009年底，全市所有城区和县城均被评为省级文明城市，其中海曙区、江东区、余姚市、鄞州区和镇海区还被评为省级示范文明城市；在2008年评选的首批市级文明街道中，全市共有14个街道被评为市级文明街道；全市共有省级文明社区79个，市级文明社区289个，分别占社区总数的14.08%和51.52%，其中江北区百丈街道划船社区还被评为全国文明社区；全市共有省级文明镇（乡）20个，市级文明镇（乡）36个，其中鄞州区邱隘镇和余姚市泗门镇被评为全国文明镇；全市共有省级文明村72个，市级文明村556个，分别占行政村总数的2.71%和20.93%，其中奉化市萧王庙街道滕头村和余姚市泗门镇小路下村被评为全国文明村。各类型文明单元的空间分布见表3-9。

表3-9　宁波市分县市区文明单元数量统计表　　单位：个

项目数 \ 全市		海曙区	江东区	江北区	镇海区	北仑区	鄞州区	余姚市	慈溪市	奉化市	宁海县	象山县
省级文明城市（11个）		1	1	1	1	1	1	1	1	1	1	1
市级文明街道（14个）		2	2	2	1	1	1	1	1	1	1	1
文明社区	省级（79）	12	19	11	8	7	8	5	5	3	1	0
	市级（289）	61	62	35	17	22	21	16	19	12	11	13
文明乡镇	省级（20）	—	—	1	0	0	5	5	2	1	4	2
	市级（36）	—	—	1	0	1	7	7	6	5	5	4
文明村	省级（72）	—	—	6	4	6	14	13	13	7	4	5
	市级（556）	—	—	32	29	53	114	89	70	71	34	64

总体看，宁波市整体文明程度在提高，文明单元数量在不断上升，但各区域尚不平衡，文明创建工作的均衡化呈现出以下特点。

具有一定普遍性。各县市区都有省市级文明单元，说明文明城市的创建工作已经在全市广泛开展，市民参与程度不断提高，并形成一定成效。

具有相对集中性。文明社区较多集中在海曙区、江东区，而文明乡镇和文明村主要集中在鄞州区、余姚市和慈溪市。南部县市区文明单元较少，说明文明城市创建工作存在区域不平衡，不均衡性比较显著。

具有明显差异性。主要表现为两方面：一是城乡差异，中心城区的文明创建工作明显比其他地区要好，城市文明程度明显要高；二是地区差异，北部地区的文明创建工作比南部三县市要好，各项指标相对较高。

具有区内不均衡性。表现为在一个区域内，甚至在一个乡镇街道或社区内，也存在着文明创建工作的盲区，不均衡性显著。

3.4.3 宁波文明创建均衡化程度模型统计与分析

文明创建均衡化研究，重点研究均衡性的程度以及影响因素，包括区内的均衡性和区际的差异性，这需要对调查数据进行数学建模和定量分析。对全市各县市区文明创建的统计资料进行数学分析和系统处理，但由于基础数据的局限性和评价标准的不统一性，导致各县市区反映文明程度的数据缺乏相互之间的可比性，这对统计分析文明创建均衡性增添了难度。根据调查获得的现有统计数据，对区内和区际的均衡性总体水平进行研究，而无法对影响均衡化的主要因素进行量化分析。

为了对宁波市和各县（市、区）以及各乡镇（街道）的文明创建现状进行分析，以社区、行政村为基本观测单元，以全国文明社区为参照，按文明级别对基本观测单元赋以相应权数，在此基础上，提出如下概念。

城市文明总量：区域内所有文明类型为社区的权数之和。

乡村文明总量：区域内所有文明类型为行政村的权数之和。

整体文明程度：区域内城市文明和乡村文明总量之和与观测单元数的比值，表示区域内整体文明水平。其计算公式为：

$$\text{整体文明程度}=\frac{\text{城市文明总量}+\text{乡村文明总量}}{\text{社区数}+\text{行政村数}} \tag{3-5}$$

城乡文明相对差距：区域内社区的平均权数与行政村的平均权数之差，表示区域内乡村文明水平与城市文明水平之间的差距。其计算公式为：

$$\text{城乡文明相对差距}=\frac{\text{城市文明总量}}{\text{社区数}}-\frac{\text{乡村文明总量}}{\text{行政村数}} \tag{3-6}$$

城乡文明绝对差距：区域内城乡文明相对差距与行政村数之积，表示区域内所有乡村文明要达到与城市文明相同水平所需付出的努力，即区域内实现城乡文明均衡化的任务量。其计算公式为：

$$\text{城乡文明绝对差距}=\text{城乡文明相对差距}\times\text{行政村数}$$

分乡镇（街道）内文明均衡、县（市、区）内文明均衡和全市内文明均衡三个层次建立评价城乡文明相对差距（R）、城乡文明绝对差距（A）和整体文明程度（D）的数学模型。权数和参数解释见表 3-10。

表 3-10　权数和参数解释

<table>
<tr><td>观测单元</td><td>行政村</td><td>市级文明村</td><td>省级文明村</td><td>创全国文明村先进单位</td><td>全国文明村</td><td>社区</td><td>市级文明社区</td><td>省级文明社区</td><td>全国文明社区</td></tr>
<tr><td>权数</td><td>40</td><td>55</td><td>70</td><td>80</td><td>85</td><td>70</td><td>75</td><td>85</td><td>100</td></tr>
<tr><td colspan="4">城乡文明绝对差距：A
城乡文明相对差距：R
整体文明程度：D
城市文明总量：C
乡村文明总量：V
县（市、区）编号：i</td><td colspan="3">社区数：c
市级文明社区数：$c^{'}$
省级文明社区数：$c^{''}$
全国文明社区数：$c^{'''}$
乡镇（街道）编号：j</td><td colspan="3">行政村数：v
市级文明村数：$v^{'}$
省级文明村数：$v^{''}$
创全国文明村先进单位：$v^{'''}$
全国文明村：$v^{''''}$</td></tr>
</table>

对模型中权重的设计基于以下考虑。

根据各级文明测评体系对文明城市、文明城区、文明乡镇或文明街道的定义均是“反映文明整体水平的综合性荣誉称号”，而从前期收集的各县（市、区）对下属乡镇（街道）文明创建工作考核材料看，各县（市、区）对辖区内乡镇、街道的测评内容和时间均难以统一，难以对宁波市文明创建各级指标作逐一分析，所以以各乡镇、街道不同级别的文明村和文明社区的数量和占比进行加权处理后建立模型对相应乡镇（街道）和县（市、区）建立模型进行文明整体水平的定量测评是具有操作性的方法和选择。已进行多轮的各级文明村和文明社区的评定是建立该模型的现实基础，各级文明测评体系是建立该模型的理论依据。而各观测单元具体权数的确定则是以全国文明社区的标准 100 分为参照，根据全市现阶段各级文明村和文明社区在数量上的分段分布情况，设置各级文明村的权数为以 15 为公差的一级等差数列，设置各级文明社区的权数为以 5 为公差的二级等差数列。

3.4.3.1　整体文明程度统计与数学分析

乡镇（街道）的城市文明总量和乡村文明总量分别由式（3-7）和式（3-8）计算：

$$C_{ij}=70(c_{ij}-c_{ij}^{'})+75(c_{ij}^{'}-c_{ij}^{''})+85(c_{ij}^{''}-c_{ij}^{'''})+100c_{ij}^{'''} \qquad (3\text{-}7)$$

$$V_{ij}=40(v_{ij}-v_{ij}^{'})+55(v_{ij}^{'}-v_{ij}^{''})+70(v_{ij}^{''}-v_{ij}^{'''}-v_{ij}^{''''})+80v_{ij}^{'''}+85v_{ij}^{''''} \qquad (3\text{-}8)$$

全市整体文明程度、各县（市、区）内整体文明程度以及各乡镇（街道）整体文明程度分别用式（3-9）、式（3-10）和式（3-11）计算：

$$D = \frac{\sum_i \sum_j C_{ij} + \sum_i \sum_j V_{ij}}{\sum_i \sum_j (c_{ij} + v_{ij})} \tag{3-9}$$

$$D_i = \frac{\sum_j C_{ij} + \sum_j V_{ij}}{\sum_j (c_{ij} + v_{ij})} \tag{3-10}$$

$$D_{ij} = \frac{C_{ij} + V_{ij}}{c_{ij} + v_{ij}} \tag{3-11}$$

统计结果表明宁波市整体文明程度得分为47.91。各县（市、区）中，江东区和海曙区分别位居第一位和第二位，得分分别为76.60和75.67，宁海县得分最低，为43.67。江东区、海曙区、镇海区、江北区、余姚市和慈溪市等6个县、市、区的整体文明程度高于全市水平，北仑区、鄞州区、奉化市、象山县和宁海县等5个县（市、区）的整体文明程度低于全市水平。按照文明程度Ⅰ级（40～50分）、Ⅱ级（50～60分）、Ⅲ级（60～70分）、Ⅳ级（70分以上）四个级别划分，全市11个县（市、区）中整体文明程度为Ⅰ级的有6个（慈溪市、北仑区、鄞州区、奉化市、象山县和宁海县），整体文明程度为Ⅱ级的有3个（镇海区、江北区和余姚市），整体文明程度为Ⅳ级的有2个（海曙区和江东区）。全市152个乡镇（街道）中，整体文明程度达到Ⅰ级、Ⅱ级、Ⅲ级和Ⅳ级的数量分别为102、25、4和21，分别占乡镇（街道）总数的67.10%、16.45%、2.63%和13.82%。宁波市和各县（市、区）整体文明程度得分如图3-4所示，各乡镇（街道）整体文明程度得分详情见附表3-A，全市和各县（市、区）各级文明程度的乡镇（街道）数量见表3-11。

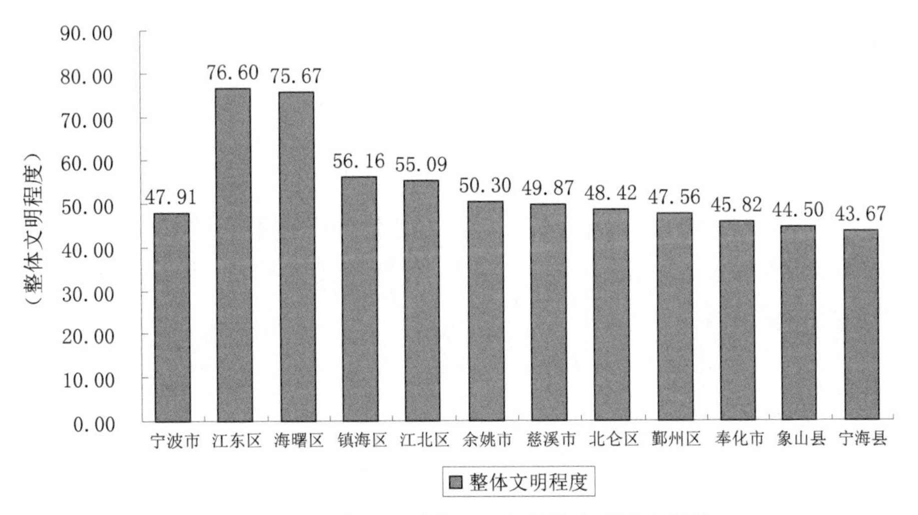

图3-4　宁波市和县（市、区）整体文明程度得分

3.4.3.2　城乡文明相对差距和绝对差距的统计与分析

（1）乡镇（街道）内文明均衡条件下文明创建现状统计与分析

乡镇（街道）内城乡文明均衡发展条件要求在某个乡镇（街道）内实现该乡镇（街道）内乡村文明达到城市文明水平，即该乡镇（街道）内行政村的文明程度都达到该乡镇（街道）内社区的整体文明程度。在该条件下，乡镇（街道）内城乡文明相对差距由式（3-12）计算，全市、县（市、区）和乡镇（街道）内城乡文明绝对差距分别由式（3-13）、式（3-14）和式（3-15）计算：

$$R_{ij} = \frac{C_{ij}}{c_{ij}} - \frac{V_{ij}}{v_{ij}} \tag{3-12}$$

$$A = \sum_{i} A_{i} \tag{3-13}$$

$$Ai = \sum_{j} A_{ij} \tag{3-14}$$

$$A_{ij} = v_{ij} R_{ij} \tag{3-15}$$

统计结果表明，在各乡镇（街道）内实现城乡文明均衡发展条件下，全市城乡文明绝对差距为73277分。在全市11个县（市、区）中，象山县城乡文明绝对差距最大，以13907分占据全市城乡文明绝对差距 19%的份额，而海曙区和江东区已全部实现城市化，城乡文明绝对差距为0。按照城乡文明相对差距Ⅰ级（0～10分）、Ⅱ级（10～20分）、Ⅲ级（20～30分）、Ⅳ级（30分以上）四个级别划分，全市152个乡镇（街道）中，城乡文明相对差距为Ⅰ级、Ⅱ级、Ⅲ级和Ⅳ级的乡镇（街道）数量分别为18、5、102和27，分别占乡镇（街道）总数的11.84%、3.29%、67.11%和17.76%。按照全面均衡（0～500分）、整体均衡（500～1000分）、基本均衡（1000～1500分）和初步均衡（1500分以上）划分城乡文明绝对差距四个阶段，全市152个乡镇（街道）中，进入城乡文明全面均衡、整体均衡、基本均衡和初步均衡阶段的乡镇（街道）数量分别为91、44、15和2，分别占乡镇（街道）总数的59.87%、28.95%、9.86%和1.31%。各县（市、区）城乡文明绝对差距得分如图3-5所示，各乡镇（街道）城乡文明相对差距和绝对差距详见附表3-A，全市和各县（市、区）城乡文明相对差距各级的乡镇（街道）数量以及城乡文明绝对差距各阶段的乡镇（街道）数量见表3-11。

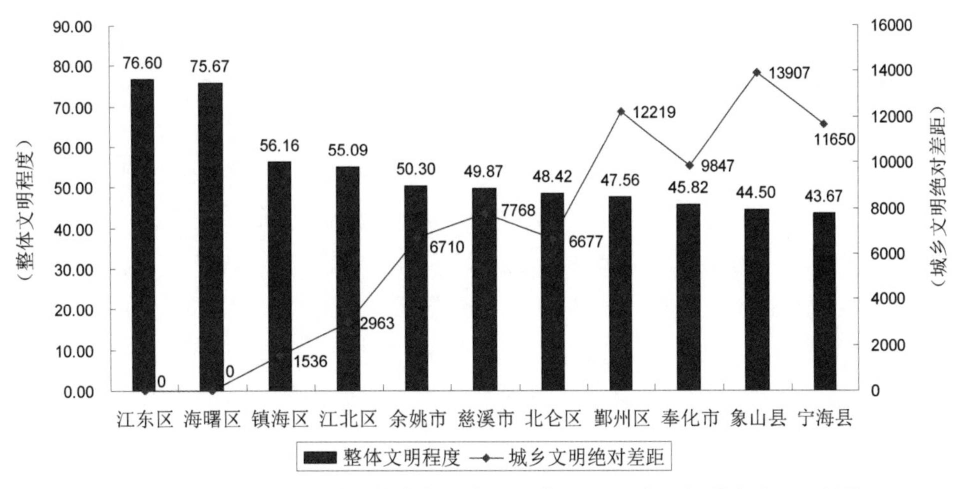

图 3-5　乡镇（街道）内均衡条件下各县（市、区）城乡文明绝对差距得分

（2）县（市、区）内文明均衡条件下文明创建现状的统计与分析

各县（市、区）内城乡文明均衡发展条件下，要求在各县（市、区）内实现该县（市、区）内乡村文明达到城市文明水平，即该县（市、区）内行政村的文明程度都达到该县（市、区）内社区的整体文明程度。在该条件下，乡镇（街道）内城乡文明相对差距由式（3-16）计算，县（市、区）内城乡文明相对差距由式（3-17）计算，全市、县（市、区）和乡镇（街道）内城乡文明绝对差距分别由式（3-18）、式（3-19）和式（3-20）计算。

$$R_{ij}=\frac{\sum_{j}C_{ij}}{\sum_{j}c_{ij}}-\frac{V_{ij}}{v_{ij}} \tag{3-16}$$

$$R_{i}=\frac{\sum_{j}C_{ij}}{\sum_{j}c_{ij}}-\frac{\sum_{j}V_{ij}}{\sum_{j}v_{ij}} \tag{3-17}$$

$$A=\sum_{i}A_{i} \tag{3-18}$$

$$Ai=\sum_{j}A_{ij} \tag{3-19}$$

$$A_{ij}=v_{ij}R_{ij} \tag{3-20}$$

统计结果表明，在各县市区内实现城乡文明均衡发展条件下，全市城乡文明绝对差距为 77412 分。在全市 11 个县（市、区）中，象山县城乡文明绝对差距最大，以 14396 分占据全市城乡文明绝对差距的 18.60%，北仑区和宁海县的城乡文明相对差距最大，都在 30 分以上，而海曙区和江东区已全部实现城市化，城乡文明相对差距和绝对差距均为 0。按照城乡文明相对差距Ⅰ级（0～10 分）、Ⅱ级（10～20 分）、Ⅲ级（20～30 分）、Ⅳ级

（30 分以上）四个级别划分，全市 152 个乡镇（街道）中，城乡文明相对差距为Ⅰ级、Ⅱ级、Ⅲ级和Ⅳ级的乡镇（街道）数量分别为 18、1、76 和 57，分别占乡镇（街道）总数的 11.84%、0.66%、50.00%和 37.50%。按照全面均衡（0～500 分）、整体均衡（500～1000 分）、基本均衡（1000～1500 分）和初步均衡（1500 分以上）划分城乡文明绝对差距四个阶段，全市 152 个乡镇（街道）中，进入城乡文明全面均衡、整体均衡、基本均衡和初步均衡阶段的乡镇（街道）数量分别为 81、52、15 和 4，分别占乡镇（街道）总数的 53.29%、34.21%、9.87%和 2.63%。各县（市、区）城乡文明相对差距和绝对差距得分如图 3-6 所示，各乡镇（街道）城乡文明相对差距和绝对差距详情见附表，全市和各县（市、区）城乡文明相对差距各级的乡镇（街道）数量以及城乡文明绝对差距各阶段的乡镇（街道）数量见表 3-11。

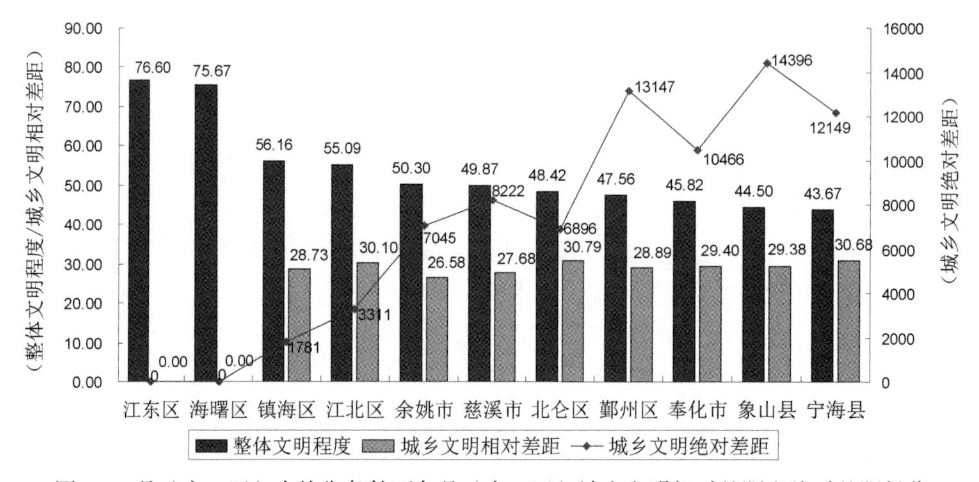

图 3-6 县（市、区）内均衡条件下各县（市、区）城乡文明相对差距和绝对差距得分

（3）全市内文明均衡条件下文明创建现状的统计与分析

在全市内城乡文明均衡发展条件下，要求在全市内实现乡村文明达到城市文明水平，即全市内行政村的文明程度都达到全市内社区的整体文明程度。在该条件下全市、县（市、区）和乡镇（街道）内城乡文明相对差距分别由式（3-21）、式（3-22）和式（3-23）计算，全市、县（市、区）和乡镇（街道）内城乡文明绝对差距分别由式（3-24）、式（3-25）和式（3-26）计算。

$$R=\frac{\sum_{i}\sum_{j}C_{ij}}{\sum_{i}\sum_{j}c_{ij}}-\frac{\sum_{i}\sum_{j}V_{ij}}{\sum_{i}\sum_{j}v_{ij}} \tag{3-21}$$

$$R_i=\frac{\sum_{i}\sum_{j}C_{ij}}{\sum_{i}\sum_{j}c_{ij}}-\frac{\sum_{j}V_{ij}}{\sum_{j}v_{ij}} \tag{3-22}$$

$$R_{ij}=\frac{\sum_i\sum_j C_{ij}}{\sum_i\sum_j c_{ij}}-\frac{V_{ij}}{v_{ij}} \tag{3-23}$$

$$A=\sum_i A_i \tag{3-24}$$

$$Ai=\sum_j A_{ij} \tag{3-25}$$

$$A_{ij}=v_{ij}R_{ij} \tag{3-26}$$

统计结果表明，在全市内实现城乡文明均衡发展条件下，全市城乡文明相对差距为29.20分，全市城乡文明绝对差距为81439分。在全市11个县（市、区）中，宁海县、象山县、奉化市、鄞州区、北仑区和慈溪市的城乡文明相对差距都在30分以上，鄞州区的城乡文明绝对差距最大，以15753分占据全市城乡文明绝对差距的19.34%，而海曙区和江东区已全部实现城市化，城乡文明相对差距和绝对差距均为0。按照城乡文明相对差距Ⅰ级（0~10分）、Ⅱ级（10~20分）、Ⅲ级（20~30分）、Ⅳ级（30分以上）四个级别划分，全市152个乡镇（街道）中，城乡文明相对差距为Ⅰ级、Ⅱ级、Ⅲ级和Ⅳ级的乡镇（街道）数量分别为18、2、45和87，分别占乡镇（街道）总数的11.84%、1.32%、29.60%和57.24%。按照全面均衡（0~500分）、整体均衡（500~1000分）、基本均衡（1000~1500分）和初步均衡（1500分以上）划分城乡文明绝对差距四个阶段，全市152个乡镇（街道）中，进入城乡文明全面均衡、整体均衡、基本均衡和初步均衡阶段的乡镇（街道）数量分别为76、57、14和5，分别占乡镇（街道）总数的50.00%、37.50%、9.21%和3.29%。各县（市、区）城乡文明相对差距和绝对差距得分如图3-7所示，各乡镇（街道）城乡文明相对差距和绝对差距详情见附表3-A，全市和各县（市、区）城乡文明相对差距各级的乡镇（街道）数量以及城乡文明绝对差距各阶段的乡镇（街道）数量见表3-11。

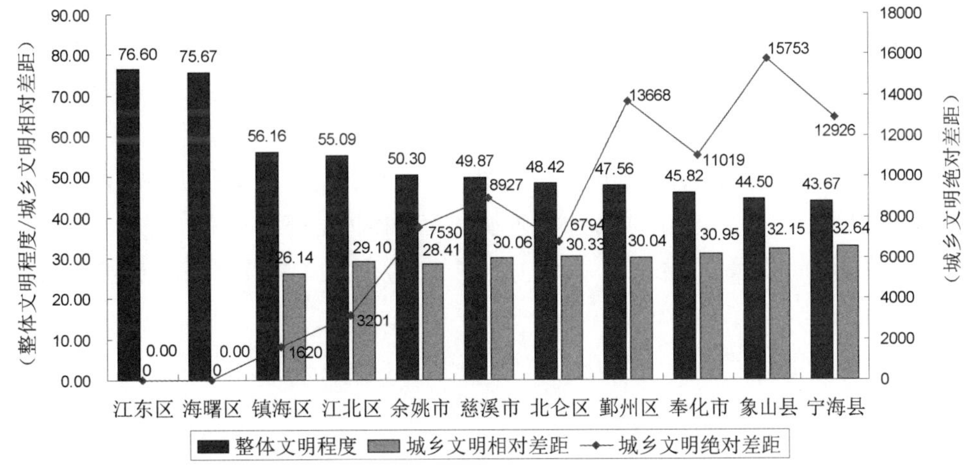

图3-7 全市内均衡条件下各县（市、区）城乡文明相对差距和绝对差距得分

3.4.3.3 宁波市文明创建均衡化程度模型统计分析结果评价

通过对全市、各县（市、区）和各乡镇（街道）的总体文明程度、城乡文明相对差距和绝对差距的定量描述，可得宁波市文明创建均衡化的现状特征。

整体文明程度北部高于南部，三江口是中心。用 ArcGIS 9.0 的热点分析工具对各乡镇（街道）的整体文明程度进行空间分析，结果表明整体文明程度高的乡镇（街道）在市区三江口附近聚集分布，整体文明程度低的乡镇在宁海、象山、奉化中部和西部、鄞州东部和西部聚集分布。

城乡文明差距客观存在。对三个层次的文明均衡条件下城乡文明相对差距作相关性分析，得出三个层次文明均衡条件下的城乡文明相对差距的两两相关系数均在 0.9 以上，这表明各乡镇（街道）的城乡文明相对差距不因文明创建均衡化条件的改变而发生较大改变，是客观存在的。

城乡文明差距存在“两极”现象。在全市内城乡文明均衡条件下，全市 152 个乡镇（街道）的总体文明程度与城乡文明相对差距和绝对差距均表现出负相关的关系，相关系数分别为-0.84 和-0.59，这表明在总体文明程度高的乡镇（街道），其城乡文明差距也相对较小，而城乡文明相对差距与绝对差距表现出正相关的关系，但相关性不大，相关系数为 0.51，这表明在某些乡镇（街道）存在这两种情况，城乡文明相对差距小，但绝对差距大，或城乡文明相对差距大，但绝对差距小。前一种情况可理解为该乡镇（街道）内乡村文明整体水平较高，但由于仍存在数量较多的行政村，导致城乡文明绝对差距较大，可通过在行政村内实行社区化管理来实现缩小城乡文明绝对差距；而后一种情况可理解为该乡镇（街道）内城市文明已覆盖大部分区域，但仍存在个别行政村文明水平较低，属于文明创建工作存在“盲点”区域。

乡镇（街道）内文明均衡是创建工作重中之重。对三个层次的文明均衡条件下城乡文明绝对差距作相关性分析，得出全市内均衡条件下的城乡文明绝对差距与县（市、区）内均衡条件下的城乡文明绝对差距相关性较小，相关系数为 0.23，而乡镇（街道）内文明均衡条件下的城乡文明绝对差距与全市内和县（市、区）内文明均衡条件下的城乡文明绝对差距的相关系数均达到 0.99，这表明，文明创建均衡化的工作应首先从乡镇（街道）内文明均衡着手，要最终实现全市内城乡文明均衡，首要目标是在各乡镇（街道）内实现“自治”的城乡文明均衡发展，各乡镇（街道）内城乡文明达到了均衡状态，全市和各县（市、区）内的城乡文明均衡也基本达成。

表 3-11 宁波市和各县（市、区）整体文明程度各级、城乡文明相对差距各级以及城乡文明绝对差距各阶段乡镇（街道）数量

区域	乡镇（街道）数	整体文明程度				全市内文明均衡								县（市、区）内文明均衡								乡镇（街道）内文明均衡							
						城乡文明相对差距				城乡文明绝对差距				城乡文明相对差距				城乡文明绝对差距				城乡文明相对差距				城乡文明绝对差距			
		Ⅰ级（40~50）	Ⅱ级（50~60）	Ⅲ级（60~70）	Ⅳ级（70~ ）	Ⅰ级（0~10）	Ⅱ级（10~20）	Ⅲ级（20~30）	Ⅳ级（30~40）	全面均衡（0~500）	整体均衡（500~1000）	基本均衡（500~1500）	初步均衡（1500~ ）	Ⅰ级（0~10）	Ⅱ级（10~20）	Ⅲ级（20~30）	Ⅳ级（30~40）	全面均衡（0~500）	整体均衡（500~1000）	基本均衡（500~1500）	初步均衡（1500~ ）	Ⅰ级（0~10）	Ⅱ级（10~20）	Ⅲ级（20~30）	Ⅳ级（30~40）	全面均衡（0~500）	整体均衡（500~1000）	基本均衡（500~1500）	初步均衡（1500~ ）
宁波市	152	102	25	4	21	18	2	45	87	76	57	14	5	18	1	76	57	81	52	15	4	18	5	102	27	91	44	15	2
北仑区	10	8	2	0	0	0	0	3	7	4	2	4	0	0	0	3	7	4	2	4	0	0	0	5	5	4	3	3	0
慈溪市	20	15	3	1	1	0	0	5	15	14	5	1	0	0	0	15	5	14	5	1	0	0	1	16	3	14	5	1	0
奉化市	11	10	1	0	0	0	0	3	8	1	5	3	2	0	0	5	6	1	5	4	1	0	0	8	3	2	4	5	0
海曙区	8	0	0	0	8	8	0	0	0	8	0	0	0	8	0	0	0	8	0	0	0	8	0	0	0	8	0	0	0
江北区	8	2	2	1	3	1	0	3	4	5	2	1	0	1	0	2	5	5	2	1	0	1	0	4	3	5	2	1	0
江东区	8	0	0	0	8	8	0	0	0	8	0	0	0	8	0	0	0	8	0	0	0	8	0	0	0	8	0	0	0
宁海县	18	18	0	0	0	0	0	0	18	4	11	3	0	0	0	4	14	4	11	3	0	0	0	15	3	6	9	3	0
象山县	18	16	2	0	0	0	0	3	15	1	14	1	2	0	0	13	5	2	13	1	2	0	0	16	2	2	14	0	2
鄞州区	24	20	3	1	0	0	0	12	12	9	13	1	1	0	0	15	9	11	11	1	1	0	0	19	5	18	4	2	0
余姚市	21	11	9	1	0	0	1	12	8	17	4	0	0	0	1	16	4	19	2	0	0	0	2	17	2	19	2	0	0
镇海区	6	2	3	0	1	1	1	4	0	5	1	0	0	1	0	3	2	5	1	0	0	1	2	2	1	5	1	0	0

3.4.4 宁波文明创建均衡化存在问题及原因分析

宁波文明创建均衡化存在的最突出问题是各县（市、区）对城市文明的理解上存在明显差异性，这直接导致各县（市、区）的文明创建工作重点不一致，不少县（市、区）主要从城市公共卫生角度出发认为硬件非常重要，而有些县（市、区）则注重精神文明等软件方面的宣传与教育。这使得各县（市、区）在文明创建工作的考核评比标准不统一，给宁波全市范围内各县（市、区）的文明创建均衡化横向对比工作带来难度。

对宁波文明创建均衡化进行模型统计与分析，认为影响宁波文明创建均衡化发展因素是多方面的，主要从经济、人口、政策等方面分析均衡化发展的影响因素。

3.4.4.1 经济实力是文明均衡发展的物质基础

城市文明是经济、政治、文化和社会建设方方面面的综合体，主要表现为物质文明（硬件）和精神文明（软件）两方面。深层次看，还包括制度文明（政治文明）和生态文明。以马路、汽车、公园、广场、住宅小区、文体场馆、办公楼、宾馆、车站、商店、市场、绿化、河道等为主要标志的硬件设施是城市文明的物质基础，主要取决于当地的经济发展水平。它的特点是投入大，出形象快。一般说来，一个地方经济发展快，财政收入高，经济实力强，城市建设力度就比较大，硬件和软件的改善也会比较快，城市整体形象就比较好，总体文明素质就比较高。

例如，考察经济发展水平与总体文明程度的关系，以 2009 年上半年人均 GDP 作为经济水平指标，区域整体文明程度得分作为总体文明程度指标，可以发现人均 GDP 与区域整体文明程度得分之间虽然不完全成正比，但其大体趋势反映了经济水平与区域整体文明程度的正相关关系，如图 3-8 所示。

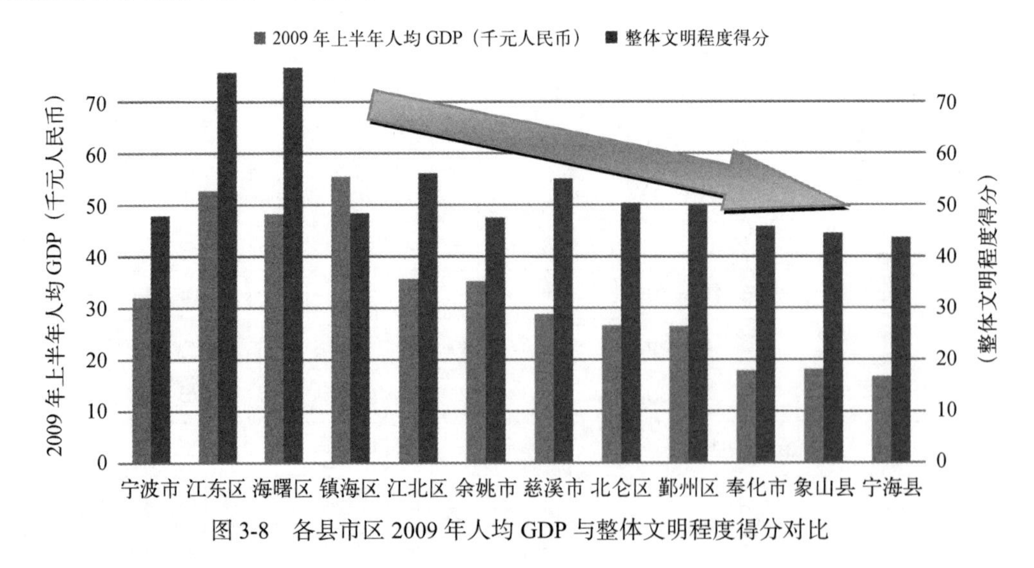

图 3-8 各县市区 2009 年人均 GDP 与整体文明程度得分对比

就具体区域而言，如江东、海曙等区域，位于宁波中心城区，由于人均 GDP 等经济实力指标强于其他县（市、区）。因此，无论是在总体文明程度还是在各乡镇（街道）城乡文明相对差距分级分布中，都占有明显的优势地位。反观南部三县市在经济实力上相对较弱，总体文明程度得分也相对较低，在文明创建工作中存在城市形象不佳，基础设施老化、损坏等严重问题；区域内部文明均衡化方面存在较大的不均衡性和差异性。

3.4.4.2 人口素质是文明均衡发展的内在因素

精神文明的核心即人的素质，包括思想觉悟、道德素质、精神内核和文化涵养等方面，是一个不断接受教育引导、约束和环境影响的过程，是一个长期传承和积累的结果。因此，当各地经济发展到了一定阶段后，城市文明难点主要不在物质文明，不在基础设施等硬件建设上，而是在提高市民素质等软件建设上。

宁波市城调大队对宁波中心城区抽样调查显示，在“你认为当前文明城市创建中急需解决的问题”问卷调查中，大部分居民认为“市民素质”是影响文明创建的最重要的因素，其中“乱穿马路”“随地吐痰”和“乱扔杂物”成为最能反映市民素质的焦点问题，各区调查数据如表 3-12 所示。

表 3-12　城区居民对“三大问题”选项数汇总表　　单位：%

县（市区） 调查内容	海曙	北仑	鄞州	江东	江北	镇海	全市平均
乱穿马路	57.5	47.1	66.0	69.3	62.3	58.5	60.5
乱扔杂物	50.0	32.6	42.0	50.5	48.7	57.5	47.3
随地吐痰	51.5	32.3	44.3	44.0	57.3	61.9	48.5

宁波市在提高市民素质方面还存在着以下问题：一是意识不强。各地在文明创建工作中，只注重硬件设施建设，不重视文明素质等软件建设。市民对知识与文化的尊重程度还不够，重商轻文的潜在意识比较强，城市文化氛围与学术氛围还不是很浓等。二是合力不足。抓文明素质的提高，很多人认为是宣传部门的事、文明办的事，不少单位只注重职业道德教育，缺少社会公德和家庭美德的教育。三是方法不多。通过社区教育来进行文明公德教育，覆盖面不广，教育的方法缺少广泛性和群众基础。四是法制观念不强。存在“三多”“三少”的现象。“三多”是指行人、电瓶车、自行车闯红灯比较多，乱扔垃圾、随地吐痰的现象比较多，在酒店、影剧院、商场大声喧哗的人比较多。“三少”是指排队上车比较少、公交车上主动让座的比较少、遵守交通规则的比较少。

3.4.4.3 政策机制是文明均衡发展的重要保障

文明创建工作的政策导向是否正确，推进措施是否科学，激励保障是否有力，往往决定着一个区域文明创建工作的成效。宁波市各县市区实际效果看，凡是领导重视、组织到位、措施科学、保障有力的地区，文明创建工作的成效比较明显，各项文明指标走在全市前列。如江东区不断加强文明创建管理机制的创新，夯实基层的基础创建工作，大力推进文明创建均衡化发展，在全区创造性地开展"人文社区"建设。"人文社区"建设紧紧围绕"关爱人、服务人、教育人、凝聚人"四个核心内容，致力于创建安居乐业、民主自治、居民归属感强、有利于人的全面发展的和谐社区。为推进"人文社区"建设的水平，江东区专门研制了"人文社区"建设测评体系，使建设和考核工作更加科学和规范。

一些区内文明均衡化指标得分较低的区域，文明创建的政策导向、组织机制和保障措施等还存在问题。最突出的是负责文明创建的专门部门力量薄弱，人员不足。有些县（市、区）的文明办编制还属于 20 世纪 90 年代初抓文明小区建设时的人员力量，面对目前繁重的创建任务，要靠从其他部门抽调力量搞突击才能解决问题，这种现象不利于创建工作长效机制建立，也不利于日常的检查督促和指导培训。这些区域文明创建指标与先进地区相比差距较大，不均衡性显著。

当然，影响宁波文明均衡化发展的因素还有很多，如各县（市、区）教育投入，直接影响该区域人口文化素质。又如在行政区划方面，各县（市、区）的乡、镇、街道的数量分布，影响着该区域文明乡镇、街道的均衡性。另外还有区域自然地理特点、产业布局等都影响着文明均衡化的空间分布。

3.4.5 推进宁波市文明创建均衡化发展对策

宁波正处于转型升级、实现跨越式发展的新阶段，经济社会发展正面临深刻的结构性变化，文明创建工作正处在一个新的高度和新的起点上，面临的形势更加紧迫，任务更加艰巨。为切实有效地推进新一轮文明创建工作，必须要把促进城乡文明均衡化发展作为重要的目标任务来抓，厘清工作思路，明确工作重点，提出有可操作性的对策措施。

3.4.5.1 厘清思路，明确重点，制定文明创建均衡化发展规划

推动城市文明向农村辐射，实现城乡文明均衡化，是新一轮文明创建工作和城乡统筹发展的必然要求，也是让城乡居民共享现代文明成果的重要举措。在推进文明创建均衡化发展的过程中，必须明确均衡化发展的总体思路和目标，明确重点工作和重点领域，科学合理地制定发展规划。

（1）推进文明创建均衡化发展的总体思路

根据宁波市文明创建工作的现状和新一轮创建要求，提出推进文明创建均衡化的总体思路是：以人为本、完善体系、城乡联动、均衡发展。

"以人为本"：文明创建工作归根结底是为了人类自身文明素质的提高，包括人的知识水平、交往水平、生活水平、道德水平的提高等。因此，文明创建必须以提高城乡居民的

文明素质为根本。同时，在创建过程中要尊重人民群众的主体地位和首创精神，最大限度地激发广大人民的参与热情和创造能力，广泛听取群众意见，精心设计活动载体，不断深化活动内涵，让创建成果人人共享。

“完善体系”：文明创建是一个涵盖面广、系统性强的大工程，包括文明创建的组织体系、投入机制、管理机制、运行机制、政策体系、监管评估、考核体系等；每个环节相互关联又共同作用，这就要求有完善的制度作为保障，精心设计每一环节，不断完善体制机制。

“城乡联动”：在城市文明程度远高于农村现状下创建文明城市，要充分发挥城市文明的辐射带动作用，要形成以城市文明带动农村文明，城乡社区特色鲜明、互补互促、相得益彰的联动发展格局，促进全市文明创建水平的全面提升。

“均衡发展”：城乡文明共创、联动发展的目标就是形成城乡文明均衡发展的格局，最终建成城乡文明一体化的美好社会。城乡文明均衡发展要求在较高的文明程度上达到均衡态势，也就是说既要注重文明在空间上的全面均衡，也要注重文明程度达到高层次的均衡。

（2）推进文明创建均衡化发展的目标和重点

推进文明创建均衡化发展，既要注重面上推进，整体提升文明创建水平；也要注重点上突破，追求文明实现形式、途径的多样化和区域特色。

目标：通过推进城乡文明创建工作均衡发展，逐步缩小城乡文明差距，实现城乡文明在高水平上的共同发展。

重点工作：文明创建与“东扩、北联、南统筹、中提升”互动，同步推进文明城市创建与城市化进程，建立完善城乡联动、文明共建的工作机制，整体提升城乡文明均衡发展水平。

重点领域：按照“城乡联创、点面结合、全面覆盖”要求，把文明城市创建工作从中心城区向城乡接合部及新城区、县（市）拓展，从重点部位向一般地带延伸，促进城市规划区文明创建活动的整体推进。

重要载体：以城乡结对、村企互动等共建活动、文明主题系列活动、公共服务品牌建设活动和县（市）区文明测评考核活动等为重要载体，提高创建活动的覆盖面和均衡程度。

（3）制定推进文明创建均衡化发展的总体规划

制定文明创建均衡化发展规划要兼顾两个层面。

一是现实层面，立足于宁波城市化发展的现状和文明创建工作的现状，充分发挥城市先进生产力、先进文化对农村的辐射作用，以城市文明带动农村文明角度出发，积极稳妥合理地规划好未来文明创建工作，有重点、有步骤地推进均衡化发展。

二是超越性层面，即把城市和农村作为一个有机整体，从达到城乡开放互通、互补互促、特色鲜明；城乡共同繁荣进步要求的高度，科学规划文明创建的均衡化。既要重视创建活动的普适性，又要重视创建活动的特色性和创新性。

3.4.5.2　以实施新型城市化战略为契机，推动城乡文明创建统筹发展

宁波市城市化进程已进入高级阶段，实施新型城市化战略，就是在提高城市品质、提升城市功能的同时，逐步缩小城乡差距，公共基础设施向农村延伸，城市文明向农村辐射，文明创建进入城乡统筹推进新阶段，提高农村文明水平已成为新一轮创建工作的重点领域。要坚持文明创建与“东扩、北联、南统筹、中提升”互动，同步推进文明城市创建与城市化进程，建立完善城乡联动、文明共建的工作机制，积极探索共建型、帮扶型、互补型等文明创建活动，整体提升城乡文明均衡发展水平。

（1）文明创建与“东扩、北联、南统筹、中提升”互动

宁波市域内各县（市区）文明程度呈现不均衡现象，中心城区和北部的姚慈二市整体文明程度高于全市水平，东部的北仑、鄞州居其后，南部三县市则列末三位，这与宁波市城市发展现行状况较为吻合。按照“东扩、北联、南统筹、中提升”城市空间发展战略，宁波城市空间结构正在全面“突围”，大都市框架已初具规模。因此，文明创建工作也要紧跟城市化进程，实施“东扩、北联、南统筹、中提升”战略。

文明创建的“东扩”“北联”，就是要推进三江片文明创建与镇海、北仑片和余慈地区的融合发展，发挥三江片文明创建的引领作用，实现三江片与东部新城、东钱湖旅游度假区、北仑新城、镇海新城、余慈地区文明创建和文化设施的对接。

文明创建的“南统筹”，就是要以象山港生态经济型港湾建设为契机，以宁波南部城市化进程为动力，实现南部三县市文明创建工作的统筹发展，缩小三县市内文明创建的差距，进而达到南部区域内均衡发展。

文明创建的“中提升”，就是要使中心城区文明水平进一步提升，发挥中心城区带动作用，推进文明创建和优质文化设施、公共服务等向周边农村延伸，带动农村和县域文明创建工作上新台阶。

（2）城市规划区文明创建点面结合、全面覆盖

作为宁波文明创建重中之重的文明城市创建工作，取得了显著的成绩，两次获得全国文明城市称号。全市经济保持了平稳较快发展，综合实力显著增强；公共服务逐步改善，

城市形象快速提升，涌现了一批具有广泛影响的文明品牌。

在新一轮文明城市创建中，按照城乡文明均衡化的工作要求，就要把文明城市创建工作从中心城区向城乡接合部及新城区、县（市）拓展，从重点部位向一般地带延伸，扩大城市文明创建工作的覆盖面。要以创建目标、创建任务和创建考核为导向，坚持城市规划区内的文明创建工作同规划、同布置、同落实、同考核，推动城市内部文明创建协调发展，促进城市规划区文明创建活动的整体推进。

在全面覆盖的同时，还要突出创建重点区域，抓住城市规划区、城中村、城乡接合部等重要部位，加强基础设施建设、环境卫生整治和社会治安管理，促进文明创建水平的全面提升。

（3）城乡结对共建，推进城乡文明均衡化

深入开展“城乡结对、共建文明”活动，进一步加强指导，丰富内涵，扩大规模，提高质量。着力完善市、县（市）区两级部门以及城市社区与乡村文明结对模式，积极探索共建型、帮扶型、互补型等文明创建活动，形成以城带乡、城乡共建文明的良好格局，促进城乡文明创建工作均衡发展。

帮助弘扬文明乡风，共建精神家园。广泛开展“讲文明、讲科学、讲卫生、树新风”活动。通过组织修订村规民约促进移风易俗，组建充实农村道德评议会、红白理事会，加强道德监督；评选表彰农民身边的道德模范，广泛开展“好婆媳”“好邻居”“好村民”等评选活动；弘扬新风正气，推动形成文明和谐社会风尚。

帮助改善文化环境，共建康乐家园。充分发挥文明单位的文化资源优势，深入挖掘农村民间传统艺术和民俗文化，支持农村参与“千镇万村文化”活动。整合资源，帮助实施农村文化基础设施建设工程，推进广播电视村村通、文化信息资源共享、乡镇综合文化站和村文化室建设。

帮助优化村容环境，共建绿色家园。大力支持农村的道路硬化、村容美化、植树绿化、庭院净化等各项基础设施建设工作；整合农村社会资源，推动村庄集约化建设，帮助建成标准化中心村和村级综合服务中心。

帮助推进依法治村，共建和谐家园。强化民主管理、民主监督，加大普法宣传力度，提高农民群众遵纪守法、依法维权的意识和能力，健全完善乡村基层矛盾“大调解”机制和治安“大防控”格局。加大帮扶力度，开展以“文明关爱、扶贫济困”为主要内容的送温暖献爱心活动，为贫困农户排忧解难，密切党和政府与群众的关系。

3.4.5.3 以新农村建设为基础，推动农村文明创建上水平

推进文明创建均衡化发展的重点在农村，难点也在农村，只有农村文明创建上水平，

城市整体文明创建才能上台阶，文明创建才能均衡化发展。因此，要把农村文明创建上水平作为当前的首要任务。社会主义新农村建设就是推进农村物质文明、精神文明、政治文明和生态文明建设的系统工程，不仅要发展高效生态的现代农业，培育繁荣兴旺的农村经济，健全民主和谐的社会管理，拓展城乡均衡的公共服务，同时还要建设整洁优美的农村社区，倡导文明健康的生活方式，形成奋发向上的精神风貌，造就全面发展的现代农民。由此，农村文明创建工作是互促互通的。我们一定要抓住新农村建设这一契机，推动农村文明创建工作，为城乡文明均衡发展打下良好基础。

（1）加快对传统农村产业的改造，促进农村产业升级换代

文明创建需要经济发展做支撑，但农村产业技术创新能力弱、分工协作水平低，整体竞争力不强。因此，必须把发展新产业作为建设社会主义新农村和推进农村文明建设的首要任务，加快促进资本、技术等现代生产要素对劳动和资源的替代，加快对传统产业的改造，推动农业向“高效”与“生态”相结合的现代农业转变，农村工业向现代工业转变，农村服务业向现代服务业转变，推进农村现代化产业体系建设。而现代生产要素在农村十分稀缺，现代生产方式在农村难以内生。必须统筹城乡产业布局和产业发展，通过建立健全以工促农机制，推动农村产业加快升级换代。

不断提高农民收入水平和生活质量，促进农民全面发展，是统筹城乡发展、推进城乡一体化的根本目标。而政府组织的主导作用是统筹城乡发展、推进城乡一体化的主导力量。在充分发挥在资源配置基础作用的同时，让政府成为“统筹”主体，充分发挥政府宏观管理的主导作用，按照公平原则制定公共政策，更好地履行政府社会管理和公共服务的职能，弥补市场机制在资源配置中不利于“三农”发展的缺陷。

（2）推动城市基础设施和公共服务加快向传统农村社区延伸和覆盖，建设农村新社区

要把建设新社区作为建设社会主义新农村和推进农村文明建设的首要任务，深入开展村庄整治建设，建立健全农村公共服务体系，推动传统农村社区向现代农村社区转变。宁波市要围绕新农村建设，深入推进村庄整治工程，优化村容村貌，深入实施路网、电网、水网、气网、互联网进村入户工作；加快农村生活污水无害化处理系统建设，改善农村生态环境；开展“洁化大地、绿化村镇、美化庭院”活动，加强生态公益林建设保护，提高农村整体绿化水平。同时推进农村社区建设，提高农村资源节约集约利用水平，健全农村社区服务体系。

要继续按照提高农村居民生活质量的要求，把城乡基础设施和城乡居民社区作为一个整体，统筹规划和建设，着力形成中心城市、县城、中心镇、中心村相衔接，居民社区、基础设施相配套的规划体系和建设格局，促进城市基础设施加快向农村延伸、城市公共服务向农村覆盖、城市的现代文明向农村辐射。涉农的 9 个县（市）区政府要切实承担起主

要责任，进一步推进农村新社区建设，着力增强县城、中心镇对农村发展的带动能力，着力增强农村社区对城市文明的接纳能力。

（3）推动城市文化加快向农村传播，树立农村新风尚

农村工业化、城镇化的快速推进和农民非农化水平的不断提高，传统农村社会受新的生产力和新的文化思潮影响更为深刻，农民价值取向多元化和行为缺少规范的现象更为突出。因此，必须把树立新风尚作为建设社会主义新农村和推进农村文明建设的紧迫要求，大力加强农村精神文明和民主法制建设，秉承和弘扬优秀传统文化，建设和传播现代先进文化，形成农村科学、文明、健康、向上的社会风尚。但是，由于传统农村孕育现代文化的基础比较薄弱，传统农民法制意识比较淡薄，在农村内部仅靠农民自身的力量难以改造传统文化，难以形成现代社会风貌。必须统筹城乡精神文明、民主法制和先进文化建设，推动城市文明向农村辐射，树立良好的农村社会风尚。

全面提高农村基础教育、职业教育和农村劳动力就业技能培训水平，着力增强科技、教育对新农村建设的支撑作用。农村劳动力逐步做到先培训后转移，农村后备劳动力普遍接受良好的职业技能教育；农民的思想道德、科学文化、法制观念、健康素质得到全面提升，使转移就业的农民掌握专业技能，使从事农业生产的农民适应高效生态农业发展的需求。

大力开展乡风文明教育实践活动，积极实施农村新风尚建设工程；以开展“三争”（争做新型农民、争当文明农户、争创文明村镇）、“四和”（村民和善、家庭和美、邻里和睦、人际和谐）、“五进”（道德规范、政策法纪、科技知识、卫生健康、文化活动进农家）、“六评”（好婆媳、好父母、好儿女、好邻居、好村民、好干部）为主要内容，广泛开展文明乡风创评活动，同时评选乡风文明创新案例。深入开展“讲文明、讲卫生、讲科学、树新风”活动，积极倡导科学、文明、健康的生活方式，引导农民群众崇尚科学、革除陋习，移风易俗、净化乡风。

建立健全农村工作指导员制度，围绕建设全面小康新农村的目标要求，选派优秀的党员干部进驻农村，指导、帮助和配合村级组织和村干部开展工作，履行村情民意调研、政策法规宣传、群众信访调解、富民强村服务、民主制度规范、组织建设督导等工作职责。

3.4.5.4 强化创建工作责任制，全面落实文明创建均衡化的责任和任务

文明创建是个复杂的系统工程，在明确推进文明创建均衡化发展的总体思路和目标之后，如何贯彻和落实成为工作的关键，必须强化创建的组织和管理，全面落实各项工作责任和任务。

（1）落实好文明创建目标管理机制，形成纵向到底、横向到边的创建责任体系

围绕市委市政府确立的争创全国文明城市工作“多连冠”目标，将创建工作列入重要议事日程，与各项重点工作一起部署、一起检查、一起考核，形成市领导班子、各级各部门、社会方面的合力。依据最新版《全国文明城市测评体系》和宁波市文明创建实际，把文明创建均衡化发展的要求贯穿在各级文明创建活动中，使其成为文明创建工作的必然要求。将创建任务按“条”分解落实到各创建责任部门，按“块”分解落实到各县（市）区，按“项”分解落实到基层单位和社区，按“责”分解落实到每个具体责任人。组织创建目标任务排查摸底，进行全面分析自查，对达标的，进一步巩固、提高和完善；对未达指标的，提出整改要求，加大工作力度，全力攻坚克难，确保限时达标。

（2）落实好文明创建组织领导机制，形成条块结合、齐抓共管的创建推进体系

健全完善市、县（市、区）、街道（乡镇）、社区（村）四级以及各责任单位创建文明城市组织领导机构。按照配齐编制、明确职级、强化力量、保障运转的要求，加强县（市、区）文明办机构建设。切实加强村镇街道、社区、行业部门、企事业单位文明创建组织领导机构建设。在全市各乡镇及街道办普遍建立精神文明建设指导委员会，相对应地制订精神文明建设指导委员会工作制度，推行文明委成员单位以及文明城市创建责任部门履职述职制度。建立文明城市创建督查通报制度，充分发挥党政效能监察、社会监督和舆论监督的作用。扎实推进群众性精神文明创建活动，把文明行业、文明单位、文明街道、文明社区、文明村镇、文明风景旅游区创建有机融入文明城市创建工作之中，形成整体联动。

（3）落实好文明创建长效管理机制，形成全程用力、全面覆盖的创建工作常态

健全完善大文明、大创建、大宣传工作机制。依托各种宣传阵地，利用多种宣传载体，运用多种宣传形式，广泛进行文明创建宣传，在全市上下营造浓烈的创建氛围，努力使创建宣传常态化；充分发挥文明委成员单位和各创建责任部门的职能作用，建立与全市各机关企事业单位、各大中小学校的联动机制，开展形式多样、内容丰富的主题实践活动，努力使创建活动常态化；分层分级聘请文明创建工作监督员，组建市民观察团，听取民声、传达民意、吸纳民智，努力使广大市民参与创建常态化；适应“一年一测试、三年一总评”的文明城市考核方式，建立公共文明指数测评应对工作机制，围绕反映城市公共文明水平的指标，重点重抓、跟踪管理，自测自评、固强补弱，努力使创建成效评估常态化。

不断总结创建工作经验，针对创建工作出现的新特点、新问题，探索新思路、新方法，搭建更有贴近性、多样化和吸引力的各类平台，扩大群众的参与面，在深化文明创建活动中，着眼新的形式和任务，贴近实际，在持续深化文明社区、文明行业、文明村镇等基础创建的同时，注重各品牌的提升，新品牌的创建培育，创新创建形式，打造一批具有影响力的创建品牌。

3.5 本章小结

城市精神与城市文脉是城市发展的内在支撑与依托，既是使命责任感的体现，也是规模空间的独特气势，既是深远的人文精神，也是舒适宜居的生态保障。本章内容包括以下内容。

首先，以慈城为例，剖析古县城在新时代背景下保护与开发的机遇与挑战，指出挖掘城市文化与保护生态是城市发展的主流，古城风貌与民俗的保护要处理好现代化建设与古城保护的矛盾，对历史文化及其自然环境进行保护的同时尽量减少强制性破坏。在古城发展过程中，除了对城市文化的保护之外，更要注重文化内涵的挖掘与重塑，“诚信、务实、开放、创新”的港口文化内涵在城市特色塑造过程中得到承袭与发展。

其次，文化现代化是城市精神与时代背景的高度融合，文章构建涵括 24 个指标、10 个门类的文化现代化发展水平测度指标体系，发现文化投入、文化科技、文化法制与文化设施是影响宁波文化现代化的重要指标。特别是，风景名胜纵深开发是宁波现代化及国际化发展的必然要求与显著趋势，为充分发挥港城优势，宁波应加大开放力度，塑造全方位、大开发的格局，开辟出入境口岸，加快旅游基础设施深层次开发，发挥区域优势，以国际化港口城市的高标准进行建设，从人口增长、经济发展与技术进步等维度破解影响宁波的发展困境，实现人口、资源、环境的协调发展。未来，宁波城市建设要以厘清发展框架为基础，以城市设计为抓手、以景观设计为重点，以新技术新思路为导向，着力构建集海湾城市、休闲城市、宜居城市、生态城市以及智慧城市于一体的特色港城。

最后，本章就宁波文明创建均衡化发展进行调研，发现当前宁波文明创建工作的均衡化发展具有一定普遍性、相对集中性、明显差异性、区内不平衡性等特征，继而构建文明穿件均衡化程度测算模型，分别从整体文明程度、城乡文明相对差距、城乡文明绝对差距等视角加以分析，在乡镇（街道）层面就城乡文明差距将全市各乡镇（街道）划分为处于全面均衡、整体均衡、基本均衡及初步均衡阶段四种类型。总体来看，宁波文明创建均衡化程度以三江口为中心，北部高于南部，城乡文明差距客观存在，且存在“两级”分化现象，强调乡镇（街道）层面文明创建均衡化发展是该项工作的重点。

附表 3-A　各乡镇（街道）整体文明程度、城乡文明相对差距和城乡文明绝对差距

县（市、区）	乡镇（街道）	整体文明程度	全市内文明均衡		县（市、区）内文明均衡		乡镇（街道）内文明均衡	
			城乡文明相对差距	城乡文明绝对差距	城乡文明相对差距	城乡文明绝对差距	城乡文明相对差距	城乡文明绝对差距
北仑区	新碶街道	58.59	25.42	559.21	25.87	569.21	31.14	685.00
北仑区	霞浦街道	45.00	32.92	724.21	33.37	734.21	30.30	666.67
北仑区	柴桥街道	46.58	30.75	1045.59	31.21	1061.05	28.97	985.00
北仑区	大碶街道	48.33	29.64	1244.85	30.09	1263.95	29.52	1240.00
北仑区	春晓镇	47.50	26.78	160.69	27.24	163.42	22.50	135.00
北仑区	梅山乡	46.00	28.28	141.41	28.74	143.68	24.00	120.00
北仑区	戚家山街道	51.25	34.28	171.41	34.74	173.68	30.00	150.00
北仑区	大榭开发区	49.41	34.28	411.38	34.74	416.84	32.00	384.00
北仑区	小港街道	46.67	30.73	1167.72	31.18	1185.00	32.70	1242.50
北仑区	白峰镇	45.61	30.73	1167.72	31.18	1185.00	28.11	1068.33
慈溪市	长河镇	51.25	24.74	272.10	22.36	245.99	20.45	225.00
慈溪市	天元镇	44.62	31.78	381.38	29.41	352.89	27.50	330.00
慈溪市	周巷镇	48.23	31.28	782.05	28.91	722.70	27.00	675.00
慈溪市	宗汉街道	53.50	22.62	407.08	20.24	364.34	18.33	330.00
慈溪市	坎墩街道	45.00	31.55	347.10	29.18	320.99	27.27	300.00
慈溪市	逍林镇	45.45	31.28	312.82	28.91	289.08	27.00	270.00
慈溪市	古塘街道	65.00	34.28	137.13	31.91	127.63	35.00	140.00
慈溪市	横河镇	46.00	30.37	698.49	27.99	643.88	26.09	600.00
慈溪市	匡堰镇	44.50	32.62	293.54	30.24	272.17	28.33	255.00
慈溪市	新浦镇	43.57	32.03	640.64	29.66	593.16	27.75	555.00
慈溪市	附海镇	45.63	32.14	224.97	29.77	208.36	27.86	195.00
慈溪市	掌起镇	45.63	30.28	454.23	27.91	418.62	26.00	390.00
慈溪市	白沙路街道	48.41	31.78	572.08	29.41	529.34	32.50	585.00
慈溪市	龙山镇	49.52	26.96	754.90	24.59	688.42	22.68	635.00
慈溪市	浒山街道	71.73	34.28	34.28	31.91	31.91	33.00	33.00
慈溪市	庵东镇	50.83	27.28	409.23	24.91	373.62	23.00	345.00
慈溪市	崇寿镇	48.75	27.46	302.10	25.09	275.99	23.18	255.00
慈溪市	观海卫镇	47.50	32.41	1296.28	30.03	1201.32	28.13	1125.00
慈溪市	胜山镇	45.00	31.55	347.10	29.18	320.99	27.27	300.00
慈溪市	桥头镇	45.00	32.41	259.26	30.03	240.26	28.13	225.00
奉化市	溪口镇	44.58	31.55	1735.51	30.00	1650.00	27.27	1500.00
奉化市	萧王庙街道	45.45	30.00	629.92	28.44	597.27	25.71	540.00

续表

县(市、区)	乡镇(街道)	整体文明程度	全市内文明均衡		县(市、区)内文明均衡		乡镇(街道)内文明均衡	
			城乡文明相对差距	城乡文明绝对差距	城乡文明相对差距	城乡文明绝对差距	城乡文明相对差距	城乡文明绝对差距
奉化市	锦屏街道	55.32	31.12	591.36	29.57	561.82	31.43	597.08
奉化市	江口街道	45.83	29.38	1527.67	27.82	1446.82	25.10	1305.00
奉化市	岳林街道	47.68	32.33	743.49	30.77	707.73	32.04	737.00
奉化市	尚田镇	42.09	32.85	1379.85	31.30	1314.55	28.57	1200.00
奉化市	松岙镇	44.62	31.78	381.38	30.23	362.73	27.50	330.00
奉化市	莼湖镇	46.94	28.69	1463.38	27.14	1384.09	24.41	1245.00
奉化市	裘村镇	43.95	31.78	572.08	30.23	544.09	27.50	495.00
奉化市	西坞街道	47.80	29.06	668.49	27.51	632.73	32.28	742.50
奉化市	大堰镇	41.83	33.16	1326.28	31.60	1264.09	28.88	1155.00
海曙区	月湖街道	77.86	0.00	0.00	0.00	0.00	0.00	0.00
海曙区	西门街道	76.54	0.00	0.00	0.00	0.00	0.00	0.00
海曙区	江厦街道	73.75	0.00	0.00	0.00	0.00	0.00	0.00
海曙区	白云街道	77.00	0.00	0.00	0.00	0.00	0.00	0.00
海曙区	南门街道	76.36	0.00	0.00	0.00	0.00	0.00	0.00
海曙区	段塘街道	73.89	0.00	0.00	0.00	0.00	0.00	0.00
海曙区	望春街道	73.33	0.00	0.00	0.00	0.00	0.00	0.00
海曙区	鼓楼街道	77.50	0.00	0.00	0.00	0.00	0.00	0.00
江北区	慈城镇	48.63	31.36	1285.56	32.35	1326.39	29.07	1192.00
江北区	洪塘街道	48.13	29.46	824.90	30.46	852.78	26.43	740.00
江北区	文教街道	76.88	34.28	34.28	35.28	35.28	42.14	42.14
江北区	甬江街道	56.33	25.28	252.82	26.28	262.78	22.00	220.00
江北区	白沙街道	73.33	34.28	34.28	35.28	35.28	40.00	40.00
江北区	中马街道	77.00	0.00	0.00	0.00	0.00	0.00	0.00
江北区	庄桥街道	56.05	25.63	666.33	26.62	692.22	23.43	609.17
江北区	孔浦街道	66.67	34.28	102.85	35.28	105.83	40.00	120.00
江东区	明楼街道	79.00	0.00	0.00	0.00	0.00	0.00	0.00
江东区	福明街道	72.38	0.00	0.00	0.00	0.00	0.00	0.00
江东区	东胜街道	77.22	0.00	0.00	0.00	0.00	0.00	0.00
江东区	百丈街道	81.50	0.00	0.00	0.00	0.00	0.00	0.00
江东区	东郊街道	72.50	0.00	0.00	0.00	0.00	0.00	0.00
江东区	东柳街道	78.64	0.00	0.00	0.00	0.00	0.00	0.00
江东区	新明街道	71.25	0.00	0.00	0.00	0.00	0.00	0.00

续表

县(市、区)	乡镇(街道)	整体文明程度	全市内文明均衡		县（市、区）内文明均衡		乡镇（街道）内文明均衡	
			城乡文明相对差距	城乡文明绝对差距	城乡文明相对差距	城乡文明绝对差距	城乡文明相对差距	城乡文明绝对差距
江东区	白鹤街道	78.18	0.00	0.00	0.00	0.00	0.00	0.00
宁海县	深甽镇	42.61	32.92	724.21	30.96	681.07	28.64	630.00
宁海县	西店镇	42.61	32.92	724.21	30.96	681.07	28.64	630.00
宁海县	桥头胡街道	42.37	33.45	602.08	31.49	566.79	29.17	525.00
宁海县	梅林街道	46.00	30.37	698.49	28.41	653.39	26.09	600.00
宁海县	大佳何镇	43.00	34.28	308.54	32.32	290.89	30.00	270.00
宁海县	跃龙街道	49.06	33.87	1219.15	31.90	1148.57	34.58	1245.00
宁海县	前童镇	42.50	33.40	567.79	31.44	534.46	29.12	495.00
宁海县	桃源街道	41.90	33.91	1356.28	31.95	1277.86	32.13	1285.00
宁海县	茶院乡	44.29	30.00	419.95	28.04	392.50	25.71	360.00
宁海县	越溪乡	43.00	31.28	469.23	29.32	439.82	27.00	405.00
宁海县	胡陈乡	44.17	30.12	542.08	28.15	506.79	25.83	465.00
宁海县	强蛟镇	44.50	32.62	293.54	30.65	275.89	28.33	255.00
宁海县	桑洲镇	41.88	33.63	773.49	31.67	728.39	29.35	675.00
宁海县	岔路镇	43.41	32.14	674.92	30.18	633.75	27.86	585.00
宁海县	一市镇	42.73	32.85	689.92	30.89	648.75	28.57	600.00
宁海县	黄坛镇	41.00	33.28	998.46	31.32	939.64	29.00	870.00
宁海县	长街镇	41.05	33.92	1424.85	31.96	1342.50	29.64	1245.00
宁海县	力洋镇	44.50	32.62	587.08	30.65	551.79	28.33	510.00
象山县	贤庠镇	45.52	29.64	829.90	26.87	752.33	25.36	710.00
象山县	黄避岙乡	42.81	31.47	503.51	28.70	459.19	27.19	435.00
象山县	涂茨镇	44.09	31.42	659.92	28.65	601.74	27.14	570.00
象山县	爵溪街道	54.44	29.28	175.69	26.51	159.07	28.33	170.00
象山县	大徐镇	43.60	31.78	762.77	29.01	696.28	27.50	660.00
象山县	丹西街道	46.29	33.76	979.18	30.99	898.84	33.65	975.83
象山县	茅洋乡	42.14	32.14	674.92	29.37	616.74	27.86	585.00
象山县	丹东街道	50.00	30.82	801.33	28.05	729.30	30.82	801.43
象山县	东陈乡	42.14	33.53	670.64	30.76	615.23	29.25	585.00
象山县	泗洲头镇	44.09	31.42	659.92	28.65	601.74	27.14	570.00
象山县	新桥镇	42.59	32.67	914.90	29.90	837.33	28.39	795.00
象山县	定塘镇	45.69	29.46	824.90	26.69	747.33	25.18	705.00
象山县	晓塘乡	40.79	33.49	636.36	30.72	583.72	29.21	555.00

续表

县（市、区）	乡镇（街道）	整体文明程度	全市内文明均衡		县（市、区）内文明均衡		乡镇（街道）内文明均衡	
			城乡文明相对差距	城乡文明绝对差距	城乡文明相对差距	城乡文明绝对差距	城乡文明相对差距	城乡文明绝对差距
象山县	高塘岛乡	43.16	32.62	587.08	29.84	537.21	28.33	510.00
象山县	鹤浦镇	43.95	33.40	1135.59	30.63	1041.40	29.12	990.00
象山县	石浦镇	46.09	32.62	1761.23	29.84	1611.63	28.33	1530.00
象山县	墙头镇	44.38	31.02	713.49	28.25	649.77	26.74	615.00
象山县	西周镇	42.50	33.27	2461.87	30.50	2256.86	28.99	2145.00
鄞州区	东吴镇	50.38	25.53	306.38	24.39	292.63	21.25	255.00
鄞州区	高桥镇	49.13	28.28	565.64	27.14	542.71	24.00	480.00
鄞州区	集仕港镇	48.25	27.18	516.36	26.03	494.58	22.89	435.00
鄞州区	古林镇	48.52	28.66	687.77	27.51	660.25	26.04	625.00
鄞州区	瞻岐镇	43.53	30.75	522.79	29.61	503.31	26.47	450.00
鄞州区	东钱湖镇	45.71	33.45	1204.15	32.30	1162.88	34.17	1230.00
鄞州区	塘溪镇	40.88	33.40	567.79	32.25	548.31	29.12	495.00
鄞州区	咸祥镇	45.00	30.75	522.79	29.61	503.31	26.47	450.00
鄞州区	洞桥镇	49.29	26.03	520.64	24.89	497.71	21.75	435.00
鄞州区	石碶街道	45.53	33.34	533.51	32.20	515.17	29.06	465.00
鄞州区	梅墟街道	44.29	34.28	411.38	33.14	397.63	30.00	360.00
鄞州区	五乡镇	48.86	28.76	546.36	27.61	524.58	24.47	465.00
鄞州区	邱隘镇	55.79	22.09	353.51	20.95	335.17	22.81	365.00
鄞州区	首南街道	46.76	31.28	469.23	30.14	452.03	32.00	480.00
鄞州区	云龙镇	46.43	29.03	580.64	27.89	557.71	24.75	495.00
鄞州区	横溪镇	47.50	28.28	424.23	27.14	407.03	24.00	360.00
鄞州区	横街镇	44.00	32.14	899.90	30.99	867.80	27.86	780.00
鄞州区	章水镇	44.29	31.28	625.64	30.14	602.71	27.00	540.00
鄞州区	龙观乡	44.50	29.78	297.82	28.64	286.36	25.50	255.00
鄞州区	鄞江镇	46.92	29.28	351.38	28.14	337.63	25.00	300.00
鄞州区	下应街道	48.85	29.74	654.21	28.59	628.98	27.95	615.00
鄞州区	姜山镇	45.85	30.19	1660.51	29.04	1597.46	25.91	1425.00
鄞州区	中河街道	66.88	34.28	171.41	33.14	165.68	39.09	195.45
鄞州区	钟公庙街道	52.69	34.28	274.26	33.14	265.08	33.00	264.00
余姚市	黄家埠镇	50.00	28.28	282.82	26.45	264.53	24.00	240.00
余姚市	牟山镇	47.50	30.00	209.97	28.17	197.17	25.71	180.00
余姚市	朗霞街道	44.29	31.97	415.67	30.15	391.89	27.69	360.00

续表

县（市、区）	乡镇（街道）	整体文明程度	全市内文明均衡		县（市、区）内文明均衡		乡镇（街道）内文明均衡	
			城乡文明相对差距	城乡文明绝对差距	城乡文明相对差距	城乡文明绝对差距	城乡文明相对差距	城乡文明绝对差距
余姚市	阳明街道	58.08	25.46	432.79	23.63	401.70	26.73	454.44
余姚市	低塘街道	52.86	26.10	287.10	24.27	266.98	21.82	240.00
余姚市	三七市镇	53.00	25.53	306.38	23.70	284.43	21.25	255.00
余姚市	四明山镇	45.77	30.53	366.38	28.70	344.43	26.25	315.00
余姚市	马渚镇	48.57	29.28	527.08	27.45	494.15	25.00	450.00
余姚市	凤山街道	57.35	28.28	282.82	26.45	264.53	27.57	275.71
余姚市	鹿亭乡	45.00	29.28	351.38	27.45	329.43	25.00	300.00
余姚市	陆埠镇	43.41	33.53	670.64	31.70	634.06	29.25	585.00
余姚市	大隐镇	45.00	34.28	171.41	32.45	162.26	30.00	150.00
余姚市	河姆渡镇	44.50	32.62	293.54	30.79	277.08	28.33	255.00
余姚市	大岚镇	45.00	31.07	434.95	29.24	409.34	26.79	375.00
余姚市	兰江街道	52.65	28.51	370.67	26.68	346.89	29.23	380.00
余姚市	梨洲街道	50.38	31.28	625.64	29.45	589.06	32.00	640.00
余姚市	临山镇	53.64	22.28	222.82	20.45	204.53	18.00	180.00
余姚市	泗门镇	61.75	14.91	238.51	13.08	209.25	11.88	190.00
余姚市	小曹娥镇	50.00	26.78	214.26	24.95	199.62	22.50	180.00
余姚市	丈亭镇	47.50	28.83	317.10	27.00	296.98	24.55	270.00
余姚市	梁弄镇	45.83	29.87	507.79	28.04	476.70	25.59	435.00
镇海区	蟹浦镇	53.33	23.03	184.26	25.63	205.00	18.75	150.00
镇海区	九龙湖镇	48.75	27.46	302.10	30.06	330.63	23.18	255.00
镇海区	骆驼街道	49.58	29.78	595.64	32.38	647.50	30.50	610.00
镇海区	招宝山街道	81.50	0.00	0.00	0.00	0.00	0.00	0.00
镇海区	蛟川街道	56.25	25.71	359.95	28.30	396.25	25.60	358.33
镇海区	庄市街道	57.73	19.84	178.54	22.43	201.88	18.06	162.50

注：未考虑行政区划的多次调整。

4　宁波中心城区城市特色

城市特色是城市在不同时期的自然特征、传统文化和市民生活相互作用、共同影响下发展而来，融合地区自然环境、历史和现代文化、社会经济、空间景观等要素，表征区域经济发展和政治文化变迁。宁波依山而建、因水而兴，襟江滨海、环湖臂山等山水格局特色鲜明，港口、藏书、佛教、商帮等多元历史文化荟萃，梳理宁波中心城区城市特色及特色空间构成，以期为城市空间特色评价提供基础。

4.1　研究范围与研究对象

宁波，唐称明州，自明代起称宁波，简称甬。宁波位于东南海滨，处长江黄金水道和黄金海岸线“T”形交汇点，航道四通八达，交通便利，具有得天独厚的自然和人文环境，是我国最早开展海外贸易的港口之一，也属东方“海上丝绸之路”的始发港，在我国海外贸易史上占据重要地位。它也是我国最早一批设立提举市舶司的港口，鸦片战争后，又属五口通商的港口之列。作为我国沿海地区的历史文化名城，宁波至今尚保存有许多有关中外交流的文化遗存。经济发展方面，宁波具有不可替代的作用，是我国最早和最发达的工业源头之一；商业方面，宁波商帮历史悠久、名人辈出，重乡情乡谊、乐于造福桑梓；文化方面，以经学和史学相结合的浙东学派，倡导经世致用的思想，闻名海内外。

本章以海曙区、江北区、鄞州区、镇海区、北仑区、奉化区构成的宁波市中心城区为研究范围，全面呈现宁波“靠山（四明山）面海（东海）三湾环绕（三门湾、杭州湾、象山港）”的空间形态与发展骨架。研究范围基本反映宁波现阶段城市发展状况，选取对象具备代表宁波特色空间文化属性。①海曙区、江北区、鄞州区作为城市发展历史上的重点区域及现代都市空间的核心发展区，拥有丰富的历史文物古迹、交通水网和现代城市景观，是体现宁波文化资源及城市形象的重点区域。②镇海区、北仑区是宁波作为港口城市的特色所在和重工业中心，是展现宁波海防、海运等对外联系的窗口区域，也是海洋文化核心地带。③奉化区生态环境优良、历史文化古村落密集，是展现宁波城市自然风貌、历史文化及非物质文化遗产传承的重要区域。

4.2 名城保护视角的宁波城市特色

宁波于 1986 年被列为国家历史文化名城（第二批），中心城区历史文化资源经过十年的修复与营造，1996 年正式完成首次历史文化名城保护规划的编制工作，同期基于城市空间布局演变发展，提出了宁波市历史文化名城保护的具体规划控制要求。

为进一步提升对城市特色空间资源的保护与开发在城市总体规划中的重要性，《宁波市城市总体规划（1995—2010 年）》获国务院批准实施，首次明确宁波城市性质为“我国东南沿海重要港口城市、长江三角洲南翼经济中心、国家历史文化名城”，宁波特色空间的发掘与保护被纳入城市总体发展目标中。1986 年为列为国家历史文化名城以及宁波城市总体规划中对城市特色空间发掘与保护的重视，为 21 世纪宁波城市特色空间相关规划的编制提供了规划依据。《宁波市中心城紫线规划》（2004 年）、《宁波市文物保护点保护条例》（2007 年）、《宁波市文物保护管理条例》（2009 年）等一批规划、法规的相继出台指引着宁波城市特色空间发掘与保护工作的有序进行。历史文化名镇名村（慈城镇、岩头村等）、历史地段（莲桥街等）、历史文化街区（郁家巷、南塘河、月湖、秀水街等）相继被发掘，构成了宁波特色空间基础要素，丰富了宁波城市特色空间内涵。

2000—2015 年，宁波特色空间相关规划内容不断丰富，对特色空间构成要素的发掘与保护力度逐步增强。2015 年修订完成的《宁波市城市总体规划（2006—2020 年）》提出“要突出自然环境景观特色，创建山海交融、依山傍水的山海宜居名城特色；保护利用优秀的历史文化资源，发掘浙东文化、商帮文化、港口文化等精华，突出现代港城特色，体现历史文化名城风貌”。随着相关城市详细特色空间景观规划（历史文化名镇规划、历史文化街区的保护规划、生态绿地系统专项规划）逐步增多，结合宁波城市发展现状，2015 年新版《宁波历史文化名城保护规划》正式出台，明确了规划期限和目标。名城保护规划聚焦城市整体格局以及历史街区的保护，重点强调与城市总体规划相协调，形成历史文化积淀深厚、古城风貌格局一致的综合形象。

4.3 城市特色与价值

4.3.1 特色解读

宁波城市特色主要涉及自然格局特色、历史府城特色、历史城区特色、聚落布局特色、历史村镇特色、建筑遗产特色、人文环境特色等方面。

自然格局特色。宁波中心城区以四明山、天台山脉为分界，两脉夹峙，奉化江、余姚江、甬江三江哺育平原，形成双“Y”形平原丘陵地貌特征。城区南部海港内伸，形成“鱼骨”状滨海半岛特征。

历史府城特色。宁波历史府城选址三江口，土地平整、交通便利，兼政治、军事、经济和生活的考量，体现了择地和营城方面的科学价值。历史上府城具有衙署居中、轴线明确的唐城布局，子罗双城凭江而筑的城池格局，东城港埠、西城居住的整体功能格局，日月双辉吐纳有致的水系格局，丁字主街、因水布局的交通网络，以及钟鼓（楼）相望、寺塔林立的空间形态。现今随着江北的近现代化发展，宁波三江六岸逐渐联系成整体，城市格局获得拓展，涌现出“三江六塘河，一湖居城中”的特色。

镇海历史城区特色。现今镇海区由依托招宝山的卫城发展而来，历史上是兵家必争之地，素有“海天雄镇”“两浙咽喉”之称，具有明显的军事城镇特点。镇海历史城区与镇海口海防遗址整体体现了甬江口的海防体系。

聚落布局特色。独特的自然地理格局将市域划分为平原、丘陵、滨海三类地带。平原地带的聚落依托三江、塘河、浙东运河构成的水系网络发展；丘陵地带的聚落依托四明、天台两山系发展；滨海地带聚落沿历史海岸线布局，重要地区与海防体系建立相关。

历史村镇特色。宁波中心城区拥有大量历史村镇（表 4-1），现有历史文化名镇 3 处、历史文化名村 44 处、传统村落 17 处。这些村镇分别具有农耕文化、商贸文化等特点。

表 4-1　宁波中心城区历史文化名镇、名村名录

级别		名称
历史文化名镇	中国历史文化名镇	慈城镇
	省级历史文化名镇	鄞江镇、溪口镇
历史文化名村	省级历史文化名村	大西坝村、李家坑村、凤岙村、蜜岩村、新庄村、走马塘村、半浦村、岩头村、葛竹村
	市级历史文化名村	蜃蛟村、前虞村、鲍家㘭、建岙村、崔岙村、上街村、新张俞村、雁村、上周村、勤勇村、天童村、马径村、十七房村、憩桥村、郭巨村、四合村、韩岭村、陶公村、殷家湾、建设村、利民村、董家村、栖霞坑村、青云村、吴江村、甲岙村、马头村、西坞村、石门村、谢界山村、柏坑村、水溻地村、驻岭村、六诏村、大堰村
传统村落	中国传统村落	蜜岩村、李家坑村、走马塘村、勤勇村、岩头村、茗雪村、青云村、栖霞坑村、马头村、西坞村
	省级传统村落	凤岙村、童夏家村、十七房村、大堰村、董家村、白杜村、吴江村

建筑遗产特色。宁波建筑遗产类型多样，遗存丰富。传统公共建筑以保国寺为代表，具有重要的历史、艺术和科学价值；传统民居建筑以林宅为代表，具有正统与巧变、宜居与实用相结合的特色，体现了宁波独特的地域特色。近代公共建筑以西式风格为主，近代

居住建筑以石库门建筑为主。

人文环境特色。宁波拥有独特的自然地理条件，也因此拥有以“浙东文化”为内涵的人文特质，形成了独特的城市文化。宁波在唐代以后，随着沿海经济和海商贸易的发展，逐步确立了国际港口城市的地位，并形成“港通天下”的海商文化特色，衍生出独特的宁波帮文化。宁波在宋明以后形成了对国内外有深远影响的“浙东学术思想”，大量浙东学术文人学者的产生使宁波曾在思想、文化、教育等领域处于全国领先地位，并衍生出以“书藏古今”为特色的藏书文化。自明州建立以来，域内佛教文化兴盛，高僧涌现，影响广大。贸易交通的发展促使伊斯兰教、天主教、基督教等宗教文化在宁波具有悠久的历史。宁波拥有类型多样的民间文化，国家级非物质文化遗产 21 项，省级非物质文化遗产 78 项。包括民间文学、民间音乐、民间舞蹈、传统戏剧曲艺、传统美术、传统医药、传统技艺、传统体育、游艺与杂技及民俗十个类别。

4.3.2 特色价值

宁波是唐宋以来中国最重要的港口城市之一。古代港城宁波府城和近代开埠后江北港城见证了宁波作为中国重要港口城市的历史。宁波同时是中国大运河最南的出海口、“海上丝绸之路”的起点之一，也是运河文化和海洋文化衔接的重要节点，在中国南北贸易、对外贸易方面具有重要作用。

宁波是唐宋以来中外文化交流和碰撞的前沿。唐宋以来宁波是中国古代思想、学术和宗教方面的对外交流中心，特别是曾经作为中国与古代日本、韩国交流的通道，历史意义重大。近代作为通商口岸城市之一，一方面中国人民在宁波开展多次反侵略战争，另一方面宁波也成为中西方文化交流的窗口。

宁波是宋明以来中国文化思想重镇。宁波作为浙东文化的摇篮，“浙东学术思想”影响广泛，其中的藏书文化在东亚乃至世界都具有重要影响。

宁波是“三江六塘河，一湖居城中”的宜居城市。唐代宁波府城自宋明以来不断营造，形成了独特的城市景观格局及大量物质、非物质遗存，具有重要的艺术价值。

4.4 宁波中心城区特色空间系统构成

宁波作为我国历史悠久的港口名城，兼有山水风光和历史文化基底，伴随着城市化的进程，现代建筑风貌也形成很大特色。优越的自然地理条件造就宁波多彩山水文化风貌的同时，也赋予宁波城市文明生长的丰厚基石，书藏古今、港通天下、人文荟萃，多元历史文化得以繁衍。在现代化发展过程中，城市也形成了多样的现代建筑风貌，“一主两副、双心三带”的城市空间结构为宁波未来的发展拉开了极具特色的城市框架，也加速了港口与城市的互融发展。总体而言，宁波中心城区整体特色系统可以概述为“三多”——多重山水格局、多元历史文化、多维现代风貌。

4.4.1 多重山水格局

宁波中心城区东临东海，有舟山群岛作为天然屏障，北临钱塘江和杭州湾，以四明山、天台山脉为分界，形成南北两部分截然不同的地理特征与格局。市域北部：两脉夹峙，三江哺育平原，形成双“Y”形平原丘陵地理特征。市域南部：海港内伸，三面环海半岛，形成“鱼骨”状滨海半岛地理特征。区域内自然景观资源包括重要的自然山体、风景名胜、森林公园、江河水系等，整体呈现宁波环山而建、滨海而兴的自然环境基底。

4.4.1.1 西高东低、绵延成带的山体格局

宁波中心城区地貌由中部平原区，西南部丘陵区和东部沿海区三大部分构成，总体地势西南高，东北低。境内东、南、西三面群山环绕，西南浙东低山丘陵区，四明山绵延西北，发源于天台，分布于奉化、鄞州。宁波复杂的地形地貌使得城市富有多样地表形态和地势地形。山体连接度看，由四明山景区、雪窦山景区、东钱湖周边景区、天童山景区连接成自然山体景观带，在西南部相对宁波中心城区形成天然屏障，其中最主要的两条山脉——四明山脉和天台山脉相连形成“V”字形的山体格局。

4.4.1.2 揽湖拥江滨海、水网交汇的水体格局

城市形成和发展始终与水系紧密结合。宁波城市最早发源于奉化江上游鄞江镇，后迁移至现三江口区域（即余姚江、奉化江、甬江三江交汇处），并向甬江口及滨海地带发展。中心城区江河湖泊众多，河网密布，水系发达，形成了揽湖拥江滨海、水网交汇的水体格局。海岸线、湖岸线、江岸线在空间上共同构筑宁波城市独特的水体景观带。

沿海景观带。从杭州湾南岸到穿山半岛绵延的海岸线，甬江口、保税区、大榭开发区、北仑港等区域和梅山岛、东部滨海新城及象山港沿岸的开发建设，形成沿海亮丽的风景线，显现了宁波现代化港口城市的雄姿风貌。

三江六塘河江南水乡景观带。“三江六岸”是宁波市民天然的休憩场所，是贯穿宁波中心城区的公共生态廊道。六塘河构成宁波中心城区的河网骨架，与三江融会贯通，共同承载了宁波农耕文化、甬商文化、海港文化，是宁波历史文化和生活的代言人，在空间上形成了“三江六塘河江南水乡景观带”。

东钱湖、月湖环湖景观带。拥有1200多年历史的东钱湖为省级重点风景名胜古迹区，文化沉淀深厚，同时因是浙江省最大天然淡水湖，素有“西子风光，太湖气魄”之美誉。月湖地区是宁波城市传统居民聚集地，以城市与水体密切结合的特征展现城市历史文脉和传统风貌。

4.4.2 多元历史文化

4.4.2.1 港城关系主导的城市格局

在漫长的历史进程中，宁波的港口和海运在我国占有重要地位，宁波城市的产生及发展过程与港口的兴衰紧密结合。城市发展经历了最初以句章港为代表的内河河运时期，以明州港为代表的宋元港市时期，以老外滩为代表的近代开埠时期，以甬江港为代表的“新中国建设”时期，以北仑港为代表的改革开放时期，历经两千余年。

港城初始联系——点状格局。唐至清初，宁波港址集中在奉化江左岸。建港初期，三江口附近仅为一普通集市性群落，城市空间表现为点状格局。随着港口的兴起和经济的繁荣，明州州治舍小溪迁宁波，在现中山公园一带建立子城，子城的建立标志着宁波成为地方性中心城市。

港城相互关联——单核心蔓延格局。港城关系进一步拓展，宁波城市空间结构呈现出单核心蔓延格局。宁波继鸦片战争后成为五口通商口岸之一，东门航道码头由于大量外商船只的到来已不适应城市发展，江北地区开始扩建港口及库场。城市规模随新港兴起再次扩大，从最初的点状逐渐壮大成为块状。20 世纪 30 年代宁波城市规模随老城墙的拆除进一步扩张，并沿三江岸线蔓延发展，空间结构逐步演进为星状，确立了宁波现代中心城区空间结构的基础。

港城集聚互动——组团相向发展格局。宁波河口港的建设使港口工业快速发展，同时北仑深水港的开发建设，宁波形成了“一城二镇”模式，一城指老城区，二镇指镇海区和北仑区，城市格局表现为组团相向发展特征，城市空间扩展步伐加快。基于城市东扩发展的战略背景，甬江和奉化江沿线建立高科技园区，各大高校开始向科技园区聚集，相继成立高端生产和服务中心。同期北仑、镇海以开发区形式迅速扩张，三江口核心区和北仑组团相向生长并实现空间衔接。

4.4.2.2 多彩荟萃的历史遗存

襟江滨海的海洋文化特色。宁波地处东海之滨，境内平原河网密布，甬江、姚江、奉化江和内陆河道与京杭大运河相通，襟江滨海的地理特征使城市有显著的海洋文化特色。主要体现在中外海上交通的频繁往来、海防系统的设立、多姿多彩的海洋民俗文化以及底蕴深厚的海洋信仰文化。

宁波明州港是海上丝绸之路的始发港之一（图 4-1），城市海丝文化遗存约 104 处，全国重点文物保护单位 7 处，省文保单位 10 处。以庆安会馆为代表的海洋文化场所，是昔日宁波港与海外各国通商贸易和友好往来的历史见证。

图 4-1　百年前的望京门雄姿

独树一帜的藏书文化特色。宁波古代学术文化兴起于宋元，明代心学大师王阳明知行合一和黄宗羲经世致用的思想是宁波发展的重要精神源泉，也是浙东思想的核心。源远流长的宁波藏书文化与学术、文化发展始终相随，区内拥有书藏古今、全国现存最早的民间藏书楼天一阁。

得天独厚的佛教文化特色。宁波佛教文化历史悠久，是我国的佛教圣地，自古就有“东南佛国”之称。20 世纪末，“浙东四大丛林”的相继修复开放，为佛教文化在宁波的普及、繁荣打下了基础。同时，宁波也是佛教哲学思想比较活跃的地区，位于奉化的雪窦寺成为佛教第五大名山、弥勒道场，众多的寺院构成了宁波得天独厚的佛教文化特色资源。

经久不衰的商帮文化特色。宁波帮泛指明清以来在外地的商人、企业家及旅居外地的宁波人，中国传统十大商帮之一，是中国近代规模最大的商帮。第一家中资银行、中资轮船航运公司、中资机器厂等，都由宁波商人创办，宁波帮书写了中国工商业史上的百年辉煌，为近代中国民族工商业的发展作出了巨大贡献。他们不仅创造了辉煌的实业，也践行了宁波帮精神：一是树高不忘根的家国情怀；二是不甘居人后的开拓精神；三是大海容百川的开明思想；四是至实而无妄的诚信品德；五是励业重义礼的互助风格。宁波帮精神是海内外宁波帮人士共同孕育的风骨和品格，是宁波人民弥足珍贵的财富。

4.4.2.3　因水而生、因港而兴的城市文脉

宁波是江南水乡和东南港埠的统一体，发达的内河水网体系支撑居民的生产生活，并

为货物集散提供便捷的转运体系，港口为城市带来商机与活力。

因水而生——江南水乡。宁波降水丰沛，梅雨季节和台风季节尤为突出，表现出“双峰型”降水特点。雨水沿四明天台山脉汇集于中部平原，形成河网交错的水乡景观，江河贯穿城中大小街巷交织如网，水上交通四通八达。内河水网为居民带来水源的同时，成为人流物流的重要通道。缘水而筑、聚族而居是历史上宁波老城物化形态和风貌特征的反映。

因港而兴——东南港埠。宁波濒临东海，处中国东部沿海中点，与黄海、南海为邻，自古便是对外贸易港口城市。考古证实，现东门口滨江就是唐代筑罗城时的码头区，江厦街依托海运码头发展为城外商业街，并沿江岸南北纵向延伸。明州港于唐代后期跻身全国四大名港之列，于宋元时期成为国家对外贸易三大港口之一，成为朝廷指定对外沟通口岸。鸦片战争后，港区由江厦码头扩展至江北甬江岸建立轮船港。1973 年在甬江入海口建设新的河口港，1982 年相继建成国际深水海港北仑港，宁波港进入蓬勃发展阶段，由过去的内河港转为内河港、河口港和海港相结合的港口。

4.4.3 多维现代风貌

4.4.3.1 一主两副、双心三带的城市空间结构

根据宁波市总体规划，未来宁波中心城区将形成“一主两副、双心三带”多节点网络化市域空间格局。一主指三江片，两副指北仑片、镇海片；双心即三江口中心和东部新城中心，三带即余姚江、奉化江、甬江依江形成的三条滨江生活带。三江片作为全市政治、经济、社会、文化中心，空间利用以生产生活功能为主；北仑片是东北亚航运中心深水枢纽港、东南沿海大型临港工业和出口加工工业为主的先进制造业基地，属区域性现代物流中心；镇海片是近海物资中转基地、大型临港工业区；奉化片是宁波中心城区的南翼地区，正加速融入宁波都市区。

4.4.3.2 新老交融、港城互融的现代特色片区

作为历史文化名城，宁波拥有深厚的历史文化积淀，全新总体规划为其未来发展拉开了极具特色的城市框架，正以多功能、开放型的国际性历史文化名城形象呈现。书藏古今、心泊天下的世界港湾城市定位，强调港口与城市的互融发展，形成港城互动的格局。宁波在中心城区范围内形成了东部新城、南部商务区等新型都市功能区，在沿海地区着力打造东部滨海新城，城市总体发展中心向东扩展，与新城发展、老城保护的可持续发展理念相契合，实现新老交融，和谐发展。城市重心的东进表明了港城互融的发展方向，需协同发展港口综合经济体和资源配置平台，以充分发挥宁波的港口特色。

4.5 宁波中心城区特色空间资源构成

研究区自然资源丰富，历史文化悠久，现代风貌多样。城市特色源于民众对空间特色的感知体验，以及空间本身的自然、历史、现代固有特色。基于此，走访百位在宁波生活十年以上的市民，通过认知地图法在图纸上大致描绘出他们认为的城市特色资源位置，对标示后的地图进行特色资源的统计。同时，结合宁波文化遗产保护网公示的全国重点文物保护单位、宁波旅游局政务网公布的旅游景点景区、政府网站和各旅游网站推荐的宁波重要旅游节点、走访宁波各规划分局获取的分区规划资料及未来重点发展区域进行补充。共整理得到城市特色资源 91 处（表 4-2）。

表 4-2　宁波中心城区城市特色空间资源构成表

类　别	内　　容	
自然景观类	山体	溪口雪窦山、招宝山、五龙潭风景区、黄贤森林公园、天童国家森林公园、九峰山景区、滕头生态旅游区、浙东大竹海
	水体	姚江、奉化江、甬江、六塘河水系、东钱湖、九龙湖、月湖、小浃江、春晓洋沙山
	公园绿地	中山公园、梁祝文化公园、鄞州公园、樱花公园、天宫庄园、姚江绿心公园
历史文化类	历史文化街区、地段	月湖历史文化街区、伏跗室永寿街历史文化街区、鼓楼公园路历史文化街区、秀水街历史文化街区、郁家巷历史文化街区、郡庙天封塔历史文化街区、南塘河历史文化街区、天主教堂外马路历史文化街区、莲桥街历史地段、德记巷、戴祠巷历史地段、新马路历史地段、庄市老街、锦屏山历史地段
	文保单位	天一阁、蒋氏故里、它山堰、保国寺、庆安会馆、钱业会馆、郑氏十七房、大运河（宁波段）、镇海口海防遗址、江北天主教堂、药行街天主教堂、灵桥、七塔禅寺、镇海后海塘、包玉刚故居、奉化古城、阿育王寺、城隍庙、永丰库遗址、林宅、天宁寺
	历史文化村镇	慈城古县城、鄞江镇、镇海老城、大西坝村、岩头村、苕霅村、栖霞坑村、青云村、走马塘村、李家坑村、勤勇村、马头村、西坞村、蜜岩村
现代风貌类	广场片区	三江口、东部新城、南部商务区、高桥文化商务核心区、姚江新城核心商务区、宁波大剧院—绿岛休闲水岸、书城—和丰创意广场、梅山岛、大榭岛
	空间节点	和义大道、宁波博物馆、宁波国际会展中心、天一广场、宁波大学、中国港口博物馆、宁波帮博物馆、宁波火车站、宁波美术馆、奥体中心
	城市轴线	中山路

运用 ArcGIS10.2 软件对宁波中心城区遥感影像进行矢量化处理，建立地理空间信息数据库，使用经纬度在线查询（http://www.gpsspg.com/maps.htm）获取研究区特色空间资源点的 POI 数据，导入数据库生成 shp 文件用于特色资源空间分析。

宁波中心城区自然景观资源以水系、湖泊为主。水系散布于市域，山体资源呈环状分布于中心城区周围，城西自然景观资源较城区东部数量和类型更为丰富，历史文化资源密集分布于三江口及镇海招宝山，现代都市风貌资源空间分布连续性差，集中分布于三江口片区、东部新城区与南部商务区。

主城各区特色空间各具差异。三江口是自然、历史文化及现代都市风貌资源分布最密集的区域。海曙区、江北区及镇海区以历史文化为主，鄞州区以现代风貌为主，同时区内分布着历史文化名镇名村和自然景观资源，奉化区和北仑区以自然景观为主。

4.6 本章小结

宁波作为我国东南沿海港口城市、长江三角洲南翼经济中心、国家历史文化名城，具备独特的城市特色及空间内涵，本章以宁波海曙区、江北区、鄞州区、镇海区、北仑区、奉化区构成的宁波中心城区为研究对象，挖掘与明晰宁波特色空间文化属性：首先，从自然格局特色、历史府城特色、历史城区特色、聚落布局特色、历史村镇特色、建筑遗产特色、人文环境特色等方面解读其城市特色内涵，明确宁波具备重要港口门户、中外文化交流中心、传统文化思想重镇等特色价值；其次，宁波历史悠久，时代变迁塑造了其独特的城市空间结构，自然视角下呈现出多重山水格局，人文视角下表征为多重历史文化的交错，在现代化发展过程中城市框架日益凸显，未来中心城区将形成“一主两副、双心三带”多节点网络化空间格局，呈现出多维现代风貌；最后，构建涵括自然景观类、历史文化类与现代风貌类的宁波中心城区特色空间资源体系，经由特色资源空间可视化分析，发现宁波中心城区自然景观资源以水系、湖泊为主，主城各区空间特色各异，三江口为自然、历史文化及现代都市风貌密集区，海曙、江东与镇海以历史文化为主，鄞州以现代风貌为主，奉化与北仑以自然景观为主。

5 宁波中心城区城市特色空间构成评价

5.1 城市特色空间评价单元

城市特色根据不同地理尺度的构成差异，分为地域空间特色、市域空间特色和城区空间特色三类。地域空间特色指城市所处地理环境差异而形成的地方特色，影响因素包括自然气候、资源禀赋、地域文化等。如具有明显海洋性气候特点的青岛，以四季如春著名的春城昆明，富有热带滨海自然特色的三亚，水资源丰富的江南地区，年降水量极小、大片荒漠的西部地区。市域空间特色由山水格局、民俗风情等构成，是城市特色形成的重要依托。如山水清秀、洞奇石美的桂林，因石油资源著称的克拉玛依和大庆。城区空间特色指城市含有的历史文化遗迹、城市文化、各类景观等所形成的特色。如中国历史上建都朝代最多、连接中西方古老丝绸之路的世界历史名城西安，华夏文明发源地之一、隋唐大运河中心城市、有“九朝古都、八代陪都”之称的洛阳，中国香港铜锣湾和上海陆家嘴以滨水空间和高层建筑展现了国际大都市的风貌特色。

地域空间特色和市域空间特色以把握城市宏观特色为中心，城区空间特色侧重城市内部特色体现。城区特色资源是城市特色空间资源的核心，它是地域特色资源和市域特色资源在城市空间的延续，同时包含多种要素在城市集聚、质变后产生的新特色，是城市特色骨架的构成要素，它不仅是城市特色空间最重要的空间载体，也是特色空间系统的核心要素。城市特色空间是能让人获得完整意义的场所，本章城市特色空间评价分析单元以城区特色资源为主。

5.2 评价指标遴选原则

城市特色空间内涵丰富，需科学合理构建指标体系，充分满足综合性、系统性和层次性的各种要求。应遵循以下原则。

系统性原则。评价指标体系的评价因子不仅包含特色要素的组合状况、数量、品质及规模，还涉及不同类别属性的要素评价、要素本体发展影响及对城市发展影响评价。不同的自然资源、文化底蕴、城市发展状况将造就特色各异的城市风貌，要将诸多因素都系统地表达出来，必须具有清晰的逻辑和层次分明的系统，这样才能准确评价宁波城市特色空间要素的特色价值。

代表性原则。所选指标应为关键性指标，在反映核心问题的基本内涵后，提炼出其他相对重要的指标，尽可能使指标体系全面简洁，为后续分析做好准备。

以人为本原则。城市特色空间的服务对象是人，只有令服务对象认同才算实现其价值，因此在城市特色评价过程中，指标体系的选取要以人为本，将使用者的认同和感知作为重要依据。

科学性原则。评价前要对城市特色各方面影响因素进行深入调研，全面掌握真实资料，从客观实际出发，作出客观综合的分析和评价。使用科学统一的评估规范、程序及方法，对不同特色资源评估的对象以及评估要求进行调整，确保得到可真实反映资源的特色价值情况。

独立性原则。指标选取时要考虑其独立性，对有关联的指标要有取舍，避免指标间互相表达的含义大同小异，尽可能做到精而少。所选指标需能够满足特色空间资源在不同时空范围和同类中均能合理有效地进行评价实现运用的价值。

可操作性原则。所选取的指标要求具有可操作性，以方便获取数据。体现所得结果最终是为应用到城市特色保护与挖掘、为城市特色传承提供有效引导。因此所选指标要为能体现特色景观建设的重要因素，各项指标的含义要清楚，要能够在实际规划中实施，建立的评价模型对评价后的结果能起到优化和改善特色要素的指导作用。

5.3 评价指标框架构建

由城市特色空间构成与属性可知，特色资源包含空间与价值双重属性，空间上同一特色资源具有自然景观、历史文化、现代风貌中的两者或多者复合性，价值上特色资源包括本底价值和内涵价值。根据城市特色空间资源评价指标体系遴选原则，基于城市特色空间相关理论，借鉴国内外城市特色评价的研究结果，征询宁波城市发展研究专家与学者意见等方法，筛选与城市特色空间资源评价关联性较大的因子，最终确定自然景观性、历史文化性、现代风貌性。资源本底评价和资源内涵评价可作为特色评价指标体系的准则层评价项目，并采用 15 项子准则层评价项目和 48 项具体因子评价层评价项目以实现对城市特色空间资源评价的总目标（表 5-1）。

表 5-1　城市特色空间资源评价指标体系

目标层 A	准则层 B	子准则层 C	因子评价层 D
城市特色空间资源评价（A）	自然景观性(B1)	禀赋性(C1)	珍奇度(D1)
			丰富度(D2)
			规模度(D3)
			完整度(D4)
		价值性(C2)	美学观赏价值(D5)
			科普教育价值(D6)
			科研价值(D7)
		环境性(C3)	生态环境(D8)
			污染治理(D9)
			协调度(D10)
	历史文化性(B2)	代表性(C4)	历史价值(D11)
			艺术价值(D12)
			科学技术价值(D13)
			社会文化价值(D14)
		原真性(C5)	建筑保存状态(D15)
			空间格局(D16)
			生活生产形态(D17)
		完整性(C6)	功能结构(D18)
			风貌(D19)
			周边自然与人文环境(D20)
	现代风貌性(B3)	功能性(C7)	生产功能复合度(D21)
			生活功能复合度(D22)
		服务性(C8)	承办活动频数(D23)
			活动辐射范围(D24)
			民众参与度(D25)
		建筑性(C9)	建筑色彩(D26)
			建筑风格(D27)
			建筑外立面(D28)
			建筑布局(D29)
			与周围环境协调性(D30)

续表

目标层 A	准则层 B	子准则层 C	因子评价层 D
	本体发展影响(B4)	独特性(C10)	标志度(D31)
			形式内容丰富度(D32)
			活动舒适度(D33)
		知名度(C11)	认知度(D34)
			宣扬传播度(D35)
			旅游吸引度(D36)
		影响度(C12)	公众满意度(D37)
			人气活力(D38)
			名人名事相关度(D39)
	对区域发展影响(B5)	根植性(C13)	历史影响度(D40)
			历史悠久度(D41)
			与区域发展契合度(D42)
		支撑性(C14)	空间结构影响力(D43)
			发展包容度(D44)
			景观稳定度(D45)
		成长性(C15)	空间开放度(D46)
			衍生转化度(D47)
			区位优势度(D48)

5.3.1 自然景观性评价

自然景观空间作为城市起源和发展的本底条件，对地方的文化形成和空间格局变化有着深远影响，人们通过改造自然、利用自然赋予自然空间内涵。自然景观性评价强调区域内特色资源的自然本体构成、价值影响及环境状况，本章参考国家对自然旅游资源评价及风景名胜区的评定标准，结合研究区自然景观现状，最后确定自然景观性评价内涵应包括资源禀赋性、价值性和环境性。

资源禀赋性指空间特色资源的自然属性，包括珍奇度、丰富度、规模度和完整度。珍奇度指景观是否异常奇特，在其他地区是否常见；丰富度衡量资源自然景观风貌的动植物资源、景观类型及地形地貌的丰富程度，丰富度越高，越能体现该要素有较好特色营造基础；规模度指特色资源的规模及体量大小；完整度指资源形态与结构相比原状是否保持完整。

价值性指自然景观作为有多种功能的特色资源，具有审美、教育、科学等价值属性，主要包括美学观赏价值、科普教育价值及科研价值。美学观赏价值指自然景观的艺术特征、意义和地位以及给大众带来的休闲娱乐体验，以形象、色彩、意境等方面为体现，衡量资源的艺术性与观赏性，具备较高艺术性或观赏性的特色资源，便具有一定强度的特色代表性；科普教育价值指集中体现自然景观资源对社会公众所起到的科学知识普及与教育功能，资源对社会公众的科普教育意义越大，其科普教育价值越高；科研价值指自然景观是否具有重要的科学研究价值。

环境性指空间特色的生态环境质量与生态保护条件，包括生态环境、污染治理及协调度三方面。生态环境指资源的空气、水文、土壤质量情况及绿色植被覆盖率；污染治理指资源生态保护设施完备程度，区域内污染物、废弃物的处理状况；协调度指景观实体完整度，形态与结构在原状基础上变化幅度及资源与周边山水协调状况。

5.3.2 历史文化性评价

历史文化空间反映了城市的起源、发展、变迁等演进过程，是地域文化的展现窗口。历史文化性评价强调区域内特色资源的历史价值、空间保存状态及整体风貌的完整性。本节参考国家历史文化名镇名村评价及文化遗产价值评估标准，结合研究区历史文化现状，来确定历史文化性评价内涵包括资源代表性、原真性和完整性。

代表性指空间特色资源的物质文化遗产和内涵，包括历史价值、艺术价值、科学技术价值、社会文化价值。历史价值指资源作为历史记录载体所含有的历史信息，使其作为过去的象征或记忆符号具有不可替代性，历史价值映射了城市文明史，记载了城市社会文化的发展过程；艺术价值指凝聚历代艺匠和工程专家智慧的历史文化资源所带来的美感体验，满足大众审美需求并为后世欣赏，包含建筑艺术、景观艺术、各类艺术构思和表现手法；科学技术价值指人类历史上在规划设计、建筑结构、材料和工艺等方面创造的科学技术成就，以为当代及后世提供学习研究为表现；社会文化价值指历史文化资源对重要历史事件、人物的纪念意义，地方传统民俗和宗教文化活动的延续及对社会群体的精神意义和认同感。

原真性指空间特色资源相对于原状的保留状况，包括建筑保存状态、空间格局和生活生产形态。建筑保存状态指建筑保存状况是否反映历史原貌，评价对象包括民居、桥梁、寺庙、老字号店铺等；空间格局是历史文化风貌的视觉廊道，大片的历史风貌区从空间布局和空间尺度进行评价，独立单体建筑以其作为空间节点的重要度、标志度进行评价；生活生产形态指资源是否反映了传统生活生产方式、思想观念、地域民俗文化和社会风尚等方面。

完整性指空间特色资源功能结构、风貌及与周边自然人文环境的完整性进行的评价。功能结构指现有功能结构与历史沿袭相比是否基本完整；风貌指传统历史建筑风貌的保存状况是否完整；周边自然与人文环境指周围自然、人文环境间的关系，包括周边山水环境、植被保存状况，建成环境评价等。

5.3.3 现代风貌性评价

现代风貌空间资源作为城市生产生活的物质载体，承担城市民众进行各类活动的职能，体现了城市的时代性和民族性。现代风貌性评价强调区域内特色资源的功能复合度、影响辐射范围及建筑美学体验。本节参照城市景观规划设计，基于建筑美学和都市生态学理论，结合研究区现代风貌现状，确定现代风貌性评价内涵包括资源的功能性、服务性和建筑性。

功能性指空间特色资源在城市中所承担的政治、经济、文化等方面的任务和所起的作用。在空间上表现为资源的现代风貌性职能，根据生产和消费服务的对象、外部性、提供服务的主体等不同，从资源使用功能的角度，分为生产性服务和生活性服务两大类。生产功能复合度指资源生产功能的多样性，涉及商业服务、交通、信息、建筑、科研等功能的数量；生活功能复合度指资源生活功能的多样性，涉及商业、行政、休闲等功能的数量。

服务性指城市中的现代风貌资源已经成为城市开发的推动力，空间特色资源价值同行政服务、旅游业、商业、文化娱乐等有着紧密联系，主要体现在特色资源对城市发展及民众的服务性，通过所承办的活动频数、活动辐射范围及民众参与程度来表征。活动频数指资源承办活动的频数，频数越高说明该区域活力性越高；活动辐射范围指资源承办活动的影响范围，辐射范围越广、越深说明该区域影响力越大；民众参与程度指资源为民众服务的范围与影响，服务对象越多，民众参与度越高，说明其影响越大，要素所表征的发展等级越高。

建筑性指现代风貌资源在建筑美学和建筑内涵方面的评价，包括建筑色彩、建筑风格、建筑外立面、建筑布局和与周围环境协调性。建筑色彩反映景观光影与色彩给人的美感程度；建筑风格体现资源构思是否超前新颖；建筑外立面展示建筑自身特点特征是否具有独特性；建筑布局考量布局是否合理；与周围环境协调性指资源与周边物质环境的协调程度。

5.3.4 本体发展影响评价

特色空间资源作为城市公共活动集聚、公众活动发生频率较高的场所，资源本体发展影响评价强调区域内特色资源的特色氛围、以人群集聚为表现的空间活力及产生的影响范围。资源本体特色氛围越浓厚，空间集聚人群就越多，吸引力、影响范围随知名度的提升变得越强、越广，由此确定资源本体发展影响评价内涵包括资源的独特性、知名度和影响度。

独特性指空间特色资源的不可复制的特性，强调城市空间环境品质的整体特色、差异化的个性特征，即城市空间具有很强的可识别性，以稀有度衡量。评价指标包含标志度、形式内容丰富度及活动舒适度。标志度指资源相对空间其他资源被识别的难易程度；形式内容丰富度指资源外在形式及内涵的多样化程度；活动舒适度指人们对资源所在环境活动的舒适程度。

知名度指空间特色资源被公众所认知和关注的程度，能被人通过观赏、游玩等方式直接认知，具有明显的可感知性。评价指标包括大众对特色要素的知晓程度、各类媒体的宣传力度及对人们旅游观光慕名前来的吸引程度，即认知度、宣扬传播度及旅游吸引度。

影响度指空间特色资源在时间维度上，自身发展的同时也会对别的空间发展产生作用，或在同类资源中形成一定影响，通过公众满意度、人气活力及名人名事相关度表征。公众满意度指人们对资源景观呈现特色感知的满意程度；人气活力指空间人气集聚的程度，影响越大的空间所产生的集聚效应越大；名人名事相关度指资源因有关名人或著名事件具有的影响力。

5.3.5 对区域发展影响评价

随着国际化、全球化的深入，区域空间及空间特色资源呈多元化、复杂化发展。资源对区域发展影响评价强调在区域演进过程中，资源的影响与区域发展的契合度，对于现状空间表现为支撑作用，对于未来表现为资源对区域发展成长的影响。由此确定资源对区域发展影响评价内涵包括资源的根植性、支撑性和成长性。

根植性指空间特色资源长期契合城市历史发展，深深嵌入特定的城市构成关系中，不可剥离。评价指标包括历史影响度、历史悠久度及与区域发展契合度。历史影响度指资源在历史进程中对城市发展的影响度；历史悠久度指资源自身历史的悠久度，以形成年代表征；与区域发展契合度指资源在区域发展中是否符合空间发展需要。

支撑性指空间特色资源对维持城市现状空间结构的支撑作用，包括空间结构影响力、发展包容度及景观稳定度。空间结构影响力指对现有空间的结构支撑力；发展包容度指资源现状是否支持多元发展形式及内容；景观稳定度指资源景观变更的概率，以能否维持最初风貌衡量。

成长性指空间特色资源对未来城市空间结构的拉动作用，包括空间开放度、衍生转化度及区位优势度。空间开放度指能被公众接触到的程度；衍生转化度指在原有基础上衍生转化成其他内容形式的程度；区位优势度衡量资源地理位置，由交通可达性表征。

5.4 评价指标权重确定

本节采用层次分析法（Analytic Hierarchy Process，AHP）确定特色空间资源评价各指标权重。AHP 法将目标问题的各影响因素分解为有顺序、有条理且相互联系的层次，依据模糊判断，将每层中各指标的相对重要程度作出定量比较判断（表 5-2），实现对复杂问题的清晰化、模式化和数量化，最后计算并确定各层次要素的相对权重系数，得到决策结果。

表 5-2　两指标对比标度含义

标　　度	含　　义
1	表示两个因素相比，具有相同重要性
3	表示两个因素相比，前者比后者稍重要
5	表示两个因素相比，前者比后者明显重要
7	表示两个因素相比，前者比后者强烈重要
9	表示两个因素相比，前者比后者极端重要
2，4，6，8	表示上述相邻判断的中间值

层次分析法相关公式如下。

计算判断矩阵的每一行元素乘积的 n 次方根，即方根向量 T_i：

$$T_i=\sqrt[n]{\prod_{k=1}^{n} P_{ik}}\ (i=1,2,\cdots,n) \tag{5-1}$$

式（5-1）中，n 为评价因子数目；$P_{ik}(i=1,2,\cdots,n)$ 为第 i 个指标与第 k 个指标相对重要性比较而获得的判断值。

将方根向量 T_i 归一化，得到该层各指标相对于上一层某一指标的相对权重值 W_i

$$W_i=T_i/\sum_{i=1}^{n}T_i \quad (i=1,2,\cdots,k,\cdots,n) \tag{5-2}$$

为保证结论的合理性和可靠性，对各判断矩阵进行一致性检验。

计算最大特征根 $\lambda_{\max}$：

$$\lambda_{\max}=\sum_{i=1}^{n}\frac{1}{nW_i}\sum_{i=1}^{n}P_{ij}W_j \tag{5-3}$$

计算矩阵一致性指标 CI

$$CI=\frac{\lambda_{\max}-n}{n-1} \tag{5-4}$$

式（5-4）中，n 为矩阵的阶。

计算矩阵平均随机一致性指标 RI：

$$RI=\frac{\lambda'_{\max}-n}{n-1} \tag{5-5}$$

式（5-5）中，$\lambda'_{\max}$——矩阵最大特征根的平均值。

计算一致性比例 *CR*：

$$CR = \frac{CI}{RI} \tag{5-6}$$

当 $CR<0.10$ 时，认为判断矩阵的一致性可以接受。单层一致性检验后，按同样方法检测整体一致性。

5.4.1 建立评价指标体系层次结构模型

根据宁波中心城区城市特色空间评价指标体系，建立特色空间评价指标体系层次结构模型，包括四层结构（图 5-1）。

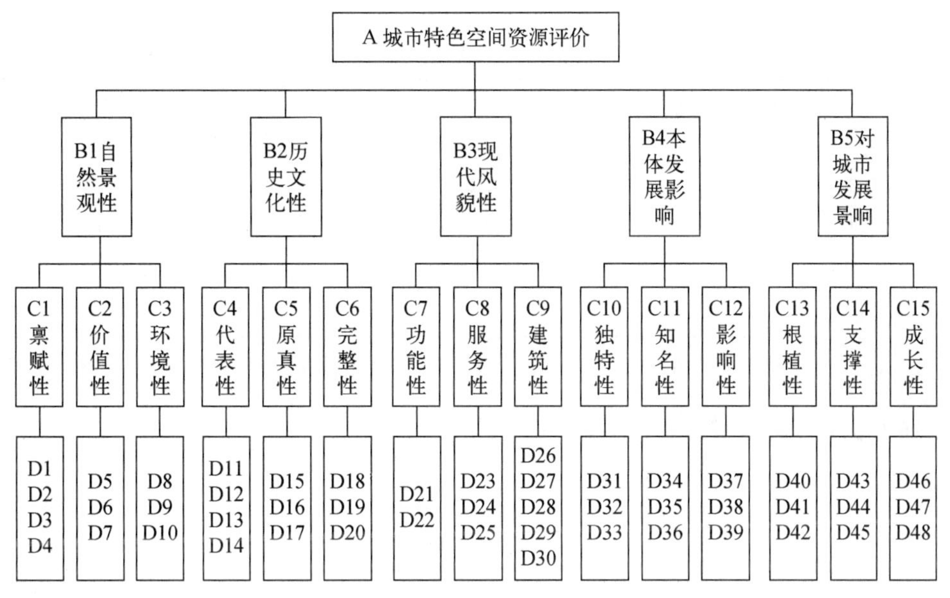

图 5-1　城市特色空间资源评价指标体系层次结构模型

第一层：城市特色空间资源评价。

第二层：自然景观性、历史文化性、现代风貌性、本体发展影响、对城市发展影响。

第三层：禀赋性、价值性、环境性、代表性、原真性、完整性、功能性、服务性、建筑性、独特性、知名度、影响度、根植性、支撑性、成长性。

第四层：珍奇度、丰富度、规模度、完整度、美学观赏价值、科普教育价值、科研价值、生态环境、污染治理、协调度、历史价值、艺术价值、科学技术价值、社会文化价值、建筑保存状态、空间格局、生活生产形态、功能结构、风貌、周边自然与人文环境、生产功能复合度、生活功能复合度、承办活动频数……

5.4.2 判断矩阵构造

根据宁波中心城区城市特色空间资源评价指标体系层次结构模型，邀请宁波市自然资源与规划局专家和城市特色研究相关专家学者，共计 15 名，对各层次要素间的重要程度进行对比打分。宁波市自然资源和规划局专家有多年城市空间评价的工作经验，判断角度专业化，宁波大学人文地理学教授及硕士研究生拥有专业知识，并掌握当下城市发展学科前沿动态，能结合专业知识与空间现状给予建议。选用 1～9 标度法对各项指标进行评分，将每个矩阵中的每行多组数据相乘求得平均根值，使用 yaahp10.5 软件进行归一计算及一致性检验，得出分析所需的最大特征根数据，最终确定各指标的权重值（表 5-3～表 5-23）。

计算第二层 B1～B5 的相对权重 W。

表 5-3 A-B 层指标权重

A 城市特色空间资源评价	B1	B2	B3	B4	B5	W	排序
B1 自然景观性	1	1.1487	2.1689	1.3195	1.3195	0.2572	1
B2 历史文化性		1	2.3522	1.2457	1.2457	0.2416	2
B3 现代风貌性			1	1.4310	1.4310	0.1647	4
B4 本体发展影响				1	1.1487	0.1726	3
B5 对城市发展影响					1	0.1638	5

注：特征值 λ_{max} =5.1458，一致性指标 CI=0.0364，平均随机一致性指标 RI=1.12，一致性比例 CR=0.0325<0.10。

计算第三层 C1～C15 的相对权重 W。

① 计算 C1～C3 对 B1 的相对权重 W。

表 5-4 C-B1 层指标权重

B1 自然景观性	C1	C2	C3	W	排序
C1 禀赋性	1	2.3522	3.6801	0.5755	1
C2 价值性		1	2.5508	0.2901	2
C3 环境性			1	0.1344	3

注：特征值 λ_{max} =3.0267，一致性指标 CI=0.0133，平均随机一致性指标 RI=0.58，一致性比例 CR=0.0230<0.10。

② 计算 C4～C6 对 B2 的相对权重 W。

表 5-5 C-B2 层指标权重

B2 历史文化性	C4	C5	C6	W	排序
C4 代表性	1	1.4310	2.5508	0.4769	1
C5 原真性		1	1.8882	0.3397	2
C6 完整性			1	0.1834	3

注：特征值 λ_{max} =3.0004，一致性指标 CI=0.0002，平均随机一致性指标 RI=0.58，一致性比例 CR=0.0003<0.10。

③ 计算 C7～C9 对 B3 的相对权重 *W*。

表 5-6　C-B3 层指标权重

B3 现代风貌性	C7	C8	C9	*W*	排序
C7 功能性	1	0.4884	0.5296	0.2027	3
C8 服务性		1	0.7579	0.3674	2
C9 建筑性			1	0.4299	1

注：特征值 λ_{max} =3.0143，一致性指标 *CI*=0.0071，平均随机一致性指标 *RI*=0.58，一致性比例 *CR*=0.0123<0.10。

④ 计算 C10～C12 对 B4 的相对权重 *W*。

表 5-7　C-B4 层指标权重

B4 本体发展影响	C10	C11	C12	*W*	排序
C10 独特性	1	1.4310	1.8882	0.4468	1
C11 知名度		1	1.5157	0.3271	2
C12 影响度			1	0.2261	3

注：特征值 λ_{max} =3.0021，一致性指标 *CI*=0.0011，平均随机一致性指标 *RI*=0.58，一致性比例 *CR*=0.0018<0.10。

⑤ 计算 C13～C15 对 B5 的相对权重 *W*。

表 5-8　C-B5 层指标权重

B5 对区域发展影响	C13	C14	C15	*W*	排序
C13 根植性	1	1.7826	2.3522	0.5024	1
C14 支撑性		1	1.4310	0.2896	2
C15 成长性			1	0.2080	3

注：特征值 λ_{max} =3.0007，一致性指标 *CI*=0.0004，平均随机一致性指标 *RI*=0.58，一致性比例 *CR*=0.0006<0.10。

计算第四层 D1～D48 的相对权重 *W*。

① 计算 D1～D4 对 C1 的相对权重 *W*。

表 5-9　D-C1 层指标权重

C1 禀赋性	D1	D2	D3	D4	*W*	排序
D1 珍奇度	1	1.6438	3.3659	3.5195	0.4414	1
D2 丰富度		1	2.7663	3.0639	0.3167	2
D3 规模度			1	1.6829	0.1388	3
D4 完整度				1	0.1031	4

注：特征值 λ_{max} =4.0391，一致性指标 *CI*=0.0130，平均随机一致性指标 *RI*=0.90，一致性比例 *CR*=0.0145<0.10。

② 计算 D5～D7 对 C2 的相对权重 *W*。

表 5-10　D-C2 层指标权重

C2 价值性	D5	D6	D7	*W*	排序
D5 美学观赏价值	1	1.9332	1.1487	0.4193	1
D6 科普教育价值		1	0.6084	0.2186	3
D7 科研价值			1	0.3621	2

注：特征值 λ_{max}=3.0001，一致性指标 *CI*=0.0000，平均随机一致性指标 *RI*=0.58，一致性比例 *CR*=0.0001<0.10。

③ 计算 D8～D10 对 C3 的相对权重 *W*。

表 5-11　D-C3 层指标权重

C3 环境性	D8	D9	D10	*W*	排序
D8 生态环境	1	3.6801	2.2206	0.5791	1
D9 污染治理		1	0.5610	0.1536	3
D10 协调度			1	0.2673	2

注：特征值 λ_{max}=3.0006，一致性指标 *CI*=0.0003，平均随机一致性指标 *RI*=0.58，一致性比例 *CR*=0.0005<0.10。

④ 计算 D11～D14 对 C4 的相对权重 *W*。

表 5-12　D-C4 层指标权重

C4 代表性	D11	D12	D13	D14	*W*	排序
D11 历史价值	1	1.7826	1.6438	2.9302	0.3917	1
D12 艺术价值		1	1.0000	2.5508	0.2510	2
D13 科学技术价值			1	2.0477	0.2410	3
D14 社会文化价值				1	0.1163	4

注：特征值 λ_{max}=4.0168，一致性指标 *CI*=0.0056，平均随机一致性指标 *RI*=0.90，一致性比例 *CR*=0.0062<0.10。

⑤ 计算 D15～D17 对 C5 的相对权重 *W*。

表 5-13　D-C5 层指标权重

C5 原真性	D15	D16	D17	*W*	排序
D15 建筑保存状态	1	1.1487	1.2457	0.3729	1
D16 空间格局		1	1.3195	0.3466	2
D17 生活生产形态			1	0.2805	3

注：特征值 λ_{max}=3.0043，一致性指标 *CI*=0.0021，平均随机一致性指标 *RI*=0.58，一致性比例 *CR*=0.0037<0.10。

⑥ 计算 D18～D20 对 C6 的相对权重 *W*。

表 5-14 D-C6 层指标权重

C6 完整性	D18	D19	D20	*W*	排序
D18 功能结构	1	0.8706	1.3195	0.3451	2
D19 风貌		1	1.3195	0.3814	1
D20 周边自然与人文环境			1	0.2735	3

注：特征值 λ_{max}=3.0022，一致性指标 *CI*=0.0011，平均随机一致性指标 *RI*=0.58，一致性比例 *CR*=0.0019<0.10。

⑦ 计算 D21、D22 对 C7 的相对权重 *W*。

表 5-15 D-C7 层指标权重

C7 功能性	D21	D22	*W*	排序
D21 生产功能复合度	1	1	0.500	1
D22 生活功能复合度		1	0.500	1

注：特征值 λ_{max}=2.0000，一致性指标 *CI*=0.0000，平均随机一致性指标 *RI*=0.00，一致性比例 *CR*=0.0000<0.10。

⑧ 计算 D23～D25 对 C8 的相对权重 *W*。

表 5-16 D-C8 层指标权重

C8 服务性	D23	D24	D25	*W*	排序
D23 承办活动频数	1	0.6988	1.4310	0.3240	2
D24 活动辐射范围		1	1.6829	0.4341	1
D25 民众参与度			1	0.2418	3

注：特征值 λ_{max}=3.0043，一致性指标 *CI*=0.0021，平均随机一致性指标 *RI*=0.58，一致性比例 *CR*=0.0037<0.10。

⑨ 计算 D26～D30 对 C9 的相对权重 *W*。

表 5-17 D-C9 层指标权重

C9 建筑性	D26	D27	D28	D29	D30	*W*	排序
D26 建筑色彩	1	1.0000	0.8706	1.1761	2.1411	0.2242	3
D27 建筑风格		1	0.9441	1.3195	2.6673	0.2443	2
D28 建筑外立面			1	1.7826	1.7826	0.2517	1
D29 建筑布局				1	1.2457	0.1643	4
D30 与周围环境协调性					1	0.1155	5

注：特征值 λ_{max}=5.0380，一致性指标 *CI*=0.0095，平均随机一致性指标 *RI*=1.12，一致性比例 *CR*=0.0085<0.10。

⑩ 计算 D31～D33 对 C10 的相对权重 W。

表 5-18　D-C10 层指标权重

C10 独特性	D31	D32	D33	W	排序
D31 标志度	1	1.7826	2.7663	0.5171	1
D32 形式内容丰富度		1	1.7826	0.3040	2
D33 活动舒适度			1	0.1789	3

注：特征值 λ_{max} =3.0021，一致性指标 CI=0.0011，平均随机一致性指标 RI=0.58，一致性比例 CR=0.0019<0.10。

⑪ 计算 D34～D36 对 C11 的相对权重 W。

表 5-19　D-C11 层指标权重

C11 知名度	D34	D35	D36	W	排序
D34 认知度	1	1.5157	1.2457	0.4004	1
D35 宣扬传播度		1	1.0845	0.2976	3
D36 旅游吸引度			1	0.3020	2

注：特征值 λ_{max} =3.0091，一致性指标 CI=0.0045，平均随机一致性指标 RI=0.58，一致性比例 CR=0.0078<0.10。

⑫ 计算 D37～D39 对 C12 的相对权重 W。

表 5-20　D-C12 层指标权重

C12 影响度	D37	D38	D39	W	排序
D37 公众满意度	1	0.7579	1.0845	0.3107	2
D38 人气活力		1	1.1487	0.3809	1
D39 名人名事相关度			1	0.3083	3

注：特征值 λ_{max} =3.0005，一致性指标 CI=0.0003，平均随机一致性指标 RI=0.58，一致性比例 CR=0.0005<0.10。

⑬ 计算 D40～D42 对 C13 的相对权重 W。

表 5-21　D-C13 层指标权重

C13 根植性	D40	D41	D42	W	排序
D40 历史影响度	1	1.7826	1.6438	0.4607	1
D41 历史悠久度		1	0.8706	0.2536	3
D42 与区域发展契合度			1	0.2857	2

注：特征值 λ_{max} =3.0004，一致性指标 CI=0.0002，平均随机一致性指标 RI=0.58，一致性比例 CR=0.0003<0.10。

⑭ 计算 D43～D45 对 C14 的相对权重 *W*。

表 5-22　D-C14 层指标权重

C14 支撑性	D43	D44	D45	*W*	排序
D43 空间结构影响力	1	1.9332	2.5508	0.5252	1
D44 发展包容度		1	1.0592	0.2529	2
D45 景观稳定度			1	0.2219	3

注：特征值 λ_{max} =3.0054，一致性指标 CI=0.0027，平均随机一致性指标 RI=0.58，一致性比例 CR=0.0046<0.10。

⑮ 计算 E46～E48 对 C15 的相对权重 *W*。

表 5-23　D-C15 层指标权重

C15 成长性	D46	D47	D48	*W*	排序
D46 空间开放度	1	1.2457	2.2206	0.4471	1
D47 衍生转化度		1	1.5157	0.3402	2
D48 区位优势度			1	0.2127	3

注：特征值 λ_{max} =3.0029，一致性指标 *CI*=0.0015，平均随机一致性指标 *RI*=0.58，一致性比例 *CR*=0.0026<0.10。

5.4.3　组合权重

将各层相对权重值 W_i 进行综合加权处理，得到各层指标组合权重（表 5-24）。

表 5-24　特色空间资源评价指标权重

准则层 B	权重	子准则层 C	权值	组合权重	因子评价层 D	权值	组合权重
自然景观性 B1	0.2572	禀赋性 C1	0.5755	0.1480	珍奇度 D1	0.4414	0.0653
					丰富度 D2	0.3167	0.0469
					规模度 D3	0.1388	0.0205
					完整度 D4	0.1031	0.0153
		价值性 C2	0.2901	0.0746	美学观赏价值 D5	0.4193	0.0313
					科普教育价值 D6	0.2186	0.0163
					科研价值 D7	0.3621	0.0270
		环境性 C3	0.1344	0.0346	生态环境 D8	0.5791	0.0200
					污染治理 D9	0.1536	0.0053
					协调度 D10	0.2673	0.0092

续表

准则层 B	权重	子准则层 C	权值	组合权重	因子评价层 D	权值	组合权重
历史文化性 B2	0.2416	代表性 C4	0.4769	0.1152	历史价值 D11	0.3917	0.0451
					艺术价值 D12	0.2510	0.0289
					科学技术价值 D13	0.2410	0.0278
					社会文化价值 D14	0.1163	0.0134
		原真性 C5	0.3397	0.0821	建筑保存状态 D15	0.3729	0.0306
					空间格局 D16	0.3466	0.0284
					生活生产形态 D17	0.2805	0.0230
		完整性 C6	0.1834	0.0443	功能结构 D18	0.3451	0.0153
					风貌 D19	0.3814	0.0169
					周边自然与人文环境 D20	0.2735	0.0121
现代风貌性 B3	0.1647	功能性 C7	0.2027	0.0334	生产功能复合度 D21	0.5000	0.0167
					生活功能复合度 D22	0.5000	0.0167
		服务性 C8	0.3674	0.0605	承办活动频数 D23	0.3240	0.0196
					活动辐射范围 D24	0.4341	0.0263
					民众参与度 D25	0.2418	0.0146
		建筑性 C9	0.4299	0.0708	建筑色彩 D26	0.2242	0.0159
					建筑风格 D27	0.2443	0.0173
					建筑外立面 D28	0.2517	0.0178
					建筑布局 D29	0.1643	0.0116
					与周围环境协调性 D30	0.1155	0.0082
本体发展影响 B4	0.1726	独特性 C10	0.4468	0.0771	标志度 D31	0.5171	0.0399
					形式内容丰富度 D32	0.3040	0.0235
					活动舒适度 D33	0.1789	0.0138
		知名度 C11	0.3271	0.0565	认知度 D34	0.4004	0.0226
					宣扬传播度 D35	0.2976	0.0168
					旅游吸引度 D36	0.3020	0.0171
		影响度 C12	0.2261	0.0390	公众满意度 D37	0.3107	0.0121
					人气活力 D38	0.3809	0.0149
					名人名事相关度 D39	0.3083	0.0120

续表

准则层 B	权重	子准则层 C	权值	组合权重	因子评价层 D	权值	组合权重
对区域发展影响 B5	0.1638	根植性 C13	0.5024	0.0823	历史影响度 D40	0.4607	0.0379
					历史悠久度 D41	0.2536	0.0209
					与区域发展契合度 D42	0.2857	0.0235
		支撑性 C14	0.2896	0.0474	空间结构影响力 D43	0.5252	0.0249
					发展包容度 D44	0.2529	0.0120
					景观稳定度 D45	0.2219	0.0105
		成长性 C15	0.2080	0.0341	空间开放度 D46	0.4471	0.0152
					衍生转化度 D47	0.3402	0.0116
					区位优势度 D48	0.2127	0.0072

由特色空间资源评价指标权重可看出，准则层因子权重排序为自然景观性（0.2572）>历史文化性（0.2416）>本体发展影响（0.1726）>现代风貌性（0.1647）>对区域发展影响（0.1638）。表明宁波中心城区城市特色空间资源本底评价中自然景观资源对城市特色影响最大，因城区建城历史悠久，拥有大量历史文化遗迹，历史文化影响次之，现代风貌权重最小，对城市特色影响最低。特色内涵评价偏重本体发展影响，注重资源本身特色属性，对区域发展影响次之。自然与历史文化性评价权重最高，体现了宁波城市特色以自然和历史文化为核心。在子准则层因子权重中，资源自然禀赋性（0.1480）和历史文化代表性（0.1152）的重要程度明显大于价值性（0.0746）、环境性（0.0346）、原真性（0.0821）、完整性（0.0443）等其他指标。在因子评价层中指标较多，权重值差别不大，其中珍奇度、丰富度、美学观赏价值、历史价值、建筑保存状态权重值相较其他指标明显重要。

5.5 综合评价结果

对构建的城市特色空间资源评价体系各项指标，应制定科学的评判标准，实现特色资源的综合评价。根据层次分析法计算的各层权重和组合权重，实现百分制评价，各指标组合权重乘以 100 即为指标对应分值。以第二层指标为例，自然景观性、历史文化性、现代风貌性、本体发展影响评价、对区域发展影响评价权重分别为 0.2572、0.2416、0.1647、0.1726、0.1638，将各组合权重分别乘以 100 即得对应评价分值，即自然景观性 25.72、历史文化性 24.16、现代风貌性 16.47、本体发展影响评价 17.26、对区域发展影响评价 16.38。按此方法同理得到其他指标相应分值（表 5-25）。

表 5-25　特色空间资源评价指标分值

准则层 B	B 层分值	子准则层 C	C 层分值	因子评价层 D	D 层分值
自然景观性 B1	25.72	禀赋性 C1	14.80	珍奇度 D1	6.53
				丰富度 D2	4.69
				规模度 D3	2.05
				完整度 D4	1.53
		价值性 C2	7.46	美学观赏价值 D5	3.13
				科普教育价值 D6	1.63
				科研价值 D7	2.70
		环境性 C3	3.46	生态环境 D8	2.00
				污染治理 D9	0.53
				协调度 D10	0.92
历史文化性 B2	24.16	代表性 C4	11.52	历史价值 D11	4.51
				艺术价值 D12	2.89
				科学技术价值 D13	2.78
				社会文化价值 D14	1.34
		原真性 C5	8.21	建筑保存状态 D15	3.06
				空间格局 D16	2.84
				生活生产形态 D17	2.30
		完整性 C6	4.43	功能结构 D18	1.53
				风貌 D19	1.69
				周边自然与人文环境 D20	1.21
现代风貌性 B3	16.47	功能性 C7	3.34	生产功能复合度 D21	1.67
				生活功能复合度 D22	1.67
		服务性 C8	6.05	承办活动频数 D23	1.96
				活动辐射范围 D24	2.63
				民众参与度 D25	1.46
		建筑性 C9	7.08	建筑色彩 D26	1.59
				建筑风格 D27	1.73
				建筑外立面 D28	1.78
				建筑布局 D29	1.16
				与周围环境协调性 D30	0.82

续表

准则层 B	B 层分值	子准则层 C	C 层分值	因子评价层 D	D 层分值
本体发展影响 B4	17.26	独特性 C10	7.71	标志度 D31	3.99
				形式内容丰富度 D32	2.35
				活动舒适度 D33	1.38
		知名度 C11	5.65	认知度 D34	2.26
				宣扬传播度 D35	1.68
				旅游吸引度 D36	1.71
		影响度 C12	3.90	公众满意度 D37	1.21
				人气活力 D38	1.49
				名人名事相关度 D39	1.20
对区域发展影响 B5	16.38	根植性 C13	8.23	历史影响度 D40	3.79
				历史悠久度 D41	2.09
				与区域发展契合度 D42	2.35
		支撑性 C14	4.74	空间结构影响力 D43	2.49
				发展包容度 D44	1.20
				景观稳定度 D45	1.05
		成长性 C15	3.41	空间开放度 D46	1.52
				衍生转化度 D47	1.16
				区位优势度 D48	0.72

基于城市中心地理论，采用综合评价方法中的模糊综合评价法，实现资源的差异分级评价。本章研究对象为城区层面特色资源，特色资源具有空间和价值双重属性，根据资源特色及价值影响，对其各评价指标进行相对性分级评定，划分为国家级、省级、城市级、片区级及社区级。分别指特色资源在国家层面、省级层面、城市级层面、片区级层面、社区级层面具有特色及价值的影响，对应赋值指标分值的 5/5、4/5、3/5、2/5、1/5。以第三层指标为例，各级赋分见表 5-26。

表 5-26　子准则层 C 指标各级赋分

级别 指标	国家级	省级	城市级	片区级	社区级
禀赋性 C1	14.80	11.84	8.88	5.92	2.96
价值性 C2	7.46	5.97	4.48	2.99	1.49
环境性 C3	3.46	2.77	2.07	1.38	0.69
代表性 C4	11.52	9.22	6.91	4.61	2.30

续表

指标 \ 级别	国家级	省级	城市级	片区级	社区级
原真性 C5	8.21	6.57	4.92	3.28	1.64
完整性 C6	4.43	3.55	2.66	1.77	0.89
功能性 C7	3.34	2.67	2.00	1.34	0.67
服务性 C8	6.05	4.84	3.63	2.42	1.21
建筑性 C9	7.08	5.66	4.25	2.83	1.42
独特性 C10	7.71	6.17	4.63	3.09	1.54
知名度 C11	5.65	4.52	3.39	2.26	1.13
影响度 C12	3.90	3.12	2.34	1.56	0.78
根植性 C13	8.23	6.59	4.94	3.29	1.65
支撑性 C14	4.74	3.80	2.85	1.90	0.95
成长性 C15	3.41	2.73	2.04	1.36	0.68

差异分级评价能对资源准确地进行具体评价，规避了以有或无等模糊方式对特色空间资源的解读，同时差异分级结果对城市特色塑造具有引导作用。未来城市特色的发展，应实现社区级、片区级、城市级、省级、国家级依次递增转变，将域内独特的特色资源转为城市的标志特色，不断优化特色空间良性发展途径。

特色综合评价结果为因子评价层对应评分值乘以权重，各层得分依次累加（图 5-2）。

计算采用罗森伯格—菲什拜因数学模型

$$E=\sum_{i=1}^{n} Q_i P_i \tag{5-7}$$

式（5-7）中，E 为城市空间特色资源综合评价值；Q_i 为第 i 个评价因子权重；P_i 为第 i 个评价因子的评价等级分值；n 为评价因子的数目。

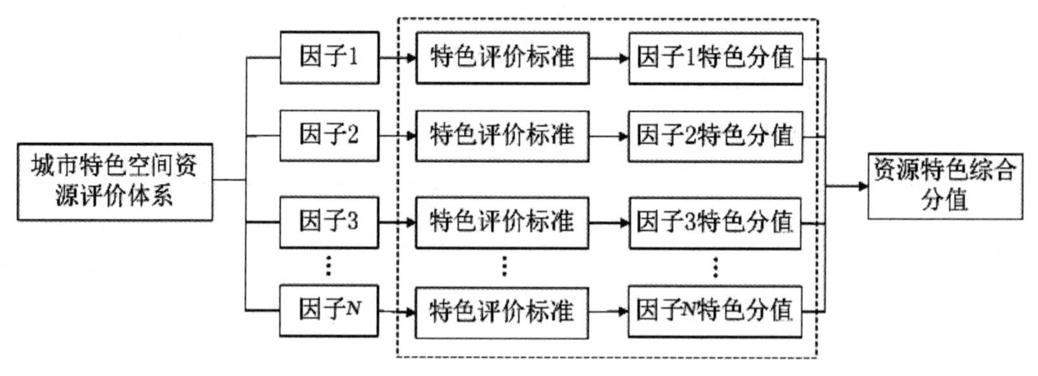

图 5-2　城市特色空间资源评价体系

宁波中心城区城市特色空间特色资源评价结果见表5-27。

表5-27 宁波中心城区城市特色空间资源评价结果

编号	名称	B1	B2	B3	B4	B5	特色综合评价 *M*
1	三江及沿岸	19.89	23.63	13.18	15.35	13.11	85.16
2	溪口雪窦山风景区	25.72	21.63	3.29	17.26	14.74	82.65
3	三江口	19.89	22.63	13.18	13.03	14.75	83.48
4	天一阁	17.62	24.16	0.00	17.26	16.38	75.42
5	老外滩	15.43	19.10	9.88	14.57	14.07	73.06
6	东钱湖风景区	23.54	18.44	9.13	13.81	13.11	78.03
7	蒋氏故里	15.58	21.63	0.00	15.35	13.80	66.37
8	月湖	15.43	19.33	0.00	13.81	13.11	61.68
9	东部新城	18.31	0.00	16.47	16.13	13.09	64.00
10	慈城古县城	15.43	20.21	0.00	13.79	12.16	61.60
11	中山路	0.00	15.91	11.14	11.90	13.11	52.06
12	鄞江镇	15.43	18.44	0.00	11.12	8.88	53.88
13	它山堰	17.77	21.63	0.00	14.57	8.88	62.85
14	保国寺景区	13.94	21.63	0.00	13.44	7.23	56.25
15	庆安会馆	0.00	19.10	0.00	16.13	13.80	49.04
16	钱业会馆	0.00	19.33	0.00	12.68	11.48	43.49
17	天主教堂外马路历史文化街区	8.11	14.50	0.00	8.45	9.83	40.88
18	秀水街历史文化街区	5.14	17.02	0.00	11.12	9.83	43.12
19	伏跗室永寿街历史文化街区	5.14	19.33	0.00	11.12	9.83	45.42
20	鼓楼公园路历史文化街区	13.34	14.50	0.00	10.36	9.83	48.02
21	月湖历史文化街区	13.94	16.80	0.00	11.90	13.11	55.75
22	郁家巷历史文化街区	5.14	17.69	0.00	12.68	11.48	46.99
23	郡庙天封塔历史文化街区	5.14	18.44	0.00	11.90	9.83	45.32
24	南塘河历史文化街区	10.29	13.61	0.00	10.36	9.83	44.09
25	莲桥街历史地段	0.00	13.61	0.00	9.23	8.88	31.72
26	德记巷戴祠巷历史地段	0.00	14.50	0.00	9.23	8.88	32.61
27	新马路历史地段	0.00	14.50	0.00	9.23	8.88	32.61
28	宁波博物馆	0.00	13.61	9.21	10.36	8.18	41.36
29	中山公园	8.80	13.61	7.13	10.36	9.83	49.72
30	郑氏十七房	10.29	14.50	0.00	8.45	8.88	42.11

续表

编号	名称	B1	B2	B3	B4	B5	特色综合评价 *M*
31	大运河（宁波段）	14.74	15.91	0.00	12.68	11.48	54.81
32	镇海口海防遗址	10.29	16.80	0.00	11.90	10.53	49.52
33	江北天主教堂	0.00	16.80	0.00	10.36	8.20	35.36
34	宁波国际会展中心	0.00	0.00	15.05	16.13	11.44	42.63
35	天一广场	5.14	0.00	11.76	13.81	11.46	42.17
36	招宝山	15.43	13.61	0.00	10.36	9.83	49.23
37	南部商务区	13.94	0.00	13.18	11.90	8.87	47.88
38	药行街天主教堂	0.00	14.50	0.00	9.58	7.23	31.31
39	灵桥	0.00	14.50	8.00	9.58	7.23	39.31
40	和义大道	0.00	13.61	12.51	10.36	10.51	46.99
41	宁波大学	10.98	0.00	8.47	12.27	8.18	39.90
42	七塔禅寺	5.14	14.50	0.00	9.23	8.20	37.07
43	梁祝文化公园	15.43	11.97	6.59	9.58	8.20	51.77
44	黄贤森林公园	20.58	9.66	0.00	11.90	9.83	51.97
45	中国港口博物馆	0.00	9.66	10.63	9.23	8.18	37.71
46	镇海后海塘	10.29	12.19	0.00	9.23	8.20	39.91
47	镇海老城	10.29	13.61	6.59	9.23	8.88	48.60
48	宁波帮博物馆	0.00	9.66	6.59	10.36	6.55	33.16
49	包玉刚故居	0.00	13.61	0.00	8.45	7.23	29.29
50	五龙潭风景区	20.58	11.97	0.00	11.12	9.83	53.50
51	六塘河	13.25	11.97	6.59	10.36	9.83	51.99
52	奉化古城	10.29	13.61	0.00	8.45	7.23	39.58
53	阿育王寺风景区	14.66	14.50	0.00	10.36	9.15	48.66
54	天童国家森林公园	22.07	9.66	0.00	13.03	9.83	54.60
55	梅山岛	10.29	9.66	9.13	11.14	9.13	49.36
56	城隍庙	0.00	11.97	6.59	10.36	9.83	38.74
57	永丰库遗址	0.00	18.44	0.00	12.68	10.79	41.92
58	九峰山景区	19.89	4.83	0.00	9.23	7.23	41.18
59	滕头生态旅游区	25.72	9.66	0.00	15.35	8.87	59.61
60	宁波火车站	0.00	0.00	14.39	13.81	9.81	38.01
61	鄞州公园	15.43	0.00	6.59	10.36	8.18	40.56
62	九龙湖景区	20.58	9.66	6.59	9.58	7.50	53.91

续表

编号	名称	B1	B2	B3	B4	B5	特色综合评价 *M*
63	绿野山居景区	18.40	0.00	6.59	8.45	6.55	39.98
64	小浃江	14.74	9.66	6.55	9.23	9.83	50.01
65	林宅	10.29	19.33	0.00	12.68	7.23	49.53
66	宁波美术馆	0.00	0.00	11.30	11.90	8.87	32.06
67	浙东大竹海	22.85	0.00	0.00	14.57	11.46	48.88
68	大榭岛	14.74	9.66	8.47	9.23	8.18	50.28
69	庄市老街	5.14	9.66	0.00	8.45	6.55	29.81
70	樱花公园	15.43	0.00	9.88	10.36	8.18	43.86
71	天宁寺	0.00	12.19	0.00	9.58	6.55	28.32
72	天宫庄园	16.93	0.00	6.59	9.58	7.23	40.33
73	春晓洋沙山	14.74	0.00	0.00	9.58	7.23	31.56
74	姚江绿心公园	15.43	0.00	0.00	10.36	8.18	33.98
75	锦屏山历史地段	13.25	12.19	0.00	8.45	6.55	40.44
76	奥体中心	10.29	0.00	11.30	11.90	9.81	43.30
77	大西坝村	9.60	9.66	0.00	8.45	8.20	35.91
78	高桥文化商务核心区	10.29	0.00	9.89	8.45	8.18	36.81
79	姚江新城核心商务区	11.78	0.00	9.98	9.58	8.18	39.52
80	宁波大剧院—绿岛休闲水岸	15.43	0.00	9.88	8.45	9.15	42.91
81	书城—和丰创意广场	10.98	11.97	12.88	10.36	9.83	56.02
82	岩头村	14.74	18.44	0.00	11.12	8.88	53.19
83	茗雪村	9.60	12.19	0.00	8.45	6.55	36.79
84	栖霞坑村	12.47	14.50	0.00	9.58	7.23	43.78
85	青云村	10.29	13.61	0.00	8.45	6.55	38.90
86	走马塘村	14.74	16.80	0.00	10.77	8.88	51.20
87	李家坑村	15.43	14.50	0.00	9.58	8.88	48.39
88	勤勇村	8.80	9.66	0.00	5.00	6.55	30.01
89	马头村	10.29	9.66	0.00	5.00	4.92	29.87
90	西坞村	13.94	14.50	0.00	9.58	9.83	47.85
91	蜜岩村	11.78	14.50	0.00	8.45	8.88	43.61

评价结果可看出，宁波中心城区特色资源综合评价值普遍较低，特色等级不高。资源大多属自然景观与历史文化复合型，现代风貌维度评价偏低，尤以历史文保单位、文化名

镇名村为代表的资源，区域内建筑均以普通民居、历史保护为主，几乎无特征明显的现代建筑，资源功能性、服务性及建筑性影响范围小。此外，以现代建筑为核心的东部新城、南部商务区等特色资源，往往脱离历史文化环境且自然景观等级以城市级以下为主，又因现代风貌权重占比相对自然与历史显著偏低，即便资源的功能服务及建筑价值影响辐射范围广，最终综合评价值依然偏低。资源本体发展及对区域影响评价值随自然禀赋、历史文化价值、承载现代活动职能的级别呈线性变化。

5.6 本章小结

基于研究区特色系统梳理，综合分析特色空间相关研究动态及理论，明确评价单元，完成资源特色评价模型架构，科学合理评价宁波中心城区城市特色空间资源现状。评价体系涵盖资源本底和内涵价值两方面维度，前者以自然景观性、历史文化性、现代风貌性等资源属性为核心内容，后者包括资源本体发展和对区域发展影响评价，构建目标层、准则层、子准则层、因子评价层共四个等级层次项目实现对城市特色空间资源评价的总目标。通过 AHP 法确定各特色维度评价权重，综合运用模糊评价法，根据资源特色及价值影响范围，实现资源的差异分级评价，计算最终决策结果。根据权重计算结果，自然景观资源对宁波城市特色影响最大，历史文化资源次之，现代风貌资源影响最低，宁波城市特色以自然和历史文化为核心，区内特色资源综合评价值普遍较低，特色等级不高。

6 宁波中心城区城市特色空间分异研究

6.1 基于克里金插值的空间分析

采用克里金空间插值法分析宁波中心城区城市特色空间资源空间分异。克里金空间插值法是基于研究空间变量的相关性与变异性，通过半方差函数得到周围采样点的权重系数，对待估点附近一定范围的实测点属性值进行线性组合，实现对限定空间区域内的变量取值进行最优估计，是地统计学中应用最广泛的空间分析方法。它不仅考虑到被估点位置与已知数据位置的相互关系，还考虑已知点位置间的相互联系，能更客观准确地反映资源在空间上的变化规律，空间估值结果接近实际情况，精度较高。

克里金空间插值的表达式为：

$$Z^{*}(v_0)=\sum_{i=1}^{n}\lambda_i Z(v_i) \tag{6-1}$$

式（6-1）中，$Z^{*}(v_0)$ 为区域内 v_0 处的空间估计值，$Z(v_i)$ 为 v_i 的测量值，λ_i 为 $Z(v_i)$ 的权重，n 为测量点位的具体个数，v_i 为各样本点(i=1,2,⋯,n)的坐标。权数矩阵$[\lambda_1,\lambda_2 \cdots \lambda_n]$是进行空间插值的关键，要得到无偏最优估计值，需权重 λ_i 满足以下条件：

$$\sum_{i=1}^{n}\lambda_i\gamma(v_i,v_j)+\mu=\gamma(v_i,v_0) \tag{6-2}$$

式（6-2）中，$\gamma(v_i,v_j)$ 为观测点 v_i 与 v_j 间的半变异值，$\gamma(v_i,v_0)$ 是采样点 v_i 与内插点 v_0 间的半变异值，μ 是与方差最小化有关的拉格朗日乘数，方程计算出的权重值 λ_i 代入插值表达式即可求出待估点 v_0 处的内插值 $Z(v_0)$。且 λ_i 满足：

$$\sum_{i=1}^{n}\lambda_i=1 \tag{6-3}$$

6.2 数据处理与检验

6.2.1 数据处理

将宁波中心城区城市特色空间资源的自然景观性、历史文化性、现代风貌性、资源本体发展影响评价、资源对区域发展影响及特色综合评价结果，作为资源点的基础数据实现资源点各属性的量值转化，用于空间插值分析。

根据第 5 章特色空间资源评价结果的评级分类情况，采用自然间断点分级法对结果数据进行五级重分类，借助 ArcGIS10.2 使分类结果可视化。自然间断点（Jenks）是基于数据中固有的自然分组，识别分类间隔，对相似值进行最恰当地分组，在数据值的差异相对较大的位置处设置其边界，实现各类间差异最大化。

6.2.2 数据检验

克里金空间插值法以空间数据具有相同变异性的平稳假设为前提，数据模拟建立在空间数据服从正态分布的基础上。因此在进行宁波中心城区城市特色空间资源综合评价的空间插值分析前，需对基础数据进行正态分布检验，满足条件的数据才具有解释意义。研究采用正态分布检验空间数据分布情况，将数据采样值进行排序并计算累积值，用线性内插法构建理论正态分布图，以正态分布值为横坐标、数据采样值为纵坐标绘制散点图，通过对比空间数据分布与标准正态分布，判断数据是否符合正态分布。若空间数据符合正态分布，则数据在正态分布上的散点分布应接近于一条直线，若空间数据过多偏离直线或过度分散，则表示数据存在异常，需对数值进行参数调整。

将宁波中心城区城市特色空间资源评价的基础数据导入 ArcGIS10.2 软件构建地理信息数据库，利用 Geostatistical Analyst 模块，选择探索数据功能中相应操作指令绘制基础数据（图 6-1~图 6-5）。

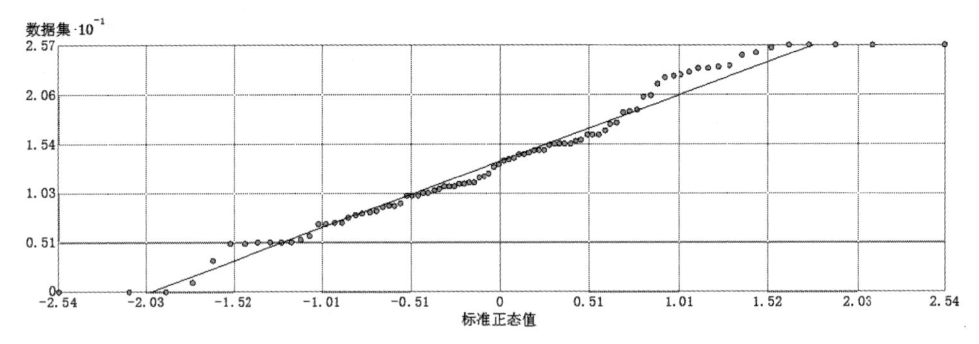

图 6-1　自然景观性评价分布

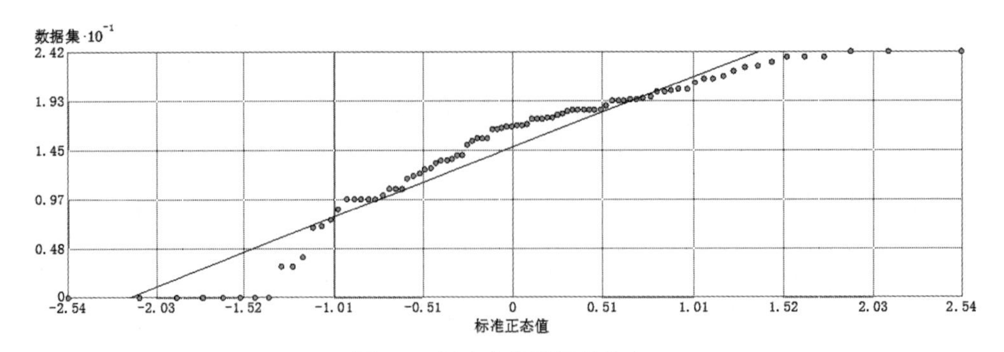

图 6-2　历史文化性评价分布

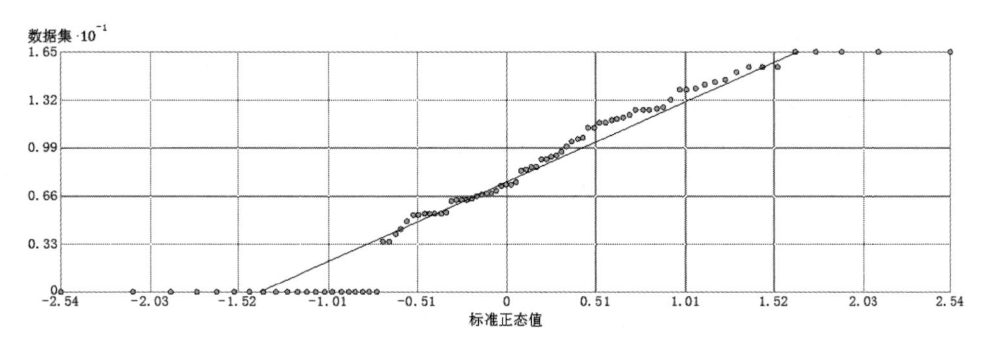

图 6-3　现代风貌性评价分布

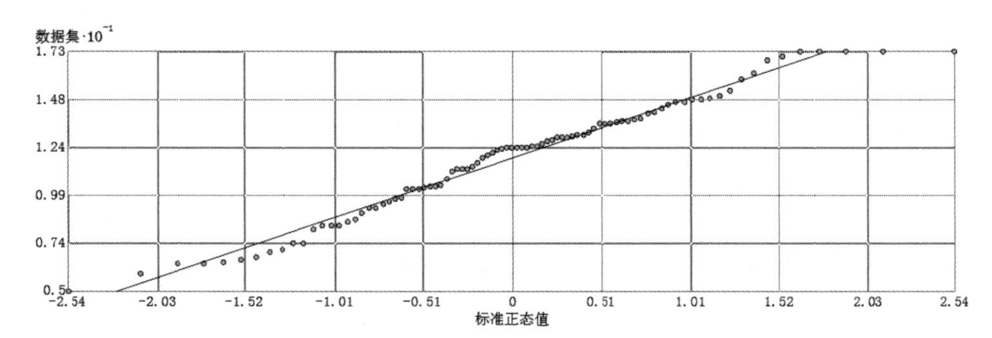

图 6-4　本体发展影响评价分布

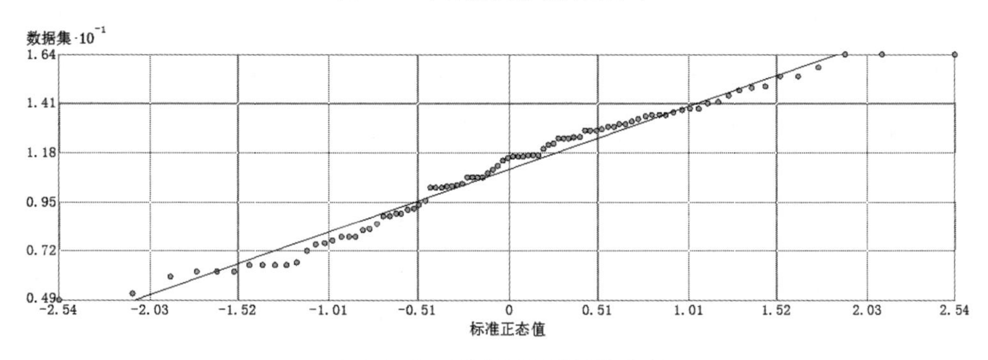

图 6-5　对区域发展影响评价分布

由图 6-1 至图 6-5 可知宁波中心城区城市特色空间资源各层次评价结果数据基本呈线性分布。部分资源特色属自然与历史文化复合型，因现代风貌占比较少或无出现零值，已有评价仍然服从正态分布，因此可进行克里金空间插值分析，生成不同层级评价空间差异图。

6.3　基于 GIS 的城市特色空间资源综合分析

将宁波中心城区城市特色空间资源各层次评价结果作为基础数据导入地理空间分析软件 ArcGIS10.2，运用克里金空间插值法生成评价结果图，可直观反映研究区内特色资源自然景观性、历史文化性、现代风貌性、资源本体评价及对空间发展影响的空间分异特征。

6.3.1 自然景观空间分析

自然景观空间反映特色资源在禀赋性、价值性、环境性等方面评价。在展现研究区内自然景观资源空间分布的同时，体现了资源珍奇度、丰富度、规模度、美学观赏价值、生态环境等综合评价结果。通过特色资源自然景观性的加权评价结果进行克里金空间插值分析，生成宁波中心城区城市特色空间资源自然景观性评价格局。

宁波中心城区自然景观资源评价较高区域为外围部分，呈环状包围评价较低的中心区，其中鄞州区东南部、奉化区和海曙区西部评价结果最高。海曙区西部为四明山脉东麓所在，海拔 500 米以下的丘陵占比最大，鄞州区和北仑区的东南部为天台山脉所在，海拔 500 米以上、800 米以下的中低山占比最大；奉化区为两支山脉交汇处的浙中仙霞岭山脉末端所在。此区域有 5A 级景区——溪口雪窦山风景区、滕头生态旅游区，4A 级景区——五龙潭风景区、黄贤森林公园、天童国家森林公司、九峰山景区，国家级风景名胜区东钱湖景区是全省最大的内陆湖，以全国单体面积最大的竹林集中地著称的浙东大竹海等多处 4A 级以上优质山体、水体自然特色资源，也是宁波中心城区三江之一的奉化江发源地，成为浙东地区野生动植物资源最丰富的区域之一。相比其他同类资源，外围区域资源自然禀赋性优势显著，美学观赏、科普教育价值高，生态环境良好，土地利用强度低，旅游休憩认同度高、具有较高知名度与影响度，对现状城市空间结构支撑作用明显，自然景观性评价高。

中部为宁绍冲积平原，包括海曙区东部、鄞州区和北仑区西北部、江北区和镇海区南部，因地势平坦成为城市建成区集聚区域，土地利用类型多为商业、服务业、居住、工业用地，自然景观以市内公园、滨江塘河空间为主，包括六条塘河临水空间、月湖、中山公园、樱花公园、姚江绿心公园、梁祝文化公园等。中部区域自然资源点大多沿三江呈线性分布，三江沿岸以外空间资源分布稀疏，且相比外围景观资源的禀赋性、综合价值及内部环境状况差距较大，因此自然景观性评价最低。

6.3.2 历史文化空间分析

历史文化空间反映特色资源在代表性、原真性、完整性等方面的评价。在展现研究区内历史文化资源空间分布的同时，体现了资源历史价值、艺术价值、建筑保存状态、功能结构等综合评价结果。通过特色资源历史文化性评价的加权评价结果进行克里金空间插值分析，生成宁波中心城区城市特色空间资源历史文化性评价分异格局。

宁波中心城区历史文化资源评价较高地区为海曙区西部和奉化区中部构成的城西区域、城市核心三江口区、镇海区东部、鄞州区北仑区交界的中部，尤以三江口片区评价最高。三江口是宁波历史府城所在地，片区内历史文化资源分布密集，集聚八大历史文化街区、三大历史文化地段，拥有“浙东第一街”之称的中山路，以港口与海洋贸易文化为代表的永丰库遗址，以体现城市与工程建设文化为代表的鼓楼、天宁寺塔、天封塔遗存，展现浙东学术和藏书文化的天一阁，见证海上丝绸之路对外文化传播的庆安会馆，开启宁波对外开放历程的老外滩及最早的现代化桥梁灵桥等诸多历史文化资源。作为中国京杭大运河的出海口，三江口片区凝聚了宁波最有代表性的文化和建筑场所，是展示宁波商帮文化、海上丝绸之路文化、妈祖信仰文化、港口文化及海派文化精神的重要场所，片区内资源历史、艺术价值高，保存状况良好，风貌及功能结构相对完整，是宁波历史文化名城丰厚底蕴体现的重要窗口。

城西区域包含宁波城市发源地鄞江镇、著名古代四大水利工程之一的它山堰、中国五大佛教名山之一的弥勒佛道场雪窦山，同时区内拥有大量体现宁波农耕文化的历史文化村落，包括蜜岩村、青云村、岩头村等。镇海区东部的招宝山威远城、月城、安远炮台等镇海口海防遗址是我国东南沿海军民反侵略斗争中英勇抗击外敌入侵的历史见证，后海塘凝聚了古代建筑智慧，同镇海历史老城体现了宁波海防文化特色。鄞州区北仑区交界中部的阿育王寺和天童寺是佛教文化代表传播地，其中天童寺是历来僧才荟萃和国际友好往来的场所，也是海上丝绸之路遗存之一。东钱湖景区现存文物古迹 11 处，其中国家级重点文保 2 处，是浙东著名风景胜地，积淀了浓厚文化底蕴，留下了众多具有较高历史及艺术价值的文化历史遗存。

江北区北部的保国寺是我国江南地区现存最为完好的始建于北宋时期木质结构建筑，具有较高建筑科学、艺术价值。慈城镇是全国第二批历史文化名镇，镇内道路网三纵四横形成规整的棋盘形平面格局，在我国江南现存古城中仅此一例。此外城内在保存了大批明清祠堂、官宅民居等古建筑，城内传统格局和风貌均较好完整保存，具有较高历史研究价值。因历史文化特色资源分布过于稀疏，导致克里金空间插值显示整体评价较低。北仑区东部因文保单位较少，历史文化资源基数过低，整体评价偏低。

纵观宁波中心城区历史文化资源空间分布，重要历史文化资源大多于三江沿岸分散开。姚江与浙东运河是宁波历史城区与杭绍平原乃至全国沟通的重要走廊，也是浙东文化发展的重要廊道。奉化江是宁波三江平原的重要水源，众多历史镇村沿线发展。甬江由奉化江与姚江在三江口区汇合而成，沿东北方向至镇海口入海，是宁波海上商业贸易的重要通道，也是宁波中心城区发展的基础。

6.3.3 现代风貌空间分析

现代风貌空间反映特色资源在功能性、服务性、建筑性等方面的评价。在展现研究区内现代风貌资源空间分布的同时，体现了资源生产生活功能复合度、活动辐射范围、建筑风格色彩、建筑外立面等综合评价结果。通过特色资源现代风貌性评价的加权评价结果进行克里金空间插值分析，生成宁波中心城区城市特色空间资源现代风貌性评价分异格局。

宁波中心城区现代风貌资源评价呈空间极化特征，评价结果以海曙区、江北区、鄞州区交界处的三江口、东部新城、南部商务区为中心逐步向外递减。三江口地区是全市金融、商贸、旅游、文化等产业集聚发展区，西北部沿余姚江分布滨江休闲商业文化空间，西南部沿奉化江分布商务、信息、科技、门户交通空间，东部沿甬江分布现代商务、文化服务、旅游空间。三江口片区内部现代风貌资源主要包括中山路、和义大道、老外滩、和丰创意广场、天一广场等。中山路自古都是宁波重要的功能轴线，城市重要经济活动均围绕其展开，随着城市的东扩西延，中山路不仅是横贯东西的交通动脉，更是构建宁波城市新格局最重要的轴线，道路两侧荟萃大型百货商场，具有鲜明现代商贸氛围。和义大道是宁波顶级休闲商业区，因艺术观赏价值、建筑构造创新创造了四个中国之最，具有较高建筑艺术价值。

东部新城作为宁波未来政治、经济、文化和商业中心，区内分布国际航运中心、国际会展中心、国际金融中心三大中心和四大综合体，以及图书馆、城市展览馆等其他公共服务设施地标建筑，生产生活功能复合度高、影响范围大、建筑外立面及风格色彩具有显著特色，现代风貌综合评价高。南部商务区作为鄞州新城区的核心区域，是鄞州区未来商务活动和交流的中心，区内分布滨水景观空间、步行景观带、地下公共空间组织和中央商务构筑区，功能多样化、辐射范围广。

北仑区东部的宁波港是东北亚航运中心深水枢纽港，片区东南沿海是以大型临港工业和出口加工工业为主的先进制造业基地、区域性现代物流中心和现代化滨海建成区；镇海区作为近海物资中转基地，拥有大型临港工业区，且区内含有滨海滨江的现代化生活区，因而具有一定现代风貌价值。

宁波中心城区外围以自然景观资源为主，土地利用强度低，多分散历史文化村落，现代化建设程度低，因此现代风貌评分较低。

6.3.4 资源本体发展影响空间分析

资源本体发展影响评价反映特色资源在独特性、知名度、影响度等方面的评价。在展现研究区内特色资源本体评价结果的同时，体现了资源标志度、形式内容丰富度、旅游吸引度、人气活力等综合评价结果。通过特色资源本体发展影响评价的加权评价结果进行克里金空间插值分析，生成宁波中心城区城市特色空间资源本体发展影响评价分异格局。

宁波中心城区资源本体发展影响评价结果在空间上以三江口为核心，沿姚江、奉化江、甬江向外逐步递减。三江口作为宁波筑城兴港的起点，其独特的水域形态、丰富的历史文化资源和现代风貌资源的集聚区使其成为宁波城市国际港口和亚太地区门户城市形象的集中展示区，本体发展影响评价最高。

姚江沿线分布有宁波大剧院—绿岛休闲水岸、梁祝文化公园、姚江绿心公园、奥体中心、姚江新城核心商务区、高桥文化商务核心区、大西坝村等资源，资源类型以现代风貌和自然景观为主，因区域内商务区未完全成熟建立，现代风貌评价偏低，且自然景观价值缺乏显著独特性，本体发展影响整体评价较低。奉化江沿线分布有南塘河历史文化街区、郁家巷历史文化街区、莲桥街历史地段、灵桥、宁波火车站、宁波博物馆、鄞州公园等资源，资源类型兼有自然景观、历史文化、现代风貌类，其中历史文化街区作为城市历史资源集中分布区，是展现城市文化底蕴重要区域，宁波火车站是城市门户形象展示区，宁波博物馆建筑风格及外立面特点显著、富含与本土文化相结合的设计理念内涵，沿线资源标志度、认知度、人气活力等本体发展影响综合评价较高。甬江沿线分布有宁波大学、镇海老城、招宝山景区等资源，资源类型以自然景观和历史文化为主，因沿线空间多为工业地区，特色资源点数量少且过度分散，整体评价较低。城区西部因有溪口雪窦山景区、蒋氏故里、滕头生态旅游区、鄞江镇、五龙潭风景区、它山堰等特色显著、影响较大的资源点，成为次级综合评价高值区域。

6.3.5 资源对区域发展影响空间分析

资源对区域发展影响评价反映特色资源在根植性、支撑性、成长性等方面的评价。在展现研究区内特色资源对区域影响评价结果的同时，体现了资源历史影响度、与区域发展契合度、空间结构影响力、空间开放度等综合评价结果。通过特色资源对区域发展影响评价的加权评价结果进行克里金空间插值分析，生成宁波中心城区城市特色空间资源对区域发展影响评价分异格局。

宁波中心城区资源对区域发展影响评价结果在空间上呈多核心分布，包括海曙西和奉化北构成的城西区域、江北区和鄞州区的北部、海曙区和北仑区的东部。

城西区域因有溪口雪窦山风景区、鄞江镇等根植城市历史发展、文化影响范围广泛的特色资源点，评价值较高。江北区北部为慈城镇和保国寺所在地，慈城文化荟萃、人才辈出，享有“慈孝之乡、进士摇篮、儒学胜地”等美誉，是宁波老三区唯一保留的建制镇，慈城老城的修复和利用曾获“亚太地区文化遗产保护大奖”，城中中心湖和生态滤水系统是海绵城市理念的超前尝试。保国寺因精巧建筑构造为国务院公布的第一批国家重点文保单位。

鄞州区北部为东钱湖风景名胜区和东部新城所在地，宁波市将东钱湖发展目标定位为“一区三基地”（国家级的旅游度假区、长三角著名休闲基地、华东地区重要国际会议基地、国际性高端总部经济基地），对区域发展影响举足轻重；东部新城作为宁波未来核心区，空间上与三江口老城中心遥相呼应成为城市两处核心区，重构城市空间格局、拉伸发展框架，并缩短港口与城市空间间隔，加速港城联动，提升了城市综合服务功能和港口辐射能力。

海曙区东部为城市核心片区三江口，区域实现了河海联运，作为城市发展起源地，不仅是展现宁波形象的窗口区，也是城市对外联系的核心区。北仑东部的宁波港为世界重要的集装箱远洋干线港、国内重要的铁矿石中转基地和原油转运基地、国内重要的液体化工储运基地和华东地区重要的煤炭、粮食储运基地，也是国家的核心枢纽港之一，承担着江海联运的重要职能，对区域现状和未来的空间支撑作用显著。

6.3.6 资源特色综合评价空间分析

综合自然景观、历史文化、现代风貌、资源本体发展影响和资源对区域发展影响的空间分析结果，根据权重值进行叠加再分析，通过加权评价结果进行克里金空间插值分析，生成宁波中心城区城市特色空间资源综合评价分异格局。

宁波中心城区城市特色空间资源综合评价在空间上呈不均衡分布。综合评价较高的区域集中分布于江北区、海曙区、鄞州区的交汇处三江口、鄞州区中东部的东部新城和东钱湖景区、城区西部的溪口雪窦山风景区，城区东南地区综合评价最低，三江沿岸综合评价随距离三江口的远近呈线性变化。

三江口为姚江、奉化江合为甬江之处，是宁波历史府城所在地，也是唐代至今宁波地区居民生产生活的集中区，片区内丰富的历史文化遗存具有鲜明的海丝文化、妈祖文化、港口文化和藏书文化特征，同时该区是宁波城市发展核心区，具有重要空间战略意义，片区特色显著，是宁波城市特色级别最高的展示区。东部新城是宁波从单中心向多中心发展转变的重要平台，有助于宁波从第二产业为主的产业结构向以商务、科技、信息产业为主的第三产业转型，进阶成为长三角国际化贸易服务支撑基地，同老城核心区共同构筑城市空间双心结构。东钱湖作为距离宁波中心区距离最近、体量最大、环境最优的生态功能区，依托优越的自然人文环境，是宁波市打造都市后花园的前沿阵地，具有较高自然禀赋性和优良环境性评价。溪口雪窦山以溪口古镇为依托、以弥勒文化为核心，是中国传统文化和佛教文化的融合典范，成为提升宁波地方文化软实力和美誉度、加快推进城市国际化建设的新引擎。城区东南部特色资源数量少、特色价值评价低且空间分布密度小，城市基础设施薄弱，区域交通可达性差，民众对区域的特色感知模糊，整体特色综合评价为中心城区最低区。

三江及沿岸特色资源共同建构宁波中心城区历史文化资源空间骨架。余姚江作为杭甬运河的一部分，沿江串联慈城、大西坝等多个运河城镇，同西塘河相汇处是运河转入宁波城内河的重要节点，蕴含丰富的运河文化。奉化江上游是宁波由鄞州迁明州府城的乡源所在，自然环境多生态绿湾，拥有众多国家级风景名胜区和生态旅游资源。甬江上游北岸分布的工业区及内河港码头记录了宁波工业的发展、近代铁路运输与河港工业的发展，中游国家高新技术开发区、宁波大学承载着城市现代文化发展，下游入海口是中国重要海防要塞之一、古代海洋军事之窗。纵览全域，三江六岸成为滨江文化珠链、延续历史文脉、塑造新时代城市文化，提升城市品牌实现文化复兴的重要窗口区。

6.4 本章小结

本章根据资源特色综合评价值及空间POI数据，借助ArcGIS10.2软件实现地理可视化，并进行基于自然间断点分级的克里金空间插值分析，识别资源特色价值总体状态及空间分异特征。研究结果显示宁波中心城区城市特色空间资源综合评价在空间上呈不均衡分布，三江及沿岸特色资源共同建构宁波中心城区历史文化资源空间骨架。研究区外围资源自然禀赋性优势显著，旅游休憩认同度高、具有较高知名度与影响度，中部宁绍冲积平原为城市建成区集聚区域，因土地利用强度大，自然景观特色感知度低。府城作为城市历史发展中心，历史文化遗存最为丰富、价值最高，重要历史文化资源大多于三江沿岸分散开，体现了因水而生的空间文脉。以三江口、东部新城、南部商务区为代表的现代风貌核心片区，特色价值呈空间极化特征向外递减。研究区特色资源对区域发展影响评价结果在空间上呈多核心分布，体现了城市特色多元化向外辐射的特点。三江口片区是自然、历史文化及现代都市风貌资源分布最密集的区域，本体特色评价最高，对区域发展影响最显著，是城市特色展示的重要窗口。

7　宁波市开发区景观与城市融合现状、模式与动力

7.1　融合的历程与现状

经济开发区有助于吸引投资、增加就业、促进出口与加速创新，在发挥辐射、示范和带动作用等方面效果显著，对促进区域经济发展起到有力支撑。1984 年中国在沿海开放城市设置首批 14 个国家级经济技术开发区以来，中国各地区各类经济技术开发区快速发展，作为促进产业集聚的有效手段，2000 年以来国内经济开发区呈现爆发式增长，宁波作为沿海城市，经济基础优越，创新要素集聚，经济开发区的设立与发展走在国内各省市前列。本章试图剖析开发区与主城的互动模式与紧密关联，进而挖掘开发区与中心城区景观融合发展存在的问题。因此，本章首先介绍宁波城市的经济、社会概况，就经济开发区的数量、分布、类型及经济特征进行阐述；其次，回顾宁波市经济开发区的发展历程，以 1984 年为起点根据不同发展特征将其分为起步期、快速发展期、稳步发展期和科学发展期 4 个阶段；最后，从时间、空间双维度对宁波高新技术产业开发区（高新区）、石化经济技术开发区（石化区）的结构演变进行剖析，进而总结宁波开发区与主城景观融合面临土地、发展水平、空间布局、功能结构等问题。

7.1.1　宁波市城市及开发区基本情况

宁波市位于浙江省东北部，是长三角南翼经济中心、华东地区重要工业城市和现代化国际港口城市，陆地面积 9817 km^2，2017 年常住人口达 800.5 万人。就港口物流能力而言，2001—2016 年宁波港口货物吞吐量与集装箱吞吐量均进入高速增长期，港口货物吞吐量以年均 9.8%的速度增长，2016 年集装箱吞吐量达 2069.6 万标箱。宁波港与舟山港合并后，宁波港口物流进入全新发展时期，2016 年宁波—舟山港的集装箱吞吐量位居全球五大港之首，极大程度促进宁波经济发展。2017 年，宁波市国内生产总值总量达到 9846.9 亿元人民币，规模以上工业生产总产值累计 17 152.9 亿元，全市人均国内生产总值 12.40 万元，位居全省第二。宁波市产业结构逐年优化，1978 年三次产业比例为 32.3∶48.1∶19.6，经过近 40 年的调整与发展，2017 年三次产业比例调整为 3.2∶51.8∶45.0，第一产业大幅下降，第二、三产业占比总和超过 95%。2017 年，宁波市已经形成以能源石化、装备制造、电子家电、服装纺织等传统优势产业为主，以新能源、新材料、新装备、海洋高新产业等新兴产业为辅的全方位工业发展格局。

经济发展过程，宁波以各类经济园区为依托，产业不断集聚、规模逐渐扩大，城市空间结构向外扩张，宁波中心城区建成区面积从 1978 年的 18.3 km^2 扩大到 2016 年的 341.0km^2。城市布局而言，宁波市致力于形成以三江口核心区为中心，东部新城、镇海新城、西部核心区、鄞州核心区联动发展的城市格局，并在《宁波市城市总体规划（2006—2020）》中明确提出“双心三轴一带”的主城区功能布局要求。

7.1.1.1 开发区数量及分布

截至 2015 年，宁波市共有省级以上开发区 19 个，其中包含 8 个国家级开发区和 11 家省级开发区，分别占浙江全省国家级开发区总数的 29.6%和省级开发区总数的 16.4%以及国、省两级开发区总数的 20.5%，可见宁波市国、省两级开发区在浙江全省占据重要地位。宁波市国、省两级开发区分布情况显示[①]：国家级开发区除杭州湾经济技术开发区外全都分布在宁波市区内，其中北仑区最多，内含 5 个国家级开发区；省级开发区的分布较国家级开发区更为均匀，且多数省级开发区分布在滨海地区（表 7-1）。

表 7-1 宁波市国、省两级开发区分布情况

县市区	北仑	镇海	江北	海曙	江东	鄞州	慈溪	余姚	奉化	宁海	象山	总计
国家级	5	1	0	0	1	0	1	0	0	0	0	8
省级	0	1	0	0	0	3	1	2	1	1	2	11

作为沿海发达城市，宁波市开发区起步早、发展快，除众多国家和省级开发区以外，还普遍存在市级及以下各类级开发区，直至 2015 年已基本达到每个乡镇均有开发区或工业区存在的现象。鉴于宁波市市级及以下开发区数量众多且统计难度很大，本章仅选取宁波市省级及以上开发区作为研究对象。

7.1.1.2 开发区类型

就开发区类型而言（表 7-2），宁波市国家级开发区类型多种多样，而省级开发区主要以经济开发区和工业园区为主。以产业类型论，国家级经济开发区以装备制造业、汽车及汽配产业和新兴产业为主；高新技术产业开发区以新能源、新材料、电子信息等产业为主；石化经济技术开发区以石油化工产业为主；保税区、保税港区以大宗商品交易和仓储物流业为主；省级经济开发区和工业园区普遍以机械制造、服装纺织、电子信息等产业为主；浙台经贸合作区则以对台贸易和海洋产业为主。

① 研究时点说明：2016 年 9 月《国务院关于同意浙江省调整宁波市部分行政区划的批复》（国函〔2016〕158 号）将原江东区管辖的行政区域划归宁波市鄞州区管辖；将鄞州区部分乡镇、街道划归海曙区管辖；撤销县级奉化市，设立宁波市奉化区。受制于新区划的数据采集及职责功能分区尚不明确，本节关于宁波市行政区划的研究时间节点为 2016 年 1 月 1 日。

表 7-2　宁波市省级以上开发区情况汇总

名称	级别	建立时间（年）	规划面积（km^2）	所属县区	主导产业
宁波经济技术开发区	国家级	1984	77.7	北仑区	装备制造业、汽车及汽配产业、新能源和清洁能源产业、高新技术与新兴产业、临港型产业
宁波高新技术产业开发区	国家级	1999	18.9	江东区	高新技术、新能源产业、电子信息产业、新材料产业
宁波石化经济技术开发区	国家级	1998	56.22	镇海区	石油化工产业
宁波保税区（出口加工区）	国家级	1992	5.3	北仑区	电子信息产业、先进制造业、大宗商品交易、物流业
宁波大榭开发区	国家级	1993	35.22	北仑区	能源石化、港口物流业
宁波梅山保税港区	国家级	2008	7.7	北仑区	国际贸易物流业
宁波保税物流园区	国家级	2004	0.95	北仑区	仓储、流通加工、分拨配送、转口贸易
宁波杭州湾经济技术开发区（慈溪经济技术开发区）	国家级	1993	235	慈溪市	汽车整车及零配件、机械加工制造、电子信息、新材料、新装备
浙江慈溪滨海经济开发区	省级	2006	168	慈溪市	高端装备制造、汽车汽配、电子电器
浙江奉化经济开发区	省级	1992	90.25	奉化市	机械制造、通信电子、服装纺织、新型材料、汽车及配件
浙江象山经济开发区	省级	1992	178.8	象山县	器械模具、汽车配件、针织服装、电子信息、新能源、新材料、装备制造
浙江镇海经济开发区	省级	1992	7.47	镇海区	精细化工、机械装备制造业、电子产业
浙江宁海经济开发区	省级	1994	223.39	宁海县	模具制造、汽车配件、五金机械、电子电器、灯具和文具
浙江余姚经济开发区	省级	1992	126.16	余姚市	塑料模具、纺织化纤、汽摩配件、电子电器、塑料制品、新材料
浙江余姚工业园区	省级	2002	31.6	余姚市	电子电器、塑料模具、机械仪表、纺织化纤、机械轴承、家用电器
鄞州经济开发区（宁波鄞州大嵩新区）	省级	2005	33	鄞州区	器械装备制造、汽车零部件、电子电器、新材料、新能源与精细化工

续表

名称	级别	建立时间（年）	规划面积（km^2）	所属县区	主导产业
宁波鄞州工业园区	省级	2006	116	鄞州区	服装业、电子信息、生物医药、文具
宁波望春工业园区	省级	2002	32	鄞州区	生物产业、环保产业、电子信息产业等
浙台经贸合作区	省级	2011	322	象山县	对台贸易、海洋产业

资料来源：浙江省商务厅开发区处、中国开发区网，由作者整理得。

7.1.1.3 开发区经济结构

自 1984 年宁波设立首个经济开发区以来，宁波市开发区经济总量不断增大，在宁波市总体经济中所占比例不断提高。以 19 家省级以上开发区为例：2001 年，宁波省级以上开发区的工业总产值为 815.82 亿元人民币，工业增加值为 301.23 亿元；2012 年宁波市省级以上开发区全年完成工业总产值高达 8448.17 亿元，工业增加值达到 1578.18 亿元，分别增长 10.4 倍和 5.2 倍，为宁波全市贡献约 46%的生产总值和 66.6%的规模以上工业总产值，并且集聚了全市 60%以上的高新技术企业和战略性新兴产业。宁波市还有许多市县级以下工业园区由于数据难以获取，并未计算在内，但它们对宁波市经济发展同样发挥着重要作用。

7.1.1.4 开发区发展历程

改革开放以来，开发区作为一种新的经济现象在全国各地如雨后春笋般迅速发展起来，开发区建设不仅可以带动经济增长，而且促使城市空间结构扩张和城市功能转型。作为沿海开放城市，宁波市开发区建设起步较早，经历了从一般到特色、从低级到高级、从粗放到集约、从单一到综合的转变，大致可分为四个发展阶段。

（1）起步期（1984—1991 年）

宁波市开发区建设伴随着改革开放进程发展起来，宁波经济技术开发区是我国设立的首批经济开发区之一，位于北仑小港区，占地 3.9 km^2，这也是长三角地区设立的第一个开发区。由表 7-2 可知，1984—1991 年间除宁波经济技术开发区外宁波市没有新增的省级以上开发区。这一时期设立的国家级开发区仅有以深圳、珠海、汕头、厦门作为成功经验的推广试点。由于该时期开发区发展正处于起步阶段，基础设施较为薄弱、建设资金短缺、建设经验不足，使得宁波市该时期开发区的总体发展步伐缓慢。该阶段宁波市开发区与城市的关系主要是主城带动下的开发区初步发展。

（2）快速发展期（1992—2002 年）

1992—2002 年宁波市开发区进入快速发展期，此阶段内宁波共有 12 个省级以上开发区设立，占宁波现有省级以上开发区总数的 66.7%。由新设立开发区分布状况可知，这一时期宁波市各县区也逐步进入开发区建设行列中，争相设立开发区，该时期开发区建设在宁波市逐渐普及。从类型看，除了经济开发区外其他类型的开发区如宁波保税区、宁波石化区、宁波高新区也在该时期设立起来。经过前期开发区建设的经验累积，宁波市开发区在基础设施建设、引进资金等方面取得很大进步；同时开发区的经济总量在全市所占比例不断上升，进而推动开发区快速发展。该阶段开发区经济发展迅速，逐渐成为宁波市新的经济增长中心，并逐渐开始反哺城市。

（3）稳步发展期（2003—2008 年）

2003 年国家开始对各类开发区进行清查整理，在此过程中宁波市所有县级经济园区被撤销，但是省级以上开发区的建设步伐并未因此中断，这一时期宁波市新增省级以上开发区 4 家，占宁波市现有省级以上开发区总数的 22.2%。与快速发展期不同，该时期设立的开发区类型更加齐全，除传统的经济开发区和工业园区外，开发区种类不断丰富，保税港区和保税物流园区等极具特色的开发区逐步建立。受宁波市外向型经济发展需要和开发区发展战略与模式升级影响，传统的内向型开发区发展模式已不能满足经济全球化发展需要，因此该时期宁波市保税港区和保税物流园区应运而生，为宁波市商品参与国际竞争提供广阔平台。该阶段宁波市开发区功能更趋丰富，开发区内产业结构调整优化，出现人口集聚现象，开发区和城市主体间的关联更加紧密。

（4）科学发展期（2009 年至今）

该时期宁波市开发区建设速度整体放缓，仅有浙台经贸合作区这一个省级以上开发区设立，它是在宁波市经济发展的新形势下对开发区类型的进一步丰富和补充。经过 20 多年开发区的建设历程，宁波市开发区在规模上得到极大扩张，与此同时也出现很多棘手问题，因此开发区发展亟待转型提升。2015 年以来，宁波市人民政府多次发文敦促各开发区进行转型，出台各项有利政策推动开发区产业升级，要求从只注重规模扩张到注重质的提升转变、从资源浪费到集约经济转变、从环境破坏到可持续发展转变，同时加大开发区整合力度，加快重点开发区的主导产业培育，促进各类开发区与城市整体协调发展。

7.1.2 宁波高新区与石化区的时空结构演变

7.1.2.1 宁波高新区时空结构演变

宁波高新技术产业开发区（简称宁波高新区），始建于 1999 年，2007 年升级为国家级高新技术产业开发区，主区位于宁波城区东部板块，地理位置优越，距离市中心仅 4km。宁波高新区涵盖创业研发、教育培训、高新技术产业等多种功能区块，先后引进科技研发机构 145 家，集聚各类企业 2000 多家，建成以宁波市科创中心、宁波甬港现代创业服务中心等为主的大型科技企业“孵化器”，现拥有各类科技人才 2.8 万余人。

空间布局看，宁波市正重点打造新材料科技城，规划形成“核心区+延伸区+联动区”三个层次的区域协同发展格局。其中，核心区涵盖宁波国家高新区、宁波高教园区北集聚区、镇海新城北区三个区块，总规划用地面积约 58km^2。由于新材料科技城在数据统计以及行政管理上尚未统一，因此，以宁波国家高新技术产业开发区的主体部分为研究区域。

宁波高新区总面积约为 18.9 km^2，自 1999 年设立以来，主区整体面积变化不大，但其内部功能结构日益复杂化。通过宁波高新区主区 2004 年与 2015 年用地结构比较可知：从整体结构看，高新区内交通路网趋于完善，各功能区块类型的整体变化不大，但功能结构碎片化明显。从分区看，高新区内原先的农业用地逐渐被工业用地替换，工业用地面积显著增加；教育科研用地有所减少而商务办公用地增加，绿地面积略有减少，居住面积仍占较大比重。用地结构变化反映出功能结构变化特点，说明宁波高新区正由发展初期逐步向集产业、居住、科研、商务于一体的后期综合功能新区转变。

7.1.2.2 宁波石化区时空结构演变

宁波石化经济技术开发区（简称宁波石化区），成立于 1998 年；2010 年升级为国家级经济技术开发区。宁波石化区位于长三角地区杭州湾南岸，宁波市东部，距宁波市中心约 20km，距北仑港 24km，交通区位优势明显。

宁波石化区是浙江唯一的专业型石油化学工业开发区。园区分为四个区块：炼油乙烯上游产业区、化学材料产业区、有机原料产业区和精细化工及无机原料产业区，初步形成从上至下的完整石化产业链。截至 2015 年，区内已有法国道达尔、荷兰阿克苏诺贝尔、德国朗盛、巨化科技等 50 余家国内外大中型石化企业落户。

宁波石化区在宁波镇海区和慈溪市共有两个片区，远期总体规划用地 56.22 km^2，其中，镇海区境内约 43.22 km^2，为近期和中期发展用地；慈溪市境内约 13 km^2，为远期发展用地。本研究的研究区域为宁波石化区位于镇海区境内的部分，主要涵盖澥浦、岚山、湾塘以及俞范四个片区。

1998 年宁波石化区刚批准设立时面积仅为 1.2 km^2，2004 年扩区发展至 43.22 km^2。通过宁波石化区 2004 年与 2015 年用地结构比较可知：从整体结构看，石化区的路网结构更趋完善，区内产业用地以石油化工业为主，辅助的还有其他基础设施用地。从分区看，石化区农业用地基本转变成工业用地，围填海新增土地大部分用于石化工业的发展；新增加物流仓储用地和市政设施用地，绿地面积总体变化不大。宁波石化区没有居住用地和商务用地，80%以上的土地用于石化产业，这与石化区未来发展为集石油和化学工业上下游产业链一体化的专业型石化产业开发区的定位密切相关。

综合比较高新区和石化区在用地结构以及产业结构差异，可以发现两种不同类型开发区在产业环境以及功能布局上存在显著区别。①产业环境，石化区内的主导产业为石油化工产业，产业环境具有危险性和邻避性，生活环境较为恶劣，不利于人口吸引和集聚。高新区内以高新技术产业为主导产业，基础设施完善，生活环境优越，从而能更好地进行人才的吸引和集聚。②功能布局，功能布局与产业结构类型存在很强关联性，因为石化区的非宜居性，使得其在用地功能布局上绝大部分是工业用地而未预留更多的居住用地和商业用地，导致功能结构较为单一。而高新区在功能区规划时，更多地考虑到产业、科研与居住的协调性，因此宁波高新区的功能结构更加完善与合理。

7.1.3 宁波市开发区景观发展问题

7.1.3.1 开发区土地滥用

宁波市开发区数量增多和规模扩大的同时产生了区内土地滥用的问题。2012 年，为规范开发区管理，国家启动各类开发区清理整改工作，并暂停各地新设立和扩建各类开发区。宁波市存在国家级和省级开发区原审批的土地大量被用来做房地产等与开发区审批土地用途不一致的产业等现象，导致开发区土地滥用问题较为严重。由于开发区内农业用地转建设用地存在较大困难，造成新引进企业和项目面临无地可用的困境，因此宁波市部分开发区内土地滥用行为亟须清理与整顿。

7.1.3.2 发展水平有待提高

宁波市多数开发区的现代产业体系和市场体系建设步伐缓慢，与国内先进开发区相比仍有差距，面临产业水平不高、关联度不强、产业链较短等诸多问题。除此之外，开发区企业发展服务平台建设较为滞后，经常是出现问题才去寻找解决办法，未能实现统筹发展。可见，宁波市开发区在现代产业体系和服务体系建设上仍需不断提升与改进。

7.1.3.3 空间布局不均衡

空间布局而言，宁波国家级开发区绝大部分集中在宁波市区（8 个国家级开发区中有 7 个分布在宁波市区），其中以北仑区最多，而市属其他区域仅有一家国家级开发区分布。奉化市和宁海县的省级以上开发区分布最少，各自只有一个，全市省级以上开发区空间分布格局有待进一步优化。

7.1.3.4 功能结构较为单一

功能结构上看，宁波市大部分开发区只具备单一生产功能，区内只有少数职工宿舍以及零星商业服务设施，而开发区内医疗、教育、金融等社会服务功能较为缺乏，不能很好地满足区内工作人员的生活服务需求。因此，需要不断完善开发区内社会公共服务功能，以丰富开发区的功能结构，满足区内人员的日常需求。

7.2 宁波高新区、石化区与城市景观的融合要素对比研究

开发区是城市经济发展的增长极，经济体制改革的试验田以及工业化进程的助推器，正逐步演化为集商务、技术创新、高新技术产业发展、高端生活区等多功能于一体的新型空间。作为产业发展的核心载体和城市发展的主要动力源，开发区在经济发展、用地性质和产业结构上有别于城市其他区域，开发区的特殊性及其在城市发展中的重要地位决定二者之间必然存在密切互动。学界关注开发区对城市或区域经济增长的作用，研究开发区空间结构类型，指出开发区建设的结果是城市新城或新区的建立。就开发区与城市主城间的联系而言，已有研究将开发区与城市的关系分为母城依赖、新城母城互动、功能与空间整合三个阶段，越来越多研究从城市化与新城建设角度剖析开发区发展的特征与规律，指出开发区应该在结构、功能上与主城融合发展，并提出“产城融合”概念，但大部分研究多集中于空间结构与宏观视角，极少有人就开发区与城市互动的具体要素进行分析。基于此，本章运用问卷调查法、交通优势度模型、产业链模型等方法，比较分析宁波高新区与石化区在空间关联、经济关联、社会功能融合、创新溢出作用四个要素融合上存在的差异，最后构建评价指标体系，运用熵权法综合评测宁波高新区和石化区与宁波主城的融合度。

7.2.1 空间关联的比较分析

7.2.1.1 交通优势度分析

交通优势度是评价区域交通优势高低的集成性指标，一般情况下，区域交通优势度值越大，表明其交通的总体优势越突出。实际应用中，可以用交通网络密度、交通干线影响度和区位优势度三个指标来评价地区的交通优劣情况。建立如下评价公式：

$$V = af(x_1) + bf(x_2) + cf(x_3) \tag{7-1}$$

式（7-1）中，V 为交通优势度，$f(x_1)$ 为交通网络密度，$f(x_2)$ 为交通干线影响度，$f(x_3)$ 为区位优势度，a、b、c 分别为各指标的权重系数。

交通网络密度：主要反映的是区域交通的支撑能力，包括高速公路、快速路、主干路和次干路等四类交通网络的密度，公式如下：

$$D_i = L_i / A_i \tag{7-2}$$

式（7-2）中，L_i、A_i 分别为 i 区域的交通路线长度和区域面积，则 D_i 即为该区域的交通网络密度。

交通干线影响度：反映重大交通设施对区域通达性的保障水平，以及该区域的联系与扩散能力高低，包括铁路干线、公路干线、港口和机场的技术等级。公式如下：

$$f(x_i)=\sum_{i=1,m=1}^{n,M} c_{im} \quad i=(1,2,\cdots,n) \quad m=(1,2,\cdots,m) \tag{7-3}$$

式（7-3）中，i 为某一区域，m 为该区域的各种交通干线技术等级，C_{im} 为 i 区域 m 种交通干线的影响度，则 $f(x_i)$ 即为该区域的综合交通干线影响度。对于不同交通干线技术等级权重的赋值见表 7-3。

表 7-3　不同类型交通干线技术等级权重赋值

类型	子类型	标准（距离 E）	赋值	类型	子类型	标准（距离 E）	赋值
铁路	复线铁路	E≤5km	2.0	水运	枢纽港口	E≤5km	1.5
		5km<E≤30km	1.5			5km<E≤30km	1.0
		30km<E≤60km	1.0			30km<E≤60km	0.5
		60km<E	0.0			60km<E	0.0
	单线铁路	E≤5km	1.0		一般港口	E≤5km	0.5
		5km<E≤30km	0.5			5km<E	0.0
		30km<E	0.0	机场	干线机场	E≤5km	1.0
公路	高速公路	E≤5km	1.5			5<E≤30km	0.5
		5km<E≤30km	1.0			30km<E	0.0
		30km<E≤60km	0.5		支线机场	E≤5km	0.5
		60km<E	0.0			5km<E	0.0
	国道公路	E≤10km	0.5				
		10km<E	0.0				

区位优势度：即该区域距其中心城市的最短距离，反映该区域接受中心城市的辐射机会以及后续发展潜力。建立区域交通优势度评价指标体系（表 7-4）。

表 7-4　区域交通优势度评价指标体系

目标层	准则层	指标层
区域交通优势度（V）	交通网络密度 $[f(x_1)]$	高速公路密度（C_1）
		快速路（C_2）
		主干路（C_3）
		次干路（C_4）
区域交通优势度（V）	交通干线影响度 $[f(x_2)]$	铁路等级（C_5）
		公路等级（C_6）
		港口等级（C_7） 机场等级（C_8）
	区位优势度 $[f(x_3)]$	与中心城市距离（C_9）

式（7-1）中 a、b、c 指标权重的赋值参见相关文献。其中，本节对区位优势度赋值时，考虑到宁波高新区和石化区都位于宁波市，且二者与中心城区距离都小于 100km，因此为了能够体现出区位的差异性，对评价单元与中心城市距离的评价赋值进行适当修改，具体修改方法为在原距离赋值的基础上对距离取对数后，赋值不变，其中修改前赋值参见相关文献，修改前后赋值结果见表 7-5。

表 7-5　修改前后评价单元与中心城市距离的评价赋值

修改前		修改后	
距离（km）	权重赋值	距离（km）	权重赋值
0 ~ 100	2.00	0 ~ ln100	2.00
100 ~ 200	1.50	ln100 ~ ln200	1.50
200 ~ 300	1.00	ln200 ~ ln300	1.00
$d > 300$	0.00	$d > \ln 300$	0.00

对宁波高新区和石化区交通优势度进行评价，分别计算二者的交通网络密度、交通干线影响度和区位优势度并进行加权集成，最后采用均值法进行无量纲化处理后，得到二者交通网络密度$[f(x_1)]$、交通干线影响度$[f(x_2)]$、区位优势度$[f(x_3)]$以及总体交通优势度（V）指数见表 7-6。

表 7-6　宁波高新区、石化区交通优势度指数

指标	交通网络密度 $[f(x_1)]$	交通干线影响度 $[f(x_2)]$	区位优势度 $[f(x_3)]$	总体交通优势度（V）
高新区指数	1.524	1.048	1.143	1.238
石化区指数	0.476	0.952	0.857	0.762

分析表 7-6 可获得以下信息。

宁波高新区的各项指标均优于石化区，特别是在交通网络密度这一指标上二者差距最大。由于高新区在发挥创新产业功能的同时，需要大量科技人才支撑，高素质人才的集聚使其也必须具备一定的城市居住与商务休闲功能，因此高新区在道路等基础设施建设方面要比石化区更加完善。

石化区与高新区在交通干线影响度上的差别最小。这主要是由于石化区和高新区都位于宁波市辖区内部，虽然有各自不同的地理区位，但二者在交通的对外空间联系上都依赖于宁波市的对外联系通道，主要是通过市域高速公路、铁路、国道、城市干道等与外界空间相连，而高新区和石化区在与这些交通要道的连接便利程度上并没有太大差别，因此二者的交通干线影响度相近。

高新区的总体交通优势度明显好于石化区。除交通网络密度和干线影响度之外，高新区的区位优势度也要优于石化区。由于石化区的不宜居性，而高新区对技术和人才的高需求性，使得二者在城市区位选择上具有显著区别；石化区需要远离主城，位于比较偏远的地方，而高新区则往往与主城相邻，造成二者在总体交通优势度上存在明显差异性。

7.2.1.2　公共交通状况

（1）高新区公共交通状况

宁波高新区自设立以来，道路结构逐步完善。截至2016年，已基本形成方格网式的道路格局，在对内和对外的交通联系上都较为便捷。宁波高新区与主城毗邻，因此在对外交通联系上与主城关系也最为紧密；不足之处在于，虽然宁波现已开通地铁1、2号线，但并没有穿行高新区。轨道交通能够起到压缩空间距离、促进区域融合的作用，从该角度而言，高新区与主城尚未真正步入地铁同城时代，但规划建设中的宁波地铁5、6号线会穿过高新区，届时高新区将会真正实现与主城的一体化发展。除地铁外，市区公交线路是最能体现开发区与主城之间衔接密切程度的交通系统，宁波高新区的公交网络系统已经比较完善，可知经过高新区的公交线路共有37条（表7-7），基本覆盖高新区的所有区域，从高新区到其他各区也都有直达线路。

表7-7　途经宁波高新区公交线路汇总

线路名称	始发站	终点站	线路名称	始发站	终点站
2路（日、夜间线）	宁波颐乐园	高塘新村	35路	公交梅墟北区站	鄞州客运总站
5路	公交清水桥站	市中医院东	36路	市国际会展中心	联丰新村
18路	星光路	东门口	105路	公交梅墟新城站	宁波客运中心
25路	公交梅墟北区站	公交清河站	133路	公交梅墟新城站	鄞州客运总站
27路	公交招宝山站	公交黄鹂站	139路	公交梅墟新城站	鄞州客运总站
29路	公交梅墟北区站	沧海路春园路口	271路（夜间线）	凤凰山主题乐园	宁波火车站北广场
342路	十七房景区	甬港新村	547路	公交庄市站	体育馆
351路	公交招宝山站	甬港新村	509路（内、外环线）	公交梅墟新城站	公交梅墟新城站
367路	宁波大学	宁波诺丁汉公寓楼	753路	北仑客运站	宁波火车站北广场
388路	公交骆驼中心站	潘火高架桥	754路	小港联合车站	汽车东站
390路	镇海区公路客运中心	麦德龙	755路	小港联合车站	公交东环南路站

续表

线路名称	始发站	终点站	线路名称	始发站	终点站
391 路	甬江村	梅墟街道	788 路	北仑客运站	体育馆
508 路	浙大软件学院	公交白沙中心站	789 路	凤凰山主题乐园	宁波火车站北广场
514 路	永昌公交	宁波火车站	810 路	公交清水桥站	海晏北路（宁波文化广场北）
518 路	高新技术产业开发区（杨木碶路）	宁波火车站	821 路	陆嘉家园	新街
519 路	公交梅墟北区站	体育馆	823 路	邱隘	浙大软件学院
522 路	孔浦公园	潘火高架桥站	905 路	公交梅墟北区站	东钱湖游客服务中心
528 路	公交研发园区站	大红鹰学院	微 5 路	公交清水桥站	海晏北路（宁波文化广场北）
529 路	梅墟街道	嵩江西路			

分析表 7-7 可知，高新区内公交线路纵横密集，覆盖范围在高新区及主城区集中并向四周扩展，进一步分析可得高新区公交网特点。①与高新区联系最为紧密的区域为海曙、江东、鄞州三区，高新区与江北区和镇海区的公交连接由于甬江天然屏障的存在，而且途经高新区的跨江通道仅有常洪隧道和明州大桥两个，跨江通道的不足明显阻碍了高新区与江北区和镇海区的公交连接，使其显得并不紧密。北仑区为宁波市经济技术开发区所在地，内有大量企业，然而由于地理位置关系，高新区与北仑区的公交交通联系也非常有限，仅有 753、788、789 和 271 路（夜间线）共 4 条公交线路将二者连接，可见宁波高新区与宁波经济技术开发区之间的人员通勤交流并不频繁。②宁波高新区与石化区的关联较小，仅有 342 路一条公交线可连接二区，显然由于石化区内产业和高新区内产业门类差别较大，工作和生产环境截然不同，使得二者之间很少有直接的人员流动。③509 路（内、外环线）是高新区唯一的环线公交，基本贯穿高新区内的所有居住区和产业区，对于在高新区内居住和工作的职工来说，该条公交线路成为他们上下班的主要交通线路之一。

公共自行车网点个数也能反映区域公共交通的便捷程度，截至 2017 年，宁波高新区共有公共自行车网点 36 个，基本覆盖区内所有人口密集区域（表 7-8），这对习惯骑自行车上下班或者购物的人来说，使得他们的出行更加方便、出行频率更高，同时也能够有效地缓解城市交通压力。

表 7-8 宁波市高新区公共自行车网点分布

	网点名称
公共自行车网点	港隆时代广场西、九五国际东、科技大厦、研发园、江南一品北、高新技术产业开发区服务中心、颐康医院北、锦城三江、宾果公寓、香洲小筑、嘉苑广场东、江南一品南、银珠明园、涨浦景苑、老庙公交总站、老庙菜场、公交三公司、高新技术产业开发区李惠利分院、皇冠花园、高新技术产业开发区中国移动、高新技术产业开发区创业中心、高新技术产业开发区软件园、浙大软件学院、高新技术产业开发区科技广场、高新技术产业开发区研发园南门、甬港明楼、梅墟公交总站南、梅沁园、蓝庭小区、海景华庭、梅福园、梅江东苑、高新技术产业开发区丹桂苑、高新技术产业开发区双鹿电池、凌云公寓、凌云产业园

（2）石化区公共交通状况

宁波石化区内部公路交通网络结构正逐渐完善，但与开发区外部的交通联系明显偏少。石化区以石油化工产业为主，地理位置离主城较远，因此在与主城的交通联系度上远不如高新区紧密，这从途经石化区的公交线路情况亦可以看出。截至 2017 年，途经或邻近石化区的宁波公交线路只有 11 条（表 7-9），穿过石化区的公交线路更少，多数线路只是邻近石化区通行并未穿过石化区。与高新区相同，石化区内还没有开通地铁，不同的是石化区内也没有规划中的地铁线路经过；宁波石化区内也没有公共自行车网点，这也反映出石化区内居住功能弱，人员流动性不足，公共交通体系不如高新区健全。因此相对来说，石化区更像是一块“邻避区域”，在市域公共交通上处于较为封闭的状态，特别是在人员的流动上除少数职工通勤外较少与主城产生互动。

表 7-9 途经宁波石化区公交线路汇总

线路名称	始发站	终点站	线路名称	始发站	终点站
342 路	十七房景区	甬港新村	389 路	镇海区公路客运中心	公交骆驼中心站
370 路	宁波化工区	玛瑙路	393 路	炼化体育馆	公交清水浦站
374 路	公交招宝山站	澥浦汽车站	397 路	北仑客运站	贵驷汽车站
375 路	公交招宝山站	宁波化工区	398 路	公交骆驼中心站	顺风站
377 路	十七房景区	公交汶溪站	蛟川园区专线	蛟川园区管委会（南洪水厂）	镇海第二医院（俞范东路）
380 路	炼油厂	宁波火车站北广场			

分析表 7-9 可知，宁波石化区内公交线路较为稀疏，覆盖范围较小，而且主要分布在镇海区内，与其他区域的连接度较低。石化区公交网特点：①与主城的连接较少，仅有 3 路公交线路可与主城区相连，分别为 342、370 和 380 路，其中 342 路是连接石化区和高新区的唯一路线。另外，石化区与江北区和北仑区的公交连接线路也不多，显示出石化区在对外联系上的相对隔绝。②化工区内部公交线路更少，东部靠海一侧多为海涂且开发程度不足，因此没有公交线路经过，途经石化区的所有公交站点都分布在靠近城区一侧。蛟川

园区专线为石化区内唯一的内部线路，连接一些工厂和住宅区，这为部分职工的上下班提供通勤保障。

7.2.2 经济关联的比较分析

7.2.2.1 高新区与石化区在全市的经济份额

宁波高新区与石化区在宁波市经济结构中均占有重要地位，高新区是宁波高新产业和先进技术发展的重要源头；石化区则是宁波市重要的石化产业基地。2014 年宁波高新区与石化区的部分经济指标及在全市的占比，可知：①在工业总产值和税收收入上，高新区和石化区总体对全市有较大影响，二者之和分别占全市的 21.5%和 21.4%；②高新区在地方财政收入上要优于石化区，而石化区在实际利用外资额上要好于高新区；二者在固定资产投资上在全市所占比例差别不大；③就高新区与石化区整体情况比较而言，石化区在宁波市的工业总产值、税收收入中占比都超过 10%，应该说石化区对宁波市整体经济的影响程度大于高新区（表 7-10）。

表 7-10 2014 年宁波高新区与石化区部分经济指标状况

经济指标	宁波市	高新区	高新区占全市比例（%）	石化区	石化区占全市比例（%）
工业总产值（亿元）	13789.3	1061.1	7.7	1901.9	13.8
地方财政收入（亿元）	792.4	27.9	3.5	9.24	1.2
固定资产投资（亿元）	3989.5	112.0	2.8	78.5	2.0
实际利用外资（亿美元）	40.3	0.4	1.0	1.3	3.2
税收（亿元）	1107.8	67.2	6.1	170.0	15.3

7.2.2.2 高新区与主城区的经济关联

（1）高新区典型企业选取

考虑到研究企业的典型性，本节以高新区主导产业的典型企业为研究对象，至 2016 年宁波高新区已经初步构建以电子信息产业、新材料产业、生物医药产业等为主导的产业体系，宁波高新区主导产业及典型企业情况见表 7-11。考虑到实际调研的可行性及数据获取的难度大小本研究选取得力电子发展有限公司、柏年康成健康管理集团有限公司、宁波激智新材料科技有限公司作为典型企业来剖析其与主城在经济上的关联互动。

表 7-11 宁波高新区内主导产业及典型企业

主导产业	典型企业
电子信息产业	得力电子发展有限公司、宁波升谱光电半导体有限公司、宁波明昕微电子股份有限公司等

续表

主导产业	典型企业
新材料产业	宁波激智新材料科技有限公司、宁波高新技术产业开发区威康新材料科技有限公司、宁波海螺塑料型材有限责任公司等
生物医药产业	宁波美诺华药业股份有限公司、柏年康成健康管理集团有限公司、宁波泰康红豆杉生物工程有限公司等

（2）基于产业链的高新区企业与主城互动

案例 1：得力电子发展有限公司。

得力集团有限公司成立于 1988 年，是一家业务类型涵盖文具及办公用品的设计、研发、生产制造和销售于一体的大型企业，2013 年企业实现销售总额达 54.6 亿元人民币，2014 年入围“中国民营企业 500 强”。得力集团有限公司拥有产品类别包括办公设备、办公生活、办公用纸、本册纸品、打印耗材、计算机及周边、会议展示用品、胶粘用品、书写工具、文件管理、学生用品桌面文具和体育用品 13 个大类，旗下涵盖 70 多个系列的 2000 多个单品（表 7-12）。

表 7-12　得力集团产品名称及分类

大类名称	产品名称
办公设备类	点钞机、碎纸机、装订机、切纸机、指纹考勤机、电话机、打印机、交互平板等
办公生活类	保险箱、台灯、取暖器、电水壶、保温杯、健康秤、放大镜、垃圾袋、加湿器等
办公用纸类	复印纸、收银纸、彩色复印纸、喷墨纸、传真纸、打印纸等
本册纸品类	皮面纸、软抄本、百事贴、信纸、账册、标贴、便笺纸、素描本、精装本等
打印耗材类	打印机硒鼓、激光碳粉盒、碳粉等
计算机及周边类	鼠标键盘、磁盘光盘、鼠标垫、网线、U 盘、移动电源、电源适配器等
会议展示用品类	白板/配件、演示笔、荣誉证书、钥匙管理器、桌牌、国旗、报刊架/杂志架、荧光板、投影布等
胶粘用品类	强力胶、液体胶、文具胶带、封箱器、固体胶、泡棉胶带、双面胶带、美纹胶带、电工胶带、纸胶带等
书写工具类	中性笔、记号笔、白板笔、圆珠笔、铅笔、荧光笔、墨水、钢笔、考试套装等
文件管理类	文件夹、资料册、档案盒、抽杆夹、拉链袋系列、多功能事务包、票据夹、收纳袋、文件袋、证书卡、名片册等
学生用品类	订书机、削笔机、文具盒、油画棒、美工刀、笔筒、铅笔、书套系列、修正带等
桌面文具类	计算器系列、订书机系列、起钉器、剪刀、订书针、回形针、三角尺、号码机、复写纸、标价机、打孔器等
体育用品类	篮球、足球、排球、羽网系列、护具系列、轮滑系列、乒乓系列、小器材等

得力集团现有的产品销售网络主要有以下途径：

① 园区产品生产—得力分公司—经销商—零售店—用户，该模式是得力产品销售的主要传统渠道；

② 园区产品生产—得力分公司—商场超市—用户；

③ 园区产品生产—得力分公司—专业文具连锁店—用户。

得力电子发展有限公司是得力集团全资子公司，位于宁波高新区江东科技园内，主要生产和销售计算器、中性笔、办公文具、学生文具、商用机器以及配套设备等。其产品的销售对象主要是政府部门、事业单位、公司企业和学生群体。在国内，得力集团拥有着完整的市场销售网络。截至 2015 年，得力集团下属的七大营销中心在全国共有 60 多家分公司，有多达 6000 家的经销商渠道，以及全国近 5 万个终端营销网点；企业的国内营销额、分公司数量、渠道商数量都在不断地增加（表 7-13）。

表 7-13　2000—2015 年得力集团国内营销额、分公司数量、渠道商数量情况

年　份	2000	2003	2006	2009	2012	2015
国内营业额（亿元）	1.04	4.20	9.00	17.50	28.00	48.40
分公司数量（个）	19	30	36	38	38	65
渠道商数量（百个）	3.87	12.00	28.00	42.00	43.00	60.00

具体到宁波市，得力产品主要通过宁波市内的各大中型商场超市、零售店、得力文具连锁店等形式实现产品的广泛流通。为此，实地调研得力产品在宁波市各大商场和零售店的销售情况，选取欧尚超市（海曙店）、家乐福超市（中兴路店）、华润万家（江南路店）进行实地考察，均发现有得力产品及文具在售，图 7-1 显示的是得力产品在欧尚超市（海曙店）、家乐福超市（中兴路店）、华润万家（江南路店）商场的销售场景。此外，在大、中、小学校周边零售店以及市区文具专卖店内调研时也均看见有得力文具正在销售。

图 7-1　得力产品在宁波市各商场的销售场景

得力产品在宁波市已经形成由线上商城和线下实体店、经销商、商场和超市构建的完整销售体系，在宁波市文具办公市场占据较大比例。高新区内企业通过其产品流动在主城区建立的销售网络，不仅给城市带来经济上的增长贡献，也体现了开发区与城市之间在产业功能上的互动。

案例 2：宁波激智新材料科技有限公司。

宁波激智新材料科技有限公司是一家国家级高新技术企业，成立于 2007 年，总部位于高新区凌云产业园内。公司集光学薄膜和特种薄膜的研发、生产、销售于一体，其产品重点应用领域有光电显示、新能源和 LED 照明等。2012 年，公司销售收入达到了 2.2 亿元人民币，同比增长近 181.7%；2014 年，销售收入突破 4.1 亿元人民币，比 2012 年增长近 86.3%，公司发展前景广阔。截至 2015 年，激智科技已经成为众多知名电子电器企业如冠捷、TCL、海信、长虹等的主要供应商，其产品供应链体系如图 7-2 所示。

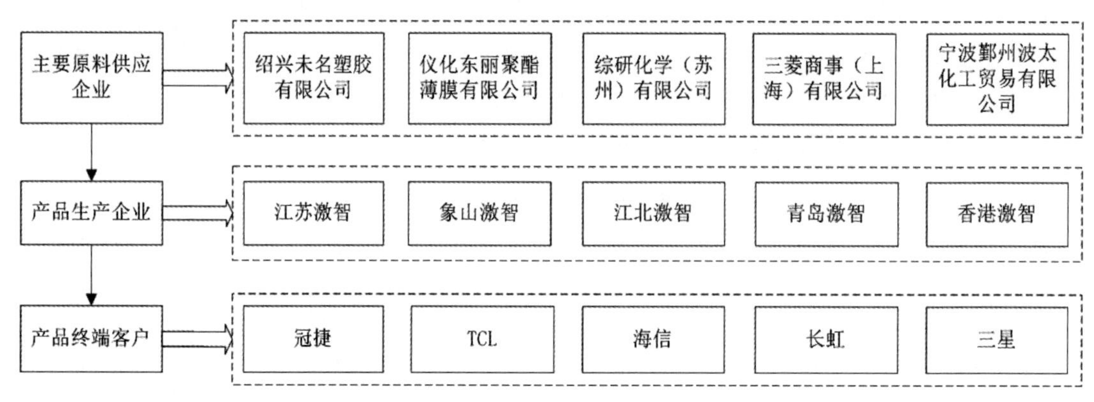

图 7-2　宁波激智新材料科技有限公司产品供应链体系

激智科技公司拥有 5 家全资子公司，分别为江苏激智、象山激智、江北激智、青岛激智和香港激智。就宁波地区而言，激智科技已经形成比较完整的产业链。如图 7-3 所示，在激智科技上游产业链中，宁波鄞州波太化工贸易有限公司是激智科技上游原材料溶剂（包括乙酸乙酯、乙酸丁酯等）的重要供应商之一；在公司产品生产环节中，宁波江北激智新材料有限公司承担着光学薄膜的研发与制造工作；在公司的下游环节中，冠捷科技（宁波）有限公司、TCL 通讯（宁波）有限公司等又成为激智科技产品在本地区的重要销售客户。激智科技在宁波市的生产体系，这种基于企业原材料的上下游流动，使得宁波高新区与主城之间产生一系列的经济互动。

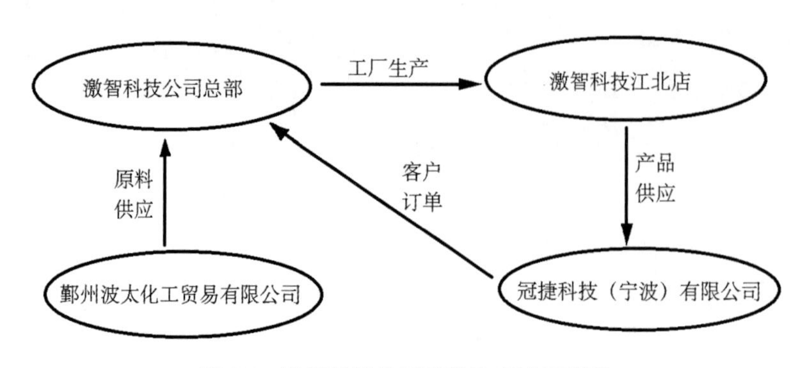

图 7-3　激智科技公司宁波生产链示意图

事实上，除产品生产与销售外，激智科技还始终把技术研发作为企业的重点发展领域。截至 2015 年，公司从事研发的技术人员达到 80 人，占公司总人数的 15.75%。激智科技的研发投入具体情况见表 7-14。激智科技在加强自我研发的同时，也在大力发展与地方高等院校和研究院所的合作，本土研发力度的加大增强了高新区与主城高教园区、市内科学研究院所的经济联系。

表 7-14　激智科技公司研发投入情况

时间（年）	2013	2014	2015
研发投入（万元）	1258.88	1996.19	2833.70
营业收入（万元）	28398.10	39061.54	47243.99
所占比例	4.43%	5.11%	6.00%

资料来源：宁波激智科技有限公司。

案例 3：柏年康成健康管理集团有限公司。

柏年康成健康管理集团有限公司成立于 2009 年，总部位于宁波市高新区浙大科技园内，是一家提供健康类服务的现代化综合养生企业，位居 2014 年宁波市百强企业排名第 88 位，其主要客户群体为中老年人。

开发区与主城之间的经济功能互动除了直接的经济往来及税收外，最直观的体现就是开发区与主城在企业产品之间的互动。柏年康成健康管理集团有限公司作为宁波市高新区生物医药产业的典型企业之一，在宁波市区以及全国其他区域都具有较大的影响力，因此可以通过对其产品以及门店在宁波市城区的分布及营销情况来观察其与主城在经济往来上的关联性，表 7-15 是柏年康成门店在宁波市空间分布情况。

表 7-15　柏年康成门店宁波市空间分布情况

店　　铺	具体地址
柏年康成集团总部	宁波市江南路 1558 号
柏年康成苍松路店	宁波市海曙区苍松路 530 号
柏年康成通途路店	宁波市鄞州区明楼街道通途路 278 号
柏年康成江南路店	宁波市鄞州区江南路 714 号
柏年康成徐戎路店	宁波市鄞州区徐戎路与通途路交叉口西南 100 米

像柏年康成这种以开设门店为主要营销手段的企业，本身就不可能脱离中老年人口大量集聚的主城而单独存在于开发区内，其在加强开发区与主城经济联系的表现上相比于通过上下游产业链的互动来得更为直接和显著。

7.2.2.3 石化区与主城区的经济关联

（1）石化区典型企业选取

为使企业选取具有典型性，同样以石化区主导产业的典型企业为研究对象，石化区产业主要是原油加工及石油制品制造、有机化学原料制造以及化学药品原药制造等行业。石化区主导产业及典型企业情况见表 7-16。考虑到实际调研的可行性以及数据获取的难度大小，此处选取以中国石化镇海炼油化工股份有限公司为核心的，以及与其相关联的各类企业形成的上下游产业链，来剖析石化区与主城在经济上的关联互动。

表 7-16 宁波石化区内主导产业及典型企业

主导产业	典型企业
原油加工及石油制品制造业	中国石化镇海炼油化工股份有限公司
有机化学原材料制造业	宁波甬兴化工有限公司、宁波杰事杰工程塑料有限公司、阿克苏诺贝尔
化学药品制造业	宁波大红鹰生物工程股份有限公司、宁波科瑞生物工程有限公司

（2）基于产业链的石化区企业与主城互动

中国石化镇海炼油化工股份有限公司（简称镇海炼化）是国内规模体量最大的炼化一体化企业，拥有 2300 万吨/年原油加工能力、100 万吨/年芳烃、20 万吨/年聚丙烯生产能力，4500 万吨/年深水海运码头吞吐能力，以及超过 300 万立方米的储存能力。镇海炼化长期作为宁波市综合百强企业第一名，2013 年工业总收入达 1350.7 亿元人民币，占整个石化区工业总收入的 76.89%；2014 年营业收入 1364.5 亿元，净利润 50.5 亿元，纳税总额达 166.9 亿元；2015 年镇海炼化全年共实现营业收入 943.12 亿元，实现利润 108.11 亿元。2015 年，公司营业收入虽较 2014 年有所下降，但利润却上涨了，主要因为国际原油价格持续维持低位运行，且镇海炼化的一体化项目使得规模以上企业的成本优势得以显现。以镇海炼化为核心，在石化区内、外企业间衍生出一系列复杂的产业链，并由此带动石化区内企业与主城在产品、原料及经济上的互动。

镇海炼化作为大型原油加工企业，位于宁波石化产业链的上游顶端位置；与镇海炼化相关联的中下游化工企业众多，在这些与镇海炼化相关联的企业中既有位于石化区内部的化工企业，也有位于城区的以镇海炼化为原料来源的下游精细化工企业。具体而言，镇海炼化的化学产品主要通过 4 个方向的产业链带动开发区内部企业之间以及开发区企业与城市企业之间的一系列互动。

丙烯产业链（见图 7-4）。丙烯产业链以镇海炼化为源头，以甬兴化工、杰事杰工程塑料、镇海炼化工业贸易总公司及阿克苏诺贝尔等大型企业为基点，主要生产以聚乙烯、聚丙烯、ABS 树脂等为代表的重要化学制品。丙烯产业链下的化学制品广泛应用于薄膜塑料品制造、中空制品、纤维和日用品生产，以及塑料管材、汽车、电器专用材料等领域。丙烯产业链给石化区企业与外界有关的化学产品深加工企业之间产业链的进一步延伸提供必要的物质原料基础。

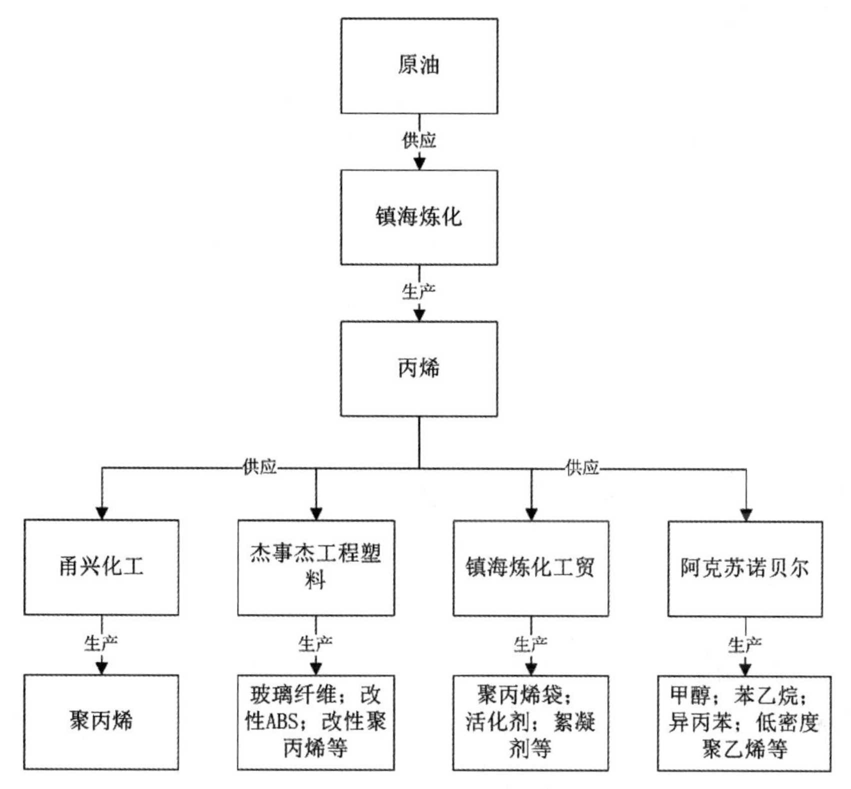

图 7-4 镇海炼化丙烯产业链

尿素/LPG 产业链（见图 7-5）。以镇海炼化为源头生产尿素、石油液化气（LPG）等原料产品，供应裕隆工贸实业生产甲醛、涂料及颜料中间体等为主的大宗化学物质，其中颜料中间体又可供应给镇海造漆、大达化学、九龙涂料、汇虹化工、龙欣精细化工等企业作为生产原料。该产业链的下游产品，如油漆、涂料、染料等化学制品广泛应用于城市家居装修、纺织产品、工业电子等领域。

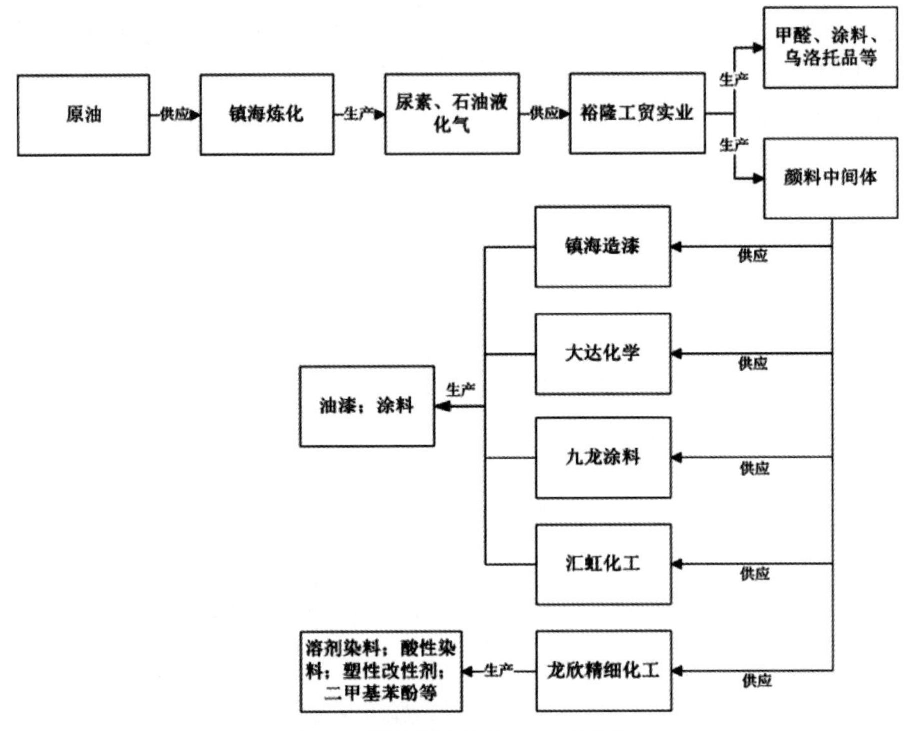

图 7-5　镇海炼化尿素/LPG 产业链

硫黄产业链（见图 7-6）。以石油炼化过程中得到的硫黄为原料，聚丰化工公司将其转变为重要的工业原料——硫酸，然后进入华力斯化学进一步生产各种无机化工制品。其中，众利化工生产的氯化氢也是华力斯化学的重要原料来源。硫黄产业链下的化学制品如电解钴、氯化钴、硫酸镍等制品在仪器制造、印染工业、医药工业、电镀工业中均有重要用途。

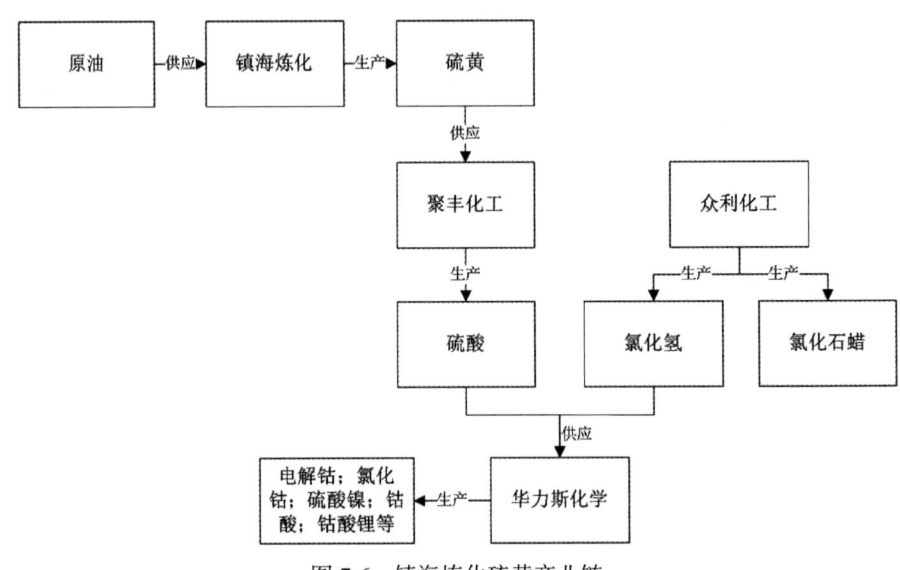

图 7-6　镇海炼化硫黄产业链

中间石化产品链（见图 7-7）。中间产品产业链在四个产业链中最为庞杂，包含农药生产、医药制造以及以华纳化工为核心的环氧树脂生产等三大板块。在该供应体系中，以氨基酸、多肽产品、手性产品等为主体的产业链和以氯碱生产和苯胺生产为主体的产业链都融入其中。

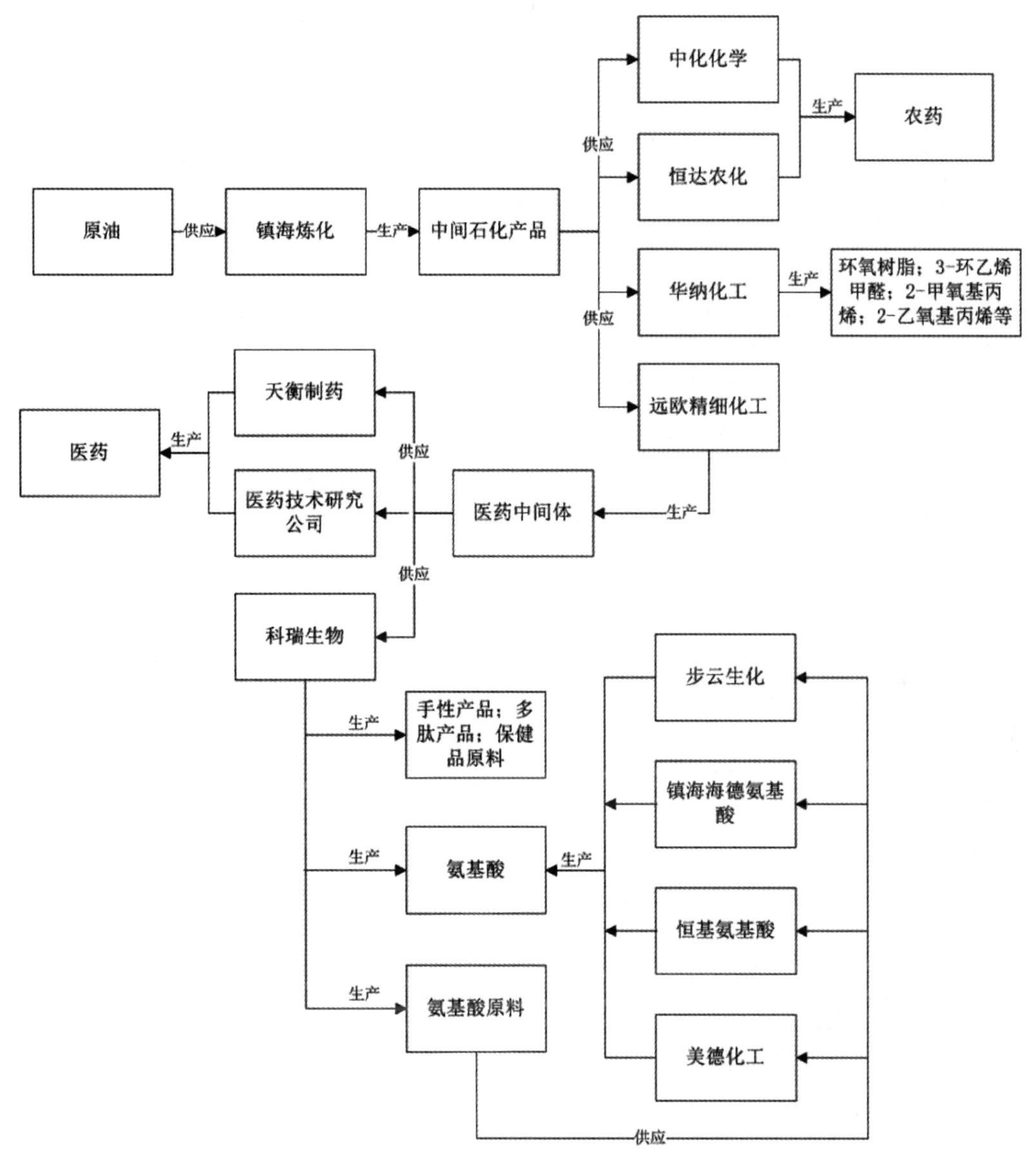

图 7-7　镇海炼化中间产品产业链

丙烯产业链、尿素/LPG 产业链、硫黄产业链和中间石化产品链与镇海炼化一体化企业关联紧密，其相互结合形成一系列规模庞大的产业链，带动开发区与全城经济互动。下面以宁波天衡制药有限公司为例具体说明其与开发区以及城市的关联互动情况。

宁波天衡制药有限公司以研发和生产高科技化学药品为主，是一家现代化制药企业，成立于 1992 年，企业现有厂区总占地面积达 12.8 万 m^2，其中宁波庄市厂区占地面积约 6.1 万 m^2；石化区新厂占地面积约 6.7 万 m^2。天衡制药在发挥联系石化区与主城区作用时的主要路径为：以石化区内企业远欧精细化工生产的医药中间体作为该公司的上游原料药，在其主厂区宁波庄市工业区加工以后，制成成品药，然后以经销商的方式售出或直接对外销售，最终产品将出现在宁波乃至全国各地医院及药房，进而向消费者出售。天衡制药现有主要品牌产品有“枢丹”“枢星”“枢力达”等，是可用于放射性治疗以及类风湿病等的治疗药物，在宁波市以及国内市场上都拥有很高的市场占有率。天衡制药有限公司在带动石化区与城市互动方面起到桥梁作用，一方面从石化区引进生产原料，另一方面将产品向城市下游疏散，是一种良性的区城互动形式。

镇海炼化与主城的经济互动除了给区内外下游企业提供各种化学原料外，还表现在对市区油品的供应上。据了解，镇海炼化始终支持地方经济发展，在产品的供应上往往优先满足镇海区及宁波市的供应，如在清洁能源方面，镇海区、宁波市是国内率先使用液化气燃料的地区之一，在价格方面还要低于正常售价；在符合“国五”标准的车用汽、柴油的供应上，镇海炼化也是首先满足宁波市域的需求。汽油和柴油的供应是镇海炼化与宁波城市经济功能互动的重要表现之一，与普通群众的生活也密切相关。

宁波市的成品油销售市场基本上是中石油、中石化和中海油三家企业主导，各自企业在宁波市区以及全市范围内所拥有的加油站数量见表 7-17，表 7-18 显示宁波市 6 区所有中石化加油站分布数量情况。分析表 7-17 和表 7-18 可知，中石化加油站数量无论是在宁波市区内还是在全市均有绝对优势，占到市区加油站总数的 67.7%和全市加油站总数的 75.1%。中石化在宁波市油品的供应与消费方面处于领先地位，这反映出以镇海炼化为源头的中石化油品经营在宁波市存在完善且成熟的销售布局网络体系，使得宁波主城与石化区之间产生紧密的经济互动关系。除直接提供油品外，各加油站普遍提供附加服务，包括汽车润滑油、汽车零部件售卖、洗车服务等，促进石化产业链向售后服务方向延伸扩展。

表 7-17　宁波市区及全市加油站数量所属情况

企业名称	市区（个）	全市（个）
中国石油化工集团公司	65	196
中国石油天然气集团公司	26	54
中国海洋石油总公司	5	7

表 7-18　宁波市区中石化加油站分布情况

市区	海曙区	江东区	江北区	鄞州区	北仑区	镇海区
加油站数量（个）	12	9	12	13	6	13

总结石化区企业与主城的产业功能互动可得到以下信息。

石化区内企业已经形成比较完整的产业链，以镇海炼化为龙头，带动下游乙烯、合成树脂、医药制造等精细化工产业延伸发展。

除石化区内企业之间存在关联外，区内企业与区外企业之间的产业关联依然紧密，例如：位于北仑区的逸盛石化所需要的原料是对二甲苯，部分原料由镇海炼化供应；位于镇海区的九龙气体、裕隆工贸实业、大达化学、科瑞生物、和港塑胶实业、金甬腈纶、翔宇化工等企业也都与石化区内企业有原料生产与供给的直接关联。

石化区内企业与宁波主城的产业功能互动主要以提供化学产品原料及其下游工业制成品为主，且由于石化区内企业多是全国性企业，在提供产品及服务时往往不局限于宁波本地，因此石化区企业对宁波的经济贡献主要还是表现在上缴税收等经济体量以及提供城市就业岗位上。

7.2.3 社会功能融合的比较分析

7.2.3.1 调查问卷基本情况

调研的目的是更好地了解与分析开发区人员的日常工作生活跟主城的互动交流程度。开发区人员包括开发区职工和居民两类，因此为了使调研结果更加具有典型性和可靠度，在选择调研区域的时候需要尽可能的接触这两类人群，所以本节选择“产业区+居住区”的方式进行调研。具体调研区域为（表 7-19）：选择高新区的两个产业区，分别为宁波研发园和高新区凌云产业园；选择高新区的两个居住区，分别为明辰紫月小区和梅墟新城。选择石化区的两个产业区，分别为镇海炼化厂区和石化区澥浦片区；选择石化区的两个居住区，分别为丰颐家园和汇源小区。以上产业区和居住区分别为高新区和石化区的典型产业和人口集聚区，因此具有较强的代表性。

问卷发放集中在 2016 年 10—11 月进行，共发放调查问卷 330 份，具体发放与回收情况为：高新区共发放问卷 170 份，回收 170 份，其中有效问卷 163 份，有效率为 95.9%；石化区共发放问卷 160 份，回收 160 份，其中有效问卷 155 份，有效率为 96.8%；无效问卷主要由非开发区工作和居住人员中产生。有效问卷的调研区域分布情况以及各区域的相关信息见表 7-19。

表 7-19 有效问卷调研区域分布情况

研究区	调研区域	相关信息	有效问卷数（份）	占比（%）
高新区	宁波研发园	宁波研发区位于宁波国家高新区核心区域，占地面积 30 万 m^2，具备“研发、创新、集聚、转化、辐射、示范”六大功能	43	13.52
	凌云产业园	凌云产业园位于宁波国家高新区凌云路，是先进技术与新兴产业培育基地	41	12.89
	明辰紫月小区	明辰紫月小区位于宁波市高新区杨木契路，面积约 20 万 m^2	40	12.58
	梅墟新城	梅墟新城位于宁波科技园区梅墟路。	39	12.26
石化区	镇海炼化厂区	镇海炼化厂区位于宁波石化经济技术开发区，是国内最大的炼化一体化企业，逐步形成完善的生产体系	42	13.21
	石化经济技术开发区澥浦片区	澥浦片区与九龙湖片区合力打造“九龙湖-澥浦分区”，涵盖九龙湖镇、澥浦镇以及骆驼街道绕城高速以北部分区域，致力于打造集休闲度假与产业配套于一体的综合性发展区块	38	11.95
	丰颐家园	丰颐家园位于宁波镇海区棉丰路 546 号，占地面积 15 万 m^2	37	11.64
	汇源小区	汇源小区位于宁波镇海区澥浦镇	38	11.95
合计			318	100

7.2.3.2 高新区与主城区的社会功能互动

调查问卷统计分析主要采用 SPSS 22.0 软件中的频数分析和交叉分析进行。由于本节研究重点是开发区人员的职住及生活功能与主城的互动，因此这里对调查问卷中高新区人员的基本情况只进行简要分析，发现受调查者的年龄基本都分布在 20～50 周岁，其中有 46.6%的受调查者处于未婚状态，大专及以上学历的人数比例占到总人数的 65.0%；可见在高新区内居住和工作的人员基本上以青壮年劳动力为主，学历普遍较高且很多高学历的年轻人还没有成立家庭，因此具有相当大的流动性。在户籍所在地分布方面，宁波市本地人口和非浙江省人口占据较大比例，分别占到总数的 42.9%和 41.7%，可见宁波高新区内虽然本地人口比例最高，但外来人口仍然是宁波高新区人才的重要来源之一。

（1）职住功能互动

表 7-20 记录的是高新区人员的工作地和居住地分布情况，分析可知：①受调查者中在开发区内工作的人数占据绝大部分，达到 76.1%，其次有 23.9%的受访者在高新区周边、老三区和其他区域工作，这表明多数高新区人员的工作岗位仍然在开发区内，高新区的大量优质工作岗位吸引众多人才集聚于此。②受调查者中在开发区内居住的人数占总数的 49.1%，其次为在老三区居住的达到 19.0%，表明高新区内不仅提供众多的就业岗位，而且也配套了完备的居住设施，但仍有不少的受访者居住在高新区以外。③对比高新区内工作和居住的人员比例可以看出，高新区提供 76.1%的工作岗位，但只占到居住总数的 49.1%，可见仍有不少在高新区内工作的人居住在其他区域，而这部分人群则是构成高新区通勤行为的主体。

在被问及上班便捷程度时，超过 65%的人认为还是比较方便的，仅有 6.7%的受访者认为不方便或很不方便；在通勤时间方面，有 66.3%的人选择在 30 分钟以内，选择在 45 分钟以内的人达到总数的 92%。可见，虽然高新区内存在着比较明显的职住分离现象，但是上下班的便捷程度较高，这与宁波高新区内发达的道路网和普及的公共交通有很大关系；在对高新区人员的交通出行方式统计中发现，有超过 50%的人是通过公共交通或者是私家车出行的，这无疑在很大程度上减少职工的通勤时间。

表 7-20　高新区人员工作地点与居住地点分布调查结果

区域范围	开发区内占比	开发区周边占比	老三区占比	其他区域占比
工作地点	76.1%	8.6%	9.2%	6.1%
居住地点	49.1%	16.6%	19.0%	15.3%

为了更好地比较高新区人员的职住分离情况，对工作地点和居住地点两个问题进行交叉分析，结果见表 7-21。可知：①在开发区内工作的人中有 52.4%的人也居住在开发区内，另有 47.6%的人虽然在开发区内工作但并不居住在开发区内；在开发区内居住的人中有 81.3%的人也在开发区内工作，另有 18.7%的人虽然居住在开发区内但并不在开发区内工作。②在开发区周边工作的人的居住地比较分散，在开发区内、开发区周边和老三区等均有分布；而居住在开发区周边的人的工作地大部分都在开发区内，占 70.4%，其次是在开发区周边工作的占 18.5%。③工作地点在老三区而居住在高新区中的人占所有调查者的 3.7%；而居住在老三区，工作在高新区的人数占受调查者总数的 11.7%；可见宁波主城区对于高新区的人才溢出效应依然存在。

表 7-21　高新区人员工作地点和居住地点交叉分析结果

			居住地点				合计
			开发区内	开发区周边	老三区	其他区域	
工作地点	开发区内	计数（人）	65	19	19	21	124
		工作地点占比（%）	52.4	15.3	15.3	16.9	100.0
		住所占比（%）	81.3	70.4	61.3	84.0	76.1
		总占比（%）	39.9	11.7	11.7	12.9	76.1
	开发区周边	计数（人）	5	5	3	1	14
		工作地点占比（%）	35.7	35.7	21.4	7.1%	100.0
		住所占比（%）	6.3	18.5	9.7	4.0	8.6
		总占比（%）	3.1	3.1	1.8	0.6	8.6
	老三区	计数（人）	6	3	6	0	15
		工作地点占比（%）	40.0	20.0	40.0	0.0	100.0
		住所占比（%）	7.5	11.1	19.4	0.0	9.2
		总占比（%）	3.7	1.8	3.7	0.0	9.2
	其他区域	计数（人）	4	0	3	3	10
		工作地点占比（%）	40.0	0.0	30.0	30.0	100.0
		住所占比（%）	5.0	0.0	9.7	12.0	6.1
		总占比（%）	2.5	0.0	1.8	1.8	6.1
合计		计数（人）	80	27	31	25	163
		工作地点占比（%）	49.1	16.6	19.0	15.3	100.0
		住所占比（%）	100.0	100.0	100.0	100.0	100.0
		总占比（%）	49.1	16.6	19.0	15.3	100.0

（2）生活娱乐功能互动

针对高新区人员与主城区的生活娱乐功能互动，问卷主要从购物、就医、休闲娱乐、金融活动地点选择等方面进行分析（表 7-22）。分析表 7-22 可知：①购物地点选择，较多的受访者选择在高新区内购买日常用品，占总数的 39.3%。访谈中还了解到多数居住在开发区内的居民在选择购物地点时更倾向于住所邻近区域，但仍有不少受访者表示会经常在主城区购买家电、衣物等用品，占总数的 30.7%，因为他们认为主城区在商品的种类和质量上表现的更优越。②就医地点选择，36.8%的人选择主城区，主要是因为主城区有着更好的医疗设施，医疗水平也更高；其次有 35.6%的人选择平时就医在高新区内就能够解决，可见宁波高新区在医疗服务水平及设施上满足了部分人的需求并且在逐渐完善。③休闲娱乐地点选择，有 70.5%的人选择在老三区及高新区周边，选择在高新区内的人数较少，仅占总数的 23.3%，可见高新区内人员在外出休闲娱乐活动上更倾向于走出去玩。④金融活动地点选择，选择在老三区进行金融活动的较多，但是选择在高新区内部进行金融活动的人数也很可观，占到总数的 32.5%。

表 7-22　高新区人员日常生活娱乐活动区域选择结果

区域选择	高新区内比例（%）	高新区周边比例（%）	老三区比例（%）	其他区域比例（%）
购物地点	39.3	23.3	30.7	6.7
就医地点	35.6	20.9	36.8	6.7
休闲娱乐地点	23.3	27.6	42.9	6.1
金融活动地点	32.5	21.5	38.7	7.4

总之，高新区在购物、医疗、休闲娱乐、金融活动等基础服务设施建设上已经取得很大进步，满足了部分开发区人员的日常生活娱乐等需求；但毋庸置疑的是，宁波主城区在城市基础服务供给上要比高新区更加完善，服务质量也更高。在被问及日常工作生活与主城区的联系紧密程度时（图 7-8），有 45.4%的人选择很紧密或是比较紧密，仅有 15.3%的人选择基本没有联系或不太紧密，可见高新区人员在日常生活娱乐功能上与主城区仍然存在着较为频繁的互动。

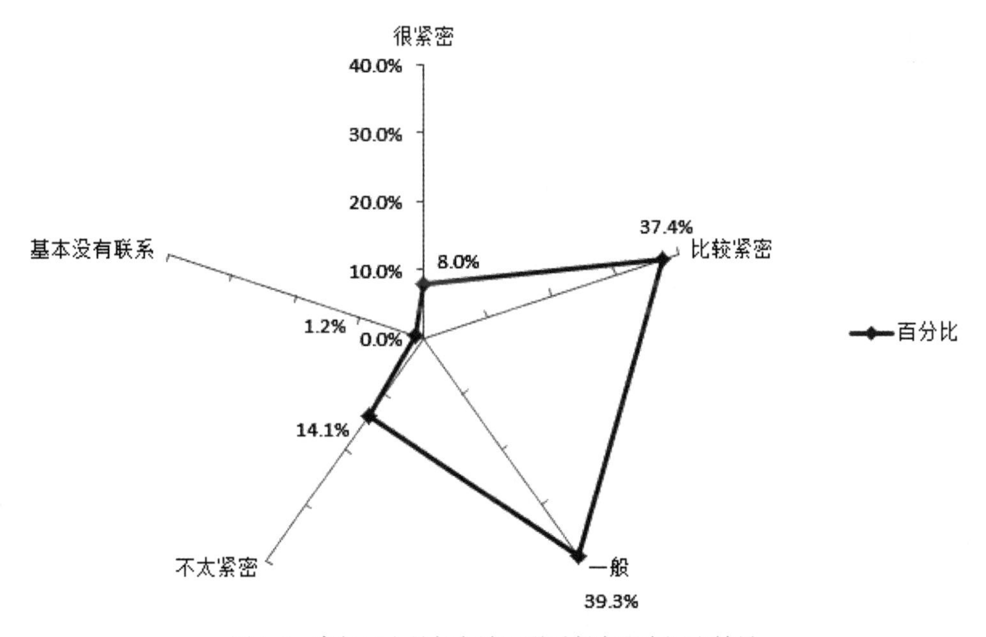

图 7-8　高新区人员与主城区联系紧密程度调查结果

为了更好地分析高新区人员的生活娱乐活动与主城的互动情况，此处我们选择休闲娱乐地点和与主城区的联系紧密程度两个问题进行交叉分析，结果见表 7-23，分析可知：①日常休闲娱乐活动在开发区内人员，选择与主城区的联系紧密程度一般的，比例最高为 36.8%，选择比较紧密或很紧密的人占比达到 36.9%，可见在开发区内休闲娱乐人员中有超过三分之一的受调查者表示与主城区的联系紧密程度较高。②选择在开发区周边休闲娱乐的人员中，同样表现出与主城区的联系紧密程度一般的人占比最多达 48.9%，其次仍有 35.6%的人选择与主城的联系紧密或较为紧密。可知选择在开发区内或开发区周边休闲娱乐活动的人中，虽然最高比例的人选择的是与主城区的联系紧密一般，但仍有三分之一以上的人员表示与主城联系比较紧密。③选择在老三区进行休闲娱乐活动人员中有 54.3%的人认为自己与主城区的联系比较紧密，而在选择与主城区联系比较紧密的人中有高达 62.3%的人休闲娱乐活动地点在老三区，可见主城区内丰富的休闲娱乐功能进一步提升了高新区人员与主城的联系紧密程度。

表 7-23　高新区人员休闲娱乐地点和与主城区联系紧密程度交叉分析结果

			与主城区联系紧密程度					合计
			很紧密	比较紧密	一般	不太紧密	基本没有联系	
休闲娱乐地点	开发区内	计数（人）	5	9	14	8	2	38
		休闲娱乐地点占比（%）	13.2	23.7	36.8	21.1	5.3	100.0
		与主城区联系紧密程度占比（%）	38.5	14.8	21.9	34.8	100.0	23.3
		总占比（%）	3.1	5.5	8.6	4.9	1.2	23.3
	开发区周边	计数（人）	4	12	22	7	0	45
		休闲娱乐地点占比（%）	8.9	26.7	48.9	15.6	0.0	100.0
		与主城区联系紧密程度占比（%）	30.8	19.7	34.4	30.4	0.0	27.6
		总占比（%）	2.5	7.4	13.5	4.3	0.0	27.6
	老三区	计数（人）	3	38	23	6	0	70
		休闲娱乐地点占比（%）	4.3	54.3	32.9	8.6	0.0	100.0
		与主城区联系紧密程度占比（%）	23.1	62.3	35.9	26.1	0.0	42.9
		总占比（%）	1.8	23.3	14.1	3.7	0.0	42.9

续表

			与主城区联系紧密程度					合计
			很紧密	比较紧密	一般	不太紧密	基本没有联系	
	其他区域	计数（人）	1	2	5	2	0	10
		休闲娱乐地点占比（%）	10.0	20.0	50.0	20.0	0.0	100.0
		与主城区联系紧密程度占比（%）	7.7	3.3	7.8	8.7	0.0	6.1
		总占比（%）	0.6	1.2	3.1	1.2	0.0	6.1
合计		计数（人）	13	61	64	23	2	163
		休闲娱乐地点占比（%）	8.0	37.4	39.3	14.1	1.2	100.0
		与主城区联系紧密程度占比（%）	100.0	100.0	100.0	100.0	100.0	100.0
		总占比（%）	8.0	37.4	39.3	14.1	1.2	100.0

综上，宁波高新区基础设施建设正在趋向完善，住房、商业、医疗、银行等配套服务设施也已经满足部分人的基本需求。但总体看，宁波主城区仍然是高新区发展过程中各类生产要素的重要供给地和支撑母体，在职住以及生活功能上高新区与主城存在着较为频繁的互动。

7.2.3.3 石化区与主城区的社会功能互动

首先，对调查问卷中石化区人员基本情况简要分析，发现受调查者年龄也基本分布为 20～50 周岁，其中处于未婚状态的受调查者占 18.7%，80.6%的人处于已婚状态；大专及以上学历的人数仅占总人数的 36.2%，可见在石化区内居住和工作的人员以青壮年劳动力为主。但与高新区不同是，石化区人员的学历并不高，高中及以下学历人数占比高达 63.8%；且大多较低学历的年轻人已经成立家庭，因此相比于高新区这部分人具有较强的稳定性。在户籍所在地分布方面，非浙江省人口占据最大比例为 56.1%，其次是宁波市人口占到总数的 34.2%，可见宁波石化区内以外来务工人口为主，他们学历往往较低，结婚年龄也偏低，与高新区内很多高学历未婚年轻人形成强烈的对比。

（1）职住功能互动

表 7-24 分别记录的石化区人员的工作地和居住地分布情况，分析可知：①在石化区内工作的人数占据绝大部分，达到 73.5%，其次有 22.6%的人在石化区周边和其他区域工作，

而在老三区工作的人占比仅为 3.9%；这表明多数石化区人员的工作岗位仍在石化区内，部分人员也会选择在石化区周边或其他较近的区域工作，但较少有人会住在石化区而工作在老三区。②受调查者中选择在开发区内或周边居住的人数占总数的 78.0%，其次有 11.6%的人选择在其他区域居住，还有 10.3%的人选择在老三区居住；表明石化区及其周边区域承载着大部分石化区职工的居住问题，调查中还发现选择在其他区域居住人员的住所范围绝大部分也并没有超出镇海区。③石化区人员工作和居住情况对比可以看出，石化区及其邻近区域提供了 85.8%的工作岗位和近 80%的住所，而在老三区工作和居住的人数有限，这也是石化区与主城区的通勤行为没有高新区频繁的原因。

表 7-24　石化区人员工作地点与居住地点分布调查结果

区域范围	开发区内	开发区周边	老三区	其他区域
工作地点（%）	73.5	12.3	3.9	10.3
居住地点（%）	43.2	34.8	10.3	11.6

在被问及上班便捷程度时，认为比较方便或很方便的人占 61.3%，认为不方便的人有 6.5%，没有人表示自己上班非常不方便；在通勤时间方面，有 77.4%的人选择在 30 分钟以内，选择在 45 分钟以内的人更是占总数的 94.9%。因此，虽然石化区距离主城位置较远，但却并没有表现出明显的职住分离现象，在通勤时间方面石化区也短于高新区，其原因在于石化区及其周边承载着更多的产业及其居住功能，多数石化区职工选择在工作邻近的地方居住，这一特点在外来工作人口中表现的尤为突出。在对石化区人员交通出行方式的统计中发现，还有 14.2%的人选择私家车出行，这部分人往往是本地人口而且大多在主城区有住房，他们的通勤时间多为 30～45 分钟，这也是石化区与主城区产生部分职住功能互动的主体人群。

同样，为了更好地比较分析石化区人员的职住分离情况，对工作地点和居住地点两个问题进行交叉分析，结果如表 7-25 所示。分析可知：①在开发区内工作的人中有 80.9%的人选择在开发区内或周边居住，只有少数人选择在开发区内工作而居住在老三区，这与上文分析结果是一致的，即除本地人口以外，石化区职工更倾向于在石化区附近居住。②在石化区周边工作的人总量较少，仅占受调查者总数的 12.3%，而且其中的大部分人都居住在石化区及其周边；而居住在石化区周边的人的工作地点也大部分都在石化区内，占 72.2%。③工作地点在老三区而居住在石化区中的人仅占到所有调查者的 2.6%；而居住在老三区在石化区内工作的人数占到受调查者总数的 7.1%；可知与高新区一样，宁波主城区对于石化区也同样存在着人才溢出效应。

表 7-25 石化区人员工作地点和居住地点交叉分析结果

			居住地点				合计
			开发区内	开发区周边	老三区	其他区域	
工作地点	开发区内	计数（人）	53	39	11	11	114
		工作地点占比（%）	46.5	34.2	9.6	9.6	100.0
		住所位置占比（%）	79.1	72.2	68.8	61.1	73.5
		总占比（%）	34.2	25.2	7.1	7.1	73.5
	开发区周边	计数（人）	6	10	2	1	19
		工作地点占比（%）	31.6	52.6	10.5	5.3	100.0
		住所位置占比（%）	9.0	18.5	12.5	5.6	12.3
		总占比（%）	3.9	6.5	1.3	0.6	12.3
	老三区	计数（人）	4	0	2	0	6
		工作地点占比（%）	66.7	0.0	33.3	0.0	100.0
		住所位置占比（%）	6.0	0.0	12.5	0.0	3.9
		总占比（%）	2.6	0.0	1.3	0.0	3.9
	其他区域	计数（人）	4	5	1	6	16
		工作地点占比（%）	25.0	31.3	6.3	37.5	100.0
		住所位置占比（%）	6.0	9.3	6.3	33.3	10.3
		总占比（%）	2.6	3.2	0.6	3.9	10.3
合计		计数（人）	67	54	16	18	155
		工作地点中的%	43.2	34.8	10.3	11.6	100.0
		住所位于其中的%	100.0	100.0	100.0	100.0	100.0
		总占比（%）	43.2	34.8	10.3	11.6	100.0

（2）生活娱乐功能互动

从购物、就医、休闲娱乐、金融活动地点选择等方面分析石化区与主城的生活娱乐功能互动，具体结果见表 7-26。可以看出：①购物地点，较多的受访者选择在石化区内或者周边购买日常用品，分别占到总数的 36.1%和 40.6%，虽然访谈中他们表示主城区在商品种类和质量上可能表现得更加优越，但是考虑到距离因素加上公共交通的不便，很少会去主城区购物。②就医地点选择，有 37.4%的人选择平时在石化区内就医，选择在石化区周边就医的人占 38.1%，可见宁波石化区的医疗服务水平及设施，满足了大多数在石化区内工作和生活人员的基本需求；但仍有 16.1%的人选择在主城区内就医，这一方面与职住情况有关，另一方面也与主城区内较高的医疗服务水平相关。③休闲娱乐和金融活动地点选择，大部分人都选择在石化区内或周边进行，这与高新区存在着很大的差异。主要表现为高新区人员在休闲娱乐时更倾向于走出去，而石化区人员则往往会在附近休闲；在金融活动地点选择上，高新区人员多在老三区进行，而多数石化区人员依然选择在附近进行。

表 7-26　石化区人员日常生活娱乐活动区域选择结果

区域选择	石化区内比例（%）	石化区周边比例（%）	老三区比例（%）	其他区域比例（%）
购物地点	36.1	40.6	14.2	9.0
就医地点	37.4	38.1	16.1	8.4
休闲娱乐地点	33.5	41.3	15.5	9.7
金融活动地点	34.2	41.9	14.8	9.0

总之，宁波区及其邻近区域虽然在购物、医疗、休闲娱乐、金融活动等基础服务上满足多数石化区人员的日常生活需求，但石化区提供的社会服务在数量以及质量上都存在很大不足，提供的服务水平和层次较低，当然这也与石化区内较多的低学历外来人口的经济水平和物质生活理念相关。在被问及日常工作生活与主城区的联系紧密程度时（图 7-9），有超过一半的人选择基本没有联系或联系不太紧密，可见石化区人员在日常生活娱乐功能上与主城区的互动较少，没有高新区人员与主城联系紧密。

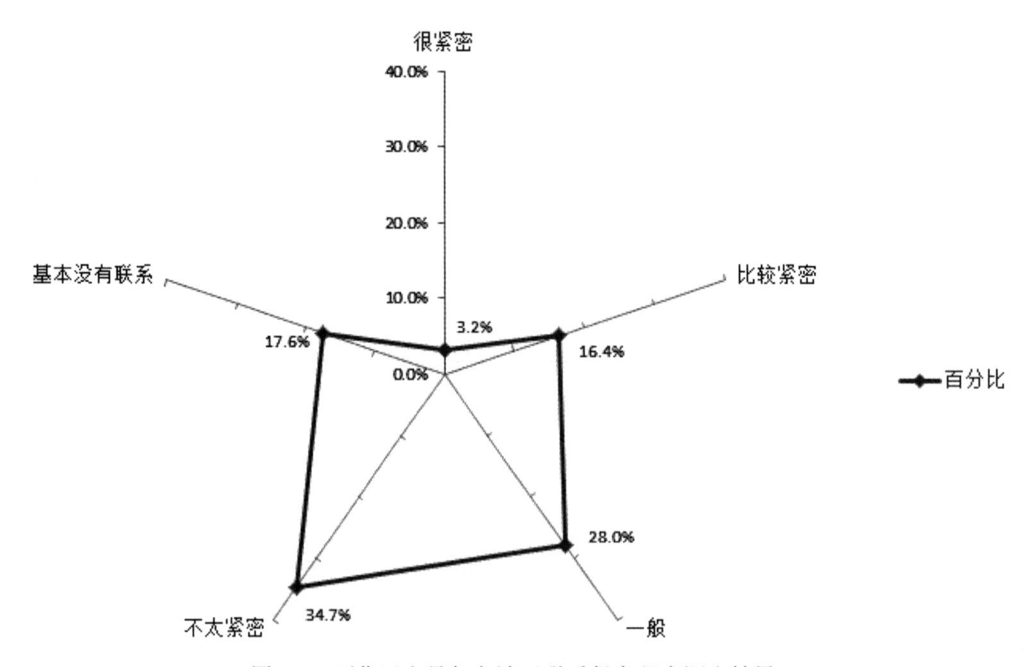

图 7-9　石化区人员与主城区联系紧密程度调查结果

7.2.4 创新溢出作用的比较分析

7.2.4.1 高新区的创新溢出作用

创新是高新区发展的主要推动力，宁波高新区科技创新能力的高低对于宁波全市产业技术水平的提升有着重要影响。宁波高新区致力于通过产—学—研联动发展，从而带动宁波市整体产业水平的提升。截至 2015 年，区内高新技术企业数量达到 111 家，全年实现地区生产总值 167.1 亿元人民币，比去年同期增长 10.1%；2015 年高新区研发经费支出 7.8 亿元，占 GDP 比例达到 4.6%；高新技术产业增加值占规上工业增加值比例达到 81.3%，全年发明专利申请量 1200 件、授权专利 320 件，分别同比增长 74%和 162%。总体而言，宁波高新区的创新科研实力已经处于较高水平，形成电子信息、新材料、生物医药等特色产业集群，在科研成果转化与中小企业孵化方面均走在宁波前列。下面主要从孵化企业扩散、与总部的互动和对外技术合作三个方面衡量高新区的创新溢出作用。

（1）孵化企业的扩散

企业孵化器是高新区的重要功能之一，在高新区内孵化的中小企业成熟以后，因为自身或者市场环境变化，有些会迁移到城市的其他区域继续发展，因此高新区内孵化企业在城市内部的自由扩散能够把高新区的创新成果带动溢出到城市其他区域，因而通过孵化企业的扩散效应能够反映出高新区与主城在研发功能上的互动水平高低。截至 2016 年，宁波市拥有的国家级、省级和市级科技企业孵化器分别为 8 家、5 家和 26 家，科技企业孵化器总面积近 72 万 m^2，在孵企业 1800 多家，累计毕业企业达到 1300 家。截至 2016 年，宁波高新区内共有 5 家院士工作站、79 家科研机构、9 家市级以上企业研究院、市级以上工程（技术）中心累计达 64 家。此外，高新区还有国家级科技企业孵化器 3 家，占全市国家级科技企业孵化器的 37.5%（表 7-27）。

表 7-27 宁波市国家级科技企业孵化器名录

序号	企业孵化器名称	认定年份	区域	级别
1	宁波市科技创业中心	2002	高新区	国家级
2	宁波保税区科技促进中心	2006	保税区	国家级
3	宁波经济技术开发区科技创业园服务中心	2008	北仑区	国家级
4	浙大科技园宁波分园（浙大科技园宁波发展有限公司）	2009	高新区	国家级
5	宁波市鄞创科技企业孵化器管理有限服务公司	2009	鄞州区	国家级
6	宁波市大学科技园发展有限公司	2009	镇海区	国家级
7	宁波甬港现代创业服务中心	2013	高新区	国家级
8	浙江中物九鼎科技孵化器有限公司	2015	鄞州区	国家级

资料来源：宁波市科技信息研究院。

根据《宁波市科技企业孵化器认定管理办法》中对于孵化器中企业在孵时限一般不超过 3 年（特殊情况不超过 5 年）的规定，本研究通过分析高新区内三个国家级科技企业孵化器：宁波市科技创业中心、浙大科技园宁波分园和宁波甬港现代创业服务中心在 2009 至 2012 年入孵的科技型孵化企业和创业服务机构的分布状况，来探究高新区内孵化企业的扩散情况（表 7-28）。

表 7-28　宁波高新区国家级企业孵化器 2009—2012 年入孵企业数量情况

孵化器名称	2009 年	2010 年	2011 年	2012 年	合计
宁波市科技创业中心入孵企业（家）	55	86	49	61	251
浙大科技园宁波分园入孵企业（家）	43	63	73	85	264
宁波甬港现代创业服务中心入孵企业（家）	21	30	69	77	197

资料来源：宁波国家高新技术产业开发区网站。

对宁波高新区三大国家级企业孵化器在 2009—2012 年间入孵的 712 家企业中顺利毕业企业的迁出情况进行统计，结果见表 7-29。利用 ArcGIS 10.2 软件对毕业企业迁出情况进行空间分析，结果如图 7-10 所示。

表 7-29　宁波高新区国家级企业孵化器入孵企业迁出状况

孵化器名称	迁出企业名称（企业迁入地址）
宁波市科技创业中心	宁波宝德龙橡塑有限公司（鄞州区）、宁波正圣科技有限公司（北仑区）、宁波乐普节能科技有限公司（鄞州区）、宁波奇盛网络科技有限公司（江东区）、宁波中一检测研究院有限公司（杭州湾新区）、宁波玖策文化传媒有限公司（鄞州区）、宁波和谐科技有限公司（镇海区）、宁波驱达汽车零部件制造有限公司（北仑区）、宁波十月网络科技有限公司（海曙区）、宁波沃瑞科技有限公司（江东区）、宁波恒义自动化设备有限公司（北仑区）、宁波科大远望信息科技有限公司（海曙区）、宁波易科智能仪器有限公司（江东区）、宁波宝时动力科技有限公司（鄞州区）、宁波市建中建筑设计有限公司（江东区）、通联支付网络服务股份有限公司宁波分公司(江东区)、宁波市城之新展览有限公司(江东区)、宁波纯丽节能技术有限公司（江东区）、宁波天一影视策划制作有限公司（江东区）、宁波市金之雪纺织品有限公司（鄞州区）、宁波商务时报文化传媒有限公司（鄞州区）、宁波市柏宁投资管理有限公司（鄞州区）
浙大科技园宁波分园	宁波麦高家具有限公司（北仑区）、宁波宁水节能科技有限公司（慈溪市）、宁波市斯瑞自控科技有限公司（江东区）、宁波市鸿辉材料科技发展有限公司（北仑区）、宁波学而教育科技有限公司（海曙区）、宁波四方万创科技有限公司（海曙区）、宁波微拓机电科技有限公司（江北区）、宁波禾美庭园设计有限公司（海曙区）、宁波万全企业管理咨询有限公司（海曙区）、宁波博泽企业管理咨询有限公司（鄞州区）、宁波恩胜电子科技有限公司（镇海区）、宁波百东升智能科技有限公司（江东区）、宁波知音音响设备有限公司（鄞州区）、宁波汇腾文化传播有限公司（鄞州区）、宁波共联投资管理有限公司（江东区）、宁波泰立宏塑料科技有限公司（江东区）、宁波新星同创电子科技有限公司（鄞州区）、宁波新金力紧固件科技有限公司（镇海区）、宁波醒目广告有限公司（鄞州区）

续表

孵化器名称	迁出企业名称（企业迁入地址）
宁波甬港现代创业服务中心	宁波中崛网络技术应用有限公司（海曙区）、浙江海册律师事务所（江东区）、宁波安格斯电子科技有限公司（鄞州区）、浙江垠桥能源科技发展有限公司（北仑区）、宁波埃克仪表有限公司（鄞州区）、浙江联合赛福实验仪器科技有限公司（奉化市）、宁波鱼化龙机电科技有限公司（镇海区）、宁波天羿新型木材料科技有限公司（鄞州区）、宁波欧特电子科技有限公司（江东区）、宁波宁聚投资管理有限公司（北仑区）、宁波赢天广告传媒有限公司（江东区）、宁波励志企业管理咨询有限公司（海曙区）、宁波光森涂料有限公司（海曙区）、宁波汇力机械科技有限公司（鄞州区）、宁波市珂甬精晟电器有限公司（鄞州区）、宁波可可豆科技有限公司（海曙区）、宁波华创信息科技有限公司（江东区）、宁波浩然文化传播有限公司（海曙区）、宁波正德会计师事务所有限公司（奉化市）、宁波旺江计量检测技术有限公司（海曙区）

资料来源：宁波国家高新技术产业开发区网站，作者整理得。

统计发现 2009—2012 年间入孵高新区的企业中绝大多数至今仍驻留在高新区内部没有迁出，大多数企业在三年孵化期结束以后选择存续合同。也有小部分企业在孵化期结束以后向周边区域辐射发展，其扩散范围主要在宁波市区。具体而言，有 61 家企业在孵化器毕业后迁出，其中迁入鄞州区的企业最多，达到 17 家，其次为江东区有 16 家企业迁入，还有 12 家企业迁入海曙区，迁入江北区的企业最少，只有 1 家。除迁入主城区外，部分企业还扩散到了奉化、慈溪、杭州湾新区等县市区域。总的来说，主城区是高新区内毕业企业的首要迁入地，占到了总迁出企业的 90%以上。可见高新区孵化企业在带动宁波主城区科技创新发展上发挥着重要作用。高新区孵化器不断涌现出的科技创新企业，为宁波的高新技术产业发展输送了不竭动力和新鲜“血液”，这对于高新区与主城区的快速融合发展起到了催化剂的作用。

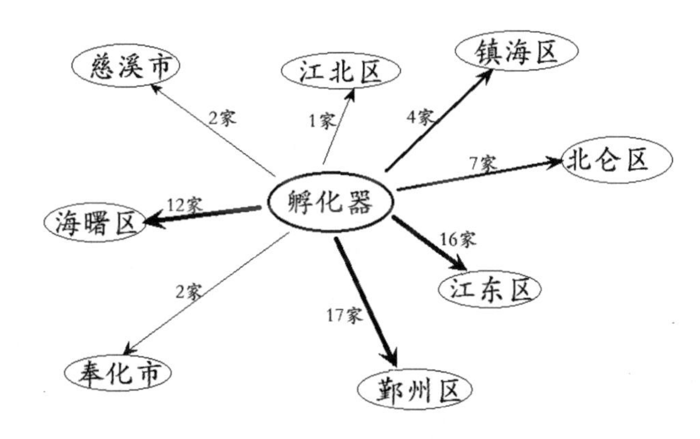

图 7-10　宁波高新区国家级企业孵化器入孵企业迁出空间分布

（2）与总部的互动

开发区企业随着业务量的增长和企业规模的扩大，往往基于公司战略选择会在成本更低的区域设立分公司或建设新厂，这就产生分公司或新厂区与总部的互动现象，而这也是反映高新区总部经济创新溢出作用的重要体现之一。从高新区三大国家级企业孵化器2009—2012年间入孵企业创建分公司情况可知（表7-30、图7-11）：高新区内企业分公司的分布地域广泛，遍及宁波市区，但是主要分布在江北区和鄞州区；除了在主城区内扩散外，部分企业还扩散到慈溪、奉化等周边县市，更有少数企业在北京、成都等城市设立分公司。企业分公司与总部之间必然会存在着频繁的商品和技术的流动，表面上是分公司与总部商品和技术的流动，实际上则是更高层次的开发区产业、科技和主城产业、科技的互动。

表7-30　宁波高新区国家级企业孵化器入孵企业创建分公司情况

孵化器名称	企业名称	分公司地址
宁波市科技创业中心	宁波高新区宇森节能技术有限公司	北京分公司
	宁波兰玛颂网络科技有限公司	鄞州分公司
	宁波高新区健坤电热器技术有限公司	北仑分公司
	宁波向往智能科技有限公司	奉化分公司
	宁波力达得为高分子科技有限公司	鄞州分公司
	宁波康铭泰克信息技术科技有限公司	河北分公司
	宁波高新区绿之蓝环保科技有限公司	海曙分公司
	宁波高新区海纳百川楼宇信息技术有限公司	江北分公司
浙大科技园宁波分园	宁波天意钢桥面铺装技术有限公司	北仑分公司
	宁波双翼能源科技有限公司	江北分公司
	宁波高新区辉门科技有限公司	慈溪分公司
	宁波禾森自动化设备有限公司	江东分公司、海曙分公司
	宁波高新区易尚科技有限公司	镇海分公司
	宁波考工记产品创意有限公司	江东分公司
	浙江环耀环境建设有限公司宁波分公司	鄞州分公司
宁波甬港现代创业服务中心	宁波高新区众恒信企业管理咨询有限公司	保税区分公司
	宁波高新区百思威电子科技有限公司	鄞州分公司
	宁波高新区智尚安达电子科技有限公司	镇海分公司
	宁波杰利翔电子商务有限公司	江北分公司
	宁波高新区甬港现代创业服务有限公司	江北分公司
	宁波博科能源环保工程有限公司	杭州湾新区分公司
	宁波高新区源鑫广告有限公司	江东分公司
	宁波市阿尔法投资管理有限公司	成都分公司

资料来源：宁波国家高新技术产业开发区网站，作者整理。

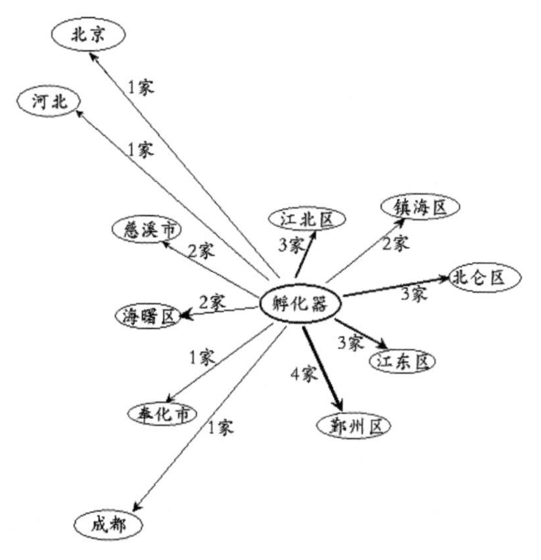

图 7-11　宁波高新区国家级企业孵化器入孵企业创建分公司空间分布

就企业总部与分公司之间如何互动，下面以宁波美诺华药业股份有限公司为例进行具体说明，该公司是一家专业从事原料药、生物制药、成品药的研发、量产、销售一体化的制药型企业，成立于 2004 年，其总部位于宁波市高新区研发园内。宁波美诺华药业股份有限公司旗下共有浙江美诺华、安徽美诺华、宁波联华进出口、成都美诺华、杭州新诺华、上海新五洲、香港联合艺贸和宁波美诺华大榭分公司 8 家分公司，其一般经营模式为：首先由安徽美诺华公司从外采购原材料生产成初级医药中间体，销售给浙江美诺华公司；浙江美诺华公司再将采购的初级医药中间体经过二次加工，生产成二级医药中间体，然后销售给宁波联华进出口公司，由宁波联华进出口公司销售给各大药厂，生产出成品药，再最终销售到各个医药单位进行零售。而在这一过程中位于高新区的宁波美诺华公司总部扮演着十分重要的角色，其在企业运作以及科技研发上将各家分（子）公司有机地结合起来，形成企业效益最大化的良性互动（图 7-12）。

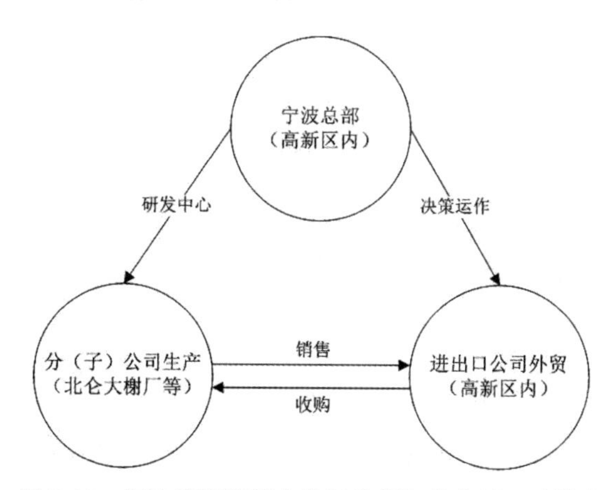

图 7-12　宁波美诺华药业公司总部与分公司互动模式

（3）对外技术合作

开发区与主城的技术合作是体现其创新溢出能力的最直观表现，主要包括企业与企业之间的技术交流以及高校与企业间的技术合作；高新区作为宁波市的创新研发载体，高新技术企业和科研机构众多，因此在与主城的技术交流上相较于城市其他区域更加频繁。表7-31反映的是宁波市2014年全年技术合同成交金额排名前10位的技术卖方名称，可以看出前十名中有两家技术卖方为高新区内企业，分别为TCL通讯（宁波）有限公司和宁波高新区围海工程技术开发有限公司，虽然数量上没有明显优势，但是两家企业的技术合同成交金额和技术交易额分别占到前10名总金额的41.69%和41.17%，可见高新区在宁波对外技术合作与输出总量上的重要地位。

表7-31　2014年宁波市技术合同成交金额前10位卖方汇总

序号	卖方名称	合同成交金额（万元）	技术交易额（万元）
1	TCL通讯（宁波）有限公司	14688.00	14266.00
2	中科院宁波材料技术与工程研究所	6099.21	6072.21
3	浙江大学宁波理工学院	5309.27	5294.27
4	宁波美培林轴承有限公司	3300.00	3300.00
5	宁波江北鸿创科技咨询有限公司	2204.32	2204.32
6	约翰迪尔农业机械有限公司	1658.35	1658.35
7	浙江宣逸网络科技有限公司	1600.00	1600.00
8	宁波高新技术产业开发区围海工程技术有限公司	1344.50	1160.20
9	宁波国研软件技术有限公司	1271.21	938.12
10	东蓝数码股份有限公司	979.91	979.91

资料来源：宁波市科技局《2014年宁波市科技合作报告》。

与技术合作金额相比，技术交易合同的流向地域更能体现出高新区与主城的互动情况，2014年宁波市技术交易合同总数为1405项，从技术交易流向地域看，主要在宁波市和浙江省内部进行，其中在宁波市内进行的交易总共有973项，占到总数的69.25%；流向省内其他城市的交易有227项，占总数的16.16%；剩余的14.59%流入到其他省市、港澳台地区以及国外。可见，在宁波市进行的技术交易大部分的流向地域仍是宁波市内，而高新区在宁波市技术交易金额总量中占据举足轻重的地位，从中可以窥见宁波高新区在技术合作方面必然与主城区存在十分紧密的联系。

7.2.4.2　石化区的创新溢出作用

宁波石化区以石油化工产业为主体，整体创新溢出作用明显弱于高新区，在科技创新及研发上也都围绕着化学工业进行，而在电子信息产业、制造业以及高新技术企业孵化等方面，也都无法跟高新区相比。在宁波市省级以上科技企业孵化器中没有一家位于石化区内，也说明石化区环境本身并不适宜高新技术企业的培育和发展。截至 2015 年，石化区内高新技术企业数量仅为 18 家；省、市、区各级工程技术中心共 27 个，其中市级以上工程技术中心 14 个（表 7-32）；至今累计授权专利数约为 350 项，其中发明专利 55 项，而此数据在宁波各类省级以上开发区中都是最低的。

表 7-32 石化区内各级企业工程技术中心汇总

类别	名　　称	依托单位	创建时间
省级	龙欣精细化工省级高新技术企业研究开发中心	宁波龙欣精细化工有限公司	2006
	德泰炭黑省级高新技术企业研究开发中心	宁波德泰化学有限公司	2010
	海德氨基酸省级高新技术企业研究开发中心	宁波市镇海海德生化科技有限公司	2012
	鑫甬生物化工生物催化技术与水溶性高分子省级高新技术企业研究开发中心	浙江鑫甬生物化工有限公司	2012
	有机氯化合物省级高新技术企业研究开发中心	宁波巨化化工科技有限公司	2014
	宁波医药省级高新技术研究开发中心	宁波市医药技术研究有限公司	2000
市级	宁波立华植物提取工程（技术）中心	宁波立华植物提取技术有限公司	2011
	宁波甬华石油树脂工程（技术）中心	宁波甬华树脂有限公司	2011
	宁波金海德旗碳五化学工程（技术）中心	宁波金海德旗化工有限公司	2012
	宁波家联餐具包装自动化工程（技术）中心	宁波家联塑料科技有限公司	2012
	宁波久而久瞬间胶工程（技术）中心	浙江久而久化学有限公司	2012
	宁波人健医化药物研发工程（技术）中心	宁波人健医药化工有限公司	2012
	宁波大达海工防腐涂料工程（技术）中心	宁波大达化学有限公司	2013
	宁波恒河碳九化学工程（技术）中心	浙江恒河石油化工股份有限公司	2013
区级	宁波天宝门窗五金工程（技术）中心	宁波天宝锌合金制品有限公司	2010
	镇海大红鹰生物工程（技术）中心	宁波大红鹰生物工程股份有限公司	2012
	镇海安力酚醛树脂成型材料工程（技术）中心	宁波安力电子材料有限公司	2012
	镇海欧迅精细化工工程（技术）中心	宁波欧迅化学新材料技术有限公司	2012
	镇海博汇芳烃化工工程（技术）中心	宁波博汇石油化工有限公司	2012
	镇海顺泽丁腈橡胶工程（技术）中心	宁波顺泽橡胶有限公司	2013
	镇海争光离子交换树脂工程（技术）中心	宁波争光树脂有限公司	2013
	镇海东来化工环保材料工程（技术）中心	宁波东来化工有限公司	2013
	镇海永顺醋酸酯工程（技术）中心	宁波永顺精细化工有限公司	2013
	镇海诺尔丽化学科技工程（技术）中心	宁波诺尔丽化学科技有限公司	2013
	镇海博帆卫浴新材料工程（技术）中心	宁波博帆卫浴有限公司	2014
	镇海江宁 C4 下游及新材料工程（技术）中心	宁波江宁化工有限公司	2014
	镇海康赛妮精纺线工程（技术）中心	宁波康赛妮纺织品有限公司	2014

资料来源：宁波市镇海区科技局。

在对外技术合作和与总部互动方面，“十二五”期间石化区内企业新增院士工作站1家，累计院士工作站达到2个，园区还与中科院大连化物所合作共建技术转移中心，园区企业与浙江理工大学、浙江工业大学等院校合作建立产品开发平台。2011年，区内企业达成科技合作项目10项，交易额达3500万元，参与国家标准制定起草3项；2012年，石化区新报国家火炬计划项目3项、国家重点新产品计划项目3项、宁波市重大攻关项目2项；2013年，区内企业巨化集团和人健药业分别成功引进一名国家“千人计划”高层次人才；2015年中科院大连化物所与石化区内的巨化科技、恒河石化、天衡制药等多家企业展开多种形式的技术合作，完成技术交易额超过400万元。可以看出，石化区的对外技术交流合作往往不局限于宁波市域，而是更注重在省域层面和全国层面引进高端人才和技术，因而与宁波主城的技术交流并不十分频繁。宁波石化区虽然在科技创新和高新技术产业发展上取得一定的成绩，但综合比较而言，就科技研发和高新技术培育等创新功能上，其在全市的影响作用仍然非常有限。

7.2.5 融合程度综合评价

本章7.2.1至7.2.4节已分别就宁波高新区和石化区在空间联系、经济关联、社会功能融合、创新溢出作用等要素上与主城的互动关系进行详细探讨；为使研究更具定量，本节构建评价指标体系及熵权法模型对宁波市高新区、石化区与主城融合程度进行综合评价。考虑到数据的可获得性和有些指标的不可量化情况[①]，构建评价指标体系，见表7-33[②]，基本能够反映开发区与城市的互动融合情况。

表7-33 开发区与城市融合评价指标体系

子体系	指标层	指标说明
空间融合	开发区与主城空间距离	由GIS矢量图中测得直线空间距离
	开发区交通优势度	由城市道路、铁路、高速公路等综合计算得出[③]
	对外公共交通状况	与主城相连接公交线路条数
经济功能融合	GDP比例	开发区的GDP/宁波市GDP
	税收收入比例	开发区税收收入/宁波市税收收入
	相对劳动生产率	开发区人均产值/全市人均产值
社会功能融合	开发区常住人口比例	开发区常住人口数量占全市比例
	开发区居民在城市就业	开发区居民在城市就业比例
创新功能融合	R&D经费投入	开发区R&D经费投入
	专利申请量	开发区申请专利个数
	高新技术企业数量	开发区高新技术企业个数

① 其中，经济关联的企业产业链分析和社会功能融合的调查问卷分析已分别在7.2和7.3中进行详细阐述。

② 主要数据来源：宁波国家高新技术产业开发区网站及管理委员会，宁波石化经济技术开发区网站及管理委员会，宁波市科学技术局，《2015中国火炬统计年鉴》《2015宁波市统计年鉴》等。

③ 此处，开发区交通优势度数据参照上文7.1.1中的计算结果。

对宁波市高新区和石化区与主城融合度进行评价。

首先对数据进行无量纲化处理：

$$V_{ij}=\frac{X_{ij}-\min(X_j)}{\max(X_j)-\min(X_j)} \tag{7-4}$$

计算第 j 个指标下第 i 个被评价对象的特征比重 P_{ij}：

$$P_{ij}=V_{ij}/\sum_{i=1}^{m}V_{ij} \tag{7-5}$$

计算第 j 项指标的熵值 e_j，熵值越小，就表明该指标反映的信息量越大：

$$e_j=-1/\ln(m)\sum_{i=1}^{m}P_{ij}\times\ln P_{ij} \tag{7-6}$$

计算第 j 项指标的差异系数 D_j，D_j 越大表明该指标提供的信息量越大，越应给予较大指标权重：

$$D_j=1-e_j \tag{7-7}$$

确定各指标的熵权重 W_j：

$$W_j=d_j/\sum_{j=1}^{n}d_j \tag{7-8}$$

计算各个评价对象的综合评价值 V_i：

$$V_i=\sum_{j=1}^{n}W_j\times P_{ij} \tag{7-9}$$

按模型步骤依次计算各指标的熵值 e_j 和熵权重值 W_j，结果见表 7-34。最后利用公式（7-9）求得各子系统的评价值和宁波高新区、石化区的综合评价值 V_i，结果见表 7-35。

表 7-34　各评价指标的熵值和熵权重值

指　　标	熵值 e_j	熵权重值 W_j
开发区与主城空间距离	0.253	0.148
开发区交通优势度	0.956	0.009
对外公共交通状况	0.584	0.083
GDP 比例	0.714	0.057
税收收入比例	0.467	0.106
相对劳动生产率	0.013	0.197
开发区常住人口比例	0.910	0.018
开发区居民在城市就业	0.663	0.067
研发经费投入	0.849	0.030
专利申请量	0.570	0.085
高新技术企业数量	0.015	0.198

表 7-35　各子系统评价值和综合评价值

子　系　统	评　价　值	
	高新技术产业开发区	石化经济技术开发区
空间融合	0.219	0.021
经济功能融合	0.022	0.340
社会功能融合	0.067	0.017
创新功能融合	0.294	0.020
融合度综合评价值 V_i	0.602	0.398

分析表 7-35 可得出以下结论：

高新区评价的 4 个子系统中，评价值从高到低依次为创新功能融合、空间融合、社会功能融合和经济功能融合，表明创新是高新区的主导功能，在对全市的创新带动中发挥重要作用；其次，由于空间距离邻近，高新区也更加容易与主城产生融合互动；高新区与主城的社会功能融合较低主要是由于高新区内部本身已经提供较多的居住、医疗等基础设施服务的缘故；经济规模较小是高新区与主城经济功能融合度较低的主要原因。

石化区评价的 4 个子系统中，评价值从高到低依次为经济功能融合、空间融合、创新功能融合和社会功能融合，由于石化经济依然是宁波市的支柱产业，石化区经济规模较大，使得其与主城经济功能融合度较高；除此之外，石化区与主城区的空间融合、创新功能融合和社会功能融合度都不高，这是由于空间距离较远、创新能力不足和产业环境的“邻避性”对石化区与主城的融合互动产生不利影响，也说明石化区与主城关系发展还处于比较低级的阶段。

比较高新区与石化区融合度的综合评价值，可以看出宁波高新区与主城的融合水平要远大于石化区，这是众多因素综合作用的结果，也与前文的研究结论相符。一方面，宁波高新区与主城的融合互动已经处在较为成熟阶段；另一方面，在更好地加强石化区与主城的融合互动上需要探索出新的路径。

7.3　宁波高新区、石化区与主城融合模式、动力的比较分析

开发区与城市主城融合发展逐渐成为地区推进经济发展的重要战略决策，其融合历程受到政策、平台、服务以及金融等多层面要素综合影响，各地区在实践中形成独特的融合模式并不断创新动力机制。宁波高新区和石化区在产业结构、功能布局、生活环境上存在

显著差异，不同的经济社会条件、创新溢出环境与功能角色定位都影响开发区与城市主城关系的形成与发展，最终形成高新区和石化经济区与主城融合的独特发展模式。在融合模式界定基础上明确宁波高新区、石化区与主城融合发展的驱动要素，继而指明开发区与主城的融合发展方向，对促进未来宁波开发区的发展具有指导意义。本节首先明确开发区与主城在技术、人才、金融等方面的紧密联系，归纳并阐述以高新区为代表的“全方位”自演融合模式和以石化区为代表的“强要素”拉动融合模式的运行机制与发展特征；其次，剖析宁波高新区、石化区与主城融合的动力机制，指出高新区和石化区与主城融合的驱动力间存在差异；最后，在开发区产业发展与复合功能的双重要求下，提出未来高新区与主城融合发展的“一体化”共享模式和石化区与主城融合发展的“多通道”连接模式。

7.3.1 融合模式

通过对宁波市两个典型开发区与主城在空间区位、经济关联、社会关联、创新溢出作用四个维度系统比较分析，发现开发区因其功能和定位各不相同，与主城关系历经由依存—互补—反哺，再到融合演进的过程，不同类型开发区的发展模式亦存在差别。开发区发展从最初主城产业的“退二进三”开始，一直处在产业和功能不断自我完善的进程中。然而，功能日益完善还不足以使开发区脱离主城而独立存在；当某开发区因功能的完善和人口的集聚，完成由量到质的转变即从开发区演进为新城时，那么其也就失去作为开发区的原本意义。开发区之所以称为开发区，发展特定产业集群仍然是主要职能，开发区在技术、人才、金融等问题上仍然需要以主城为依托。

开发区的发展离不开主城，主城也需要开发区来带动城市经济的持续增长，二者的紧密互动体现在空间、经济、社会、创新溢出等具体微观要素的关联作用强度上，不能因为产业门类的不同而片面否定开发区和主城之间更深层次的互动融合关系。本章的宁波高新区和石化区是两种截然不同的开发区类型，其与主城存在不尽相同的互动融合模式，通过对比分析和提炼，可以总结归纳为两种：一种是以高新区为代表的“全方位”自演融合模式；另一种是以石化区为代表的“强要素”拉动融合模式。

7.3.1.1 以高新区为代表的“全方位”自演融合模式

宁波高新区与主城地理位置相邻，无论是在公共交通便捷度还是在公共基础设施建设上均处于城市较高水平，整体交通优势明显，与主城的空间关联性很强。在经济关联上，高新区产业链与主城交织，部分产品在主城内流通，以企业为载体的产业经济联系性较强，但在经济规模上，高新区的生产总值较小，相比于石化区仍然较低，因此在经济总量上对主城贡献一般。高新区与主城在人员流动上较为频繁，职住功能以及生活功能与主城互动强烈。创新溢出作用上，高新区与主城有明显的创新功能互动，众多的高新技术企业和工程技术研发中心，使得高新区有着很强的科研实力；三大国家级企业孵化中心显著提升了高新区的孵化扩散能力；与外部企业、高校、科研单位进行的各种技术合作又进一步加深高新区技术的对外溢出作用。

综上可知，宁波高新区在空间关联、社会关联以及创新溢出作用上与主城均存在比较紧密的互动，在经济关联上虽然对城市经济总量贡献不大，但高新产业未来发展潜力巨大，在未来城市经济发展中的重要性不言而喻。宁波高新区与主城的互动反映出二者关系的不断深化；在创新驱动下的宁波高新区与主城交流也愈加频繁，这种交流不是以往的被动接受，而是高新区主动融入主城的过程。因此，多要素的“全方位”自主演化互动进一步加速二者的融合（图 7-13）。

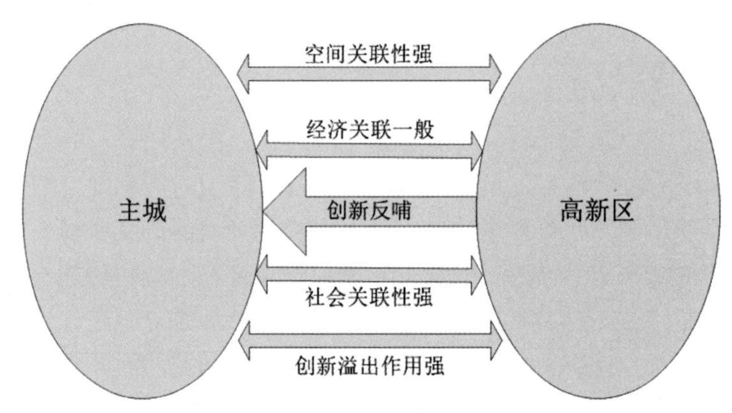

图 7-13　高新区与主城的“全方位”自演融合模式

7.3.1.2　以石化区为代表的“强要素”拉动融合模式

与高新区相反，宁波石化区地理位置较远，公共交通与主城衔接不便，公共基础设施也较为缺乏，交通优势度不如高新区，与主城的空间联系性较弱。经济关联上，石化产品通过上下游产业链与外部企业相连，石化产业的汽柴油品以及下游精细产品在主城区内有着广泛的市场。值得说明的是，宁波石化区的经济总量大，对宁波市整体的经济贡献率较高，因此在经济互动上与主城表现出较强的关联性。但由于空间距离较远，加上缺乏直达的公共交通工具，使得石化区与主城区在人员交流上要弱于高新区，除部分本地职工依靠厂车或私家车产生的日常通勤行为以外，调查中发现多数在开发区周围居住的职工在日常生活方面较少与主城产生互动，多是就近完成，因此在社会功能融合上石化区与主城关联性一般。创新溢出作用上，石化区内高新技术企业及研发中心较少，无省级以上科技企业孵化器，虽然有一定的对外技术扩散能力，但总体创新溢出能力较弱。

综上可知，宁波石化区在空间关联以及创新溢出作用上与主城的互动水平均较低，社会关联程度也一般，仅经济关联总体上较强。这反映出现阶段宁波石化区与主城的互动，很大程度上是在主城经济主导下、依靠较强关联要素，进而带动其他相关要素发展的“强要素”拉动融合模式（图 7-14）。

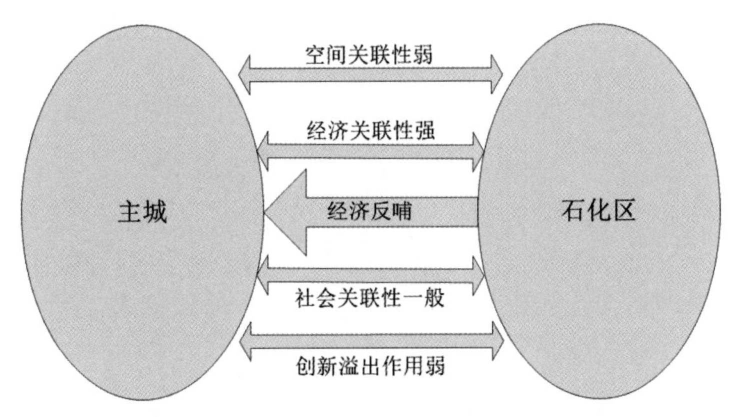

图 7-14 石化区与主城的“强要素”拉动融合模式

7.3.2 融合发展方向

城市开发区的发展面临着功能多样化选择，而满足开发区功能多样化需求的路径有两种：一种是开发区自身的功能多样化发展，其最终发展方向是新城或城市新区，而这无疑破坏了开发区本身的产业“纯洁性”；另一种是开发区与主城融合发展，这种方式能够在最大限度上保留开发区的产业发展本质。现阶段我国开发区发展要求由开发区上升为新城的案例不多或是发展条件还不充分，全国多数开发区依然主要承担的是城市的产业功能而非综合职能。所以，本节分析认为将以发展专业产业集群为主的开发区与主城进行功能一体化发展应是绝大多数开发区未来发展的方向。

7.3.2.1 高新区与主城融合发展方向

高新区以发展高新技术产业为主，承担的主要是城市的创新和研发功能，其发展需要更多的技术、人才和信息支撑，因此在地理位置上往往更靠近生产要素大量集聚的主城。随着城市空间范围的不断外延，以及高新区本身对功能多样化需求的上升，在选择高新区与主城融合发展路径时的关键词就在于“共享”。具体而言，就是主城和高新区共享城市基础设施和配套服务功能空间。具体模式如图 7-15 所示。主城和高新区的空间距离较小，高新区内为高新技术产业发展核心区域，将高新区与主城之间的城市空间进行整合、配置为生态居住功能区、产业配套服务功能区等，使得这些配套功能区能够分别与主城和高新区产生互动中在空间邻近的情况下，完成城市综合服务功能的双向互动，以满足高新区对于功能多样化的需求。高新区与主城的功能共享融合发展模式，既能够促进高新区与主城的快速交融互动，又能够保证高新区产业的“纯洁性”，有利于城市整体功能格局的重构。

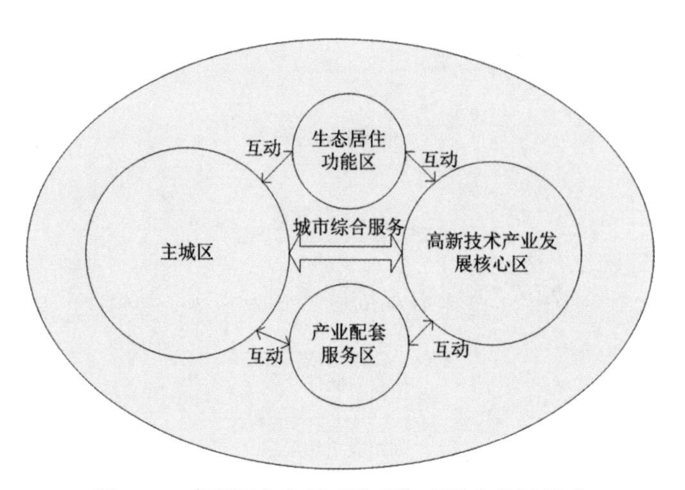

图 7-15　高新区与主城“共享”式融合发展模式

7.3.2.2　石化区与主城融合发展方向

石化产业作为支柱性产业，在宁波市经济总量中占有重要地位，石化区承担的更多是经济功能。石化区由于“邻避效应”的存在，使得其不得不建立在距离主城较远的城市郊区。虽然距离主城有一定的空间距离，但是由于其产业的特殊性，石化区并不能够发展成为城市新区，因此石化区同样面临着功能多样化的难题。对于距离主城较远的石化区，在与主城的融合过程中，其关键词在于“多通道”建设，这些“通道”不仅包括连接开发区与主城的道路、管网、通信等硬件基础设施通道，还包括连接二者的信息通道、金融通道、人才通道、政策通道等软通道。具体模式如图 7-16 所示。以发展石油化工产业为核心，在距离石化区不远处设立生态居住功能区、产业配套服务功能区等，以满足石化区对于功能多样化的需求。而对于各功能区之间及其与主城的互动则通过快速“通道”进行。通过快速软、硬“通道”建设，使得主城的各生产要素能够快速转移到石化区内，也能够促进区内各功能区实现与主城的快速互动融合发展。

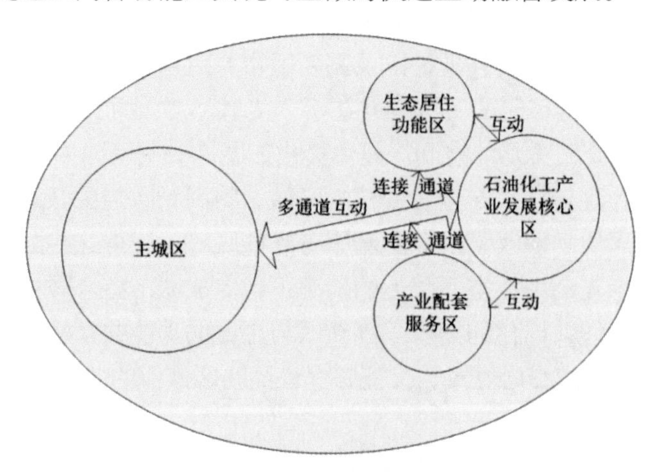

图 7-16　石化区与主城“多通道”式融合发展模式

7.3.3 动力机制分析

第二次世界大战以后，经济全球化浪潮席卷世界，国际贸易与投资发展迅速，发达国家进行产业结构调整时，将一些产业生产转移到发展中国家和地区，而作为承接国际产业转移的重要载体，我国开发区正是在这种国际背景下产生发展起来的。作为城市的特殊地域，开发区在产业集群化发展初期对主城具有完全的依赖性，此时开发区在土地利用、政策优惠、经营许可范围上均优于城市其他区域，制度优势为开发区的早期发展提供动力。然而，随着开发区内部制度和政策优势的不断弱化，开发区发展需要由早期的依靠外生力量向依靠科技创新、产业升级等内生力量转变。国际产业转移和国内产业集群化是我国开发区产生和发展壮大的重要外部力量。

以发展产业为主要职能的开发区必然与主城有着千丝万缕的联系，开发区从产生到发展壮大，其与主城关系也在不断地发生变化。这些变化既受到外部宏观经济大环境的影响，同时也是开发区与城市本身的产业、经济发展和政策导向不断推进的结果。开发区与城市的互动融合是城市发展集聚力和开发区发展向心力双向作用的迫切要求。不同类型开发区与城市互动发展动力既有相同之处，也有一定的差异性。总体而言，影响开发区及其与城市融合发展的驱动力在受到国际国内大环境影响的同时，也与各自开发区的产业小环境密切相关（图 7-17）。

7.3.3.1 高新区与主城融合动力

（1）城市空间重构

改革开放以来，经济的快速发展、工业化进程的加快、城市人口的急速增加，使得城市内部特别是大城市产生人口激增、交通拥堵、土地紧张等诸多问题，原有城市空间已无法承载过多的人口和产业，必须通过城市化来解决这些问题。因此，伴随着城市空间的不断扩展，其功能结构的重新组织已不可避免。宁波高新区与主城毗邻，在主城规模不断向四周扩展时极易与高新区产生重叠，当主城边界扩展到完全把高新区包含在内时，就不得不面临着二者在空间和功能上的重新整合问题。

（2）政府规划引导

政府通过鼓励企业生产、人口、技术等要素向城市新开发区域扩散来缓解主城压力，而且随着交通、通信等基础设施的完善，极大地促进了新开发区域和主城的互动和融合。宁波市政府把宁波高新区定位为一个复合型的融经济、文化、生态于一体的有机系统，成为宁波经济发展、产业升级、结构优化的推进器，和长三角地区重要的科技创新基地以及高精技术产业基地。在这种背景下，宁波高新区作为城市产业化和城市化的重要载体，必将在政府的政策引导下加速与主城区的融合发展。

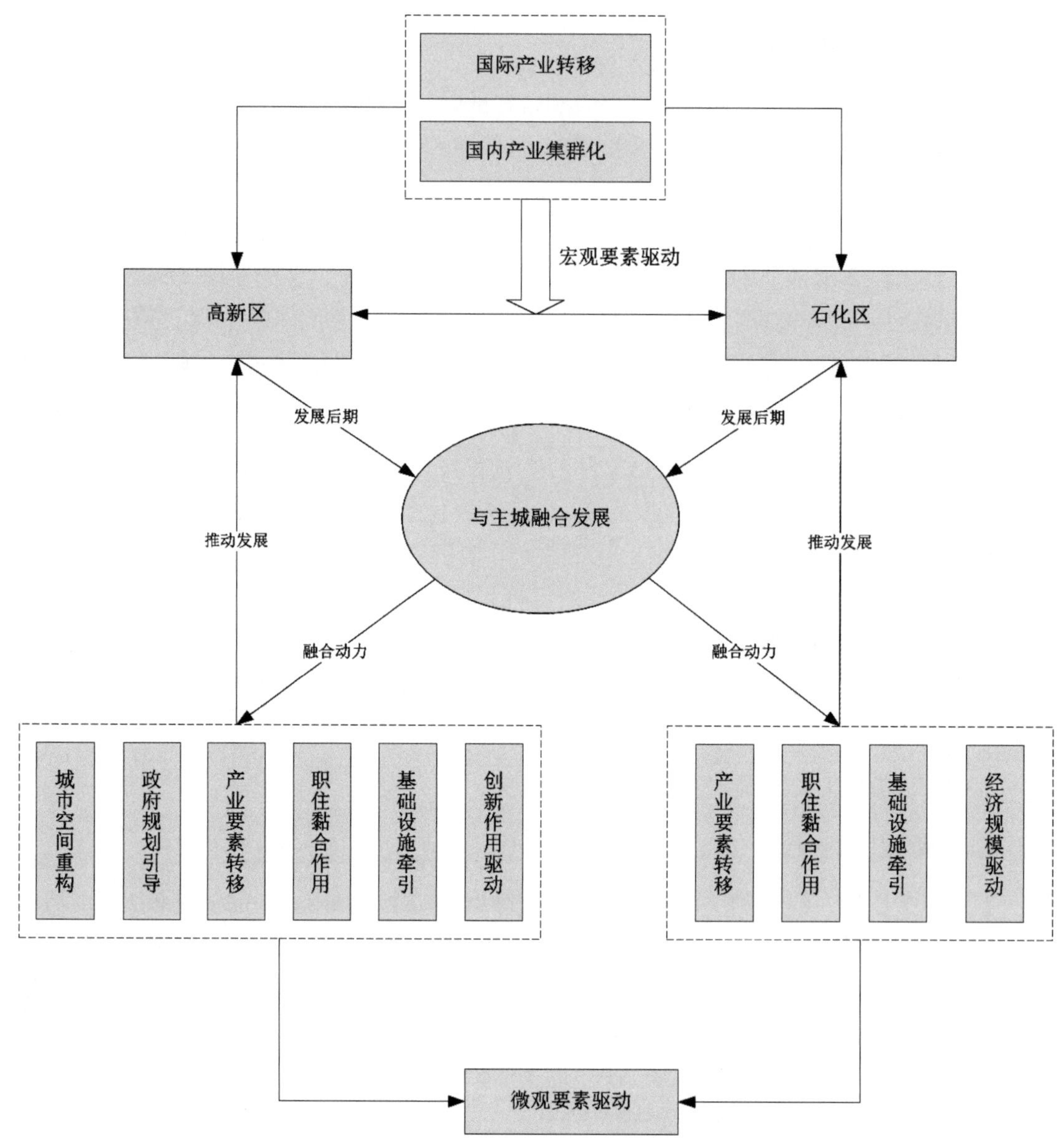

图 7-17　宁波高新区、石化区与主城融合动力机制

（3）产业要素转移

城市功能转型与空间重构主要表现在城市产业要素的空间转移和重新组织上，城市各产业要素最开始是在主城集聚，然而随着城市的发展壮大，必须寻找新的产业空间。于是，主城的产业要素随着产业的转移，通过扩散与再集聚的方式形成新的集群效应。宁波高新区作为宁波市高新技术产业的重要孵化和培育基地，高新技术产业集聚的同时也需要大量的高素质人才、充裕资金和先进技术作为支撑，而这些产业要素的获取离不开主城且很大程度上依赖主城输出。因此，主城的技术、资金、服务和人才等产业要素外溢至高新区内，

直接推动开发区与城市主体的互动和融合发展。

（4）职住“黏合”作用

对于开发区而言，产业功能是其主导功能，但产业发展首先需要解决的是职工的居住问题，所以开发区从设立之初就面临着功能多样化的选择。由于产业地和居住地分离产生的职住分离问题，给人们生产生活造成诸多不便。同样，高新区内存在着相当数量的职住分离人群，只有通过道路、公共交通等基础设施的建设和完善，打通与母城的连接通道，才能够保证职住分离人群的正常工作和生活，以实现职住同城化的强烈需求。因此，高新区内居住与就业的“黏合”作用对区城融合发展产生强大助推力。

（5）基础设施牵引

基础设施和基础服务是城市发展的先决条件和物质基础，也是联系开发区和城市的纽带。无论是城市产业要素的空间转移还是职住功能的相互“黏合”，其发展均是建立在城市基础服务空间牵引力范围内的。城市基础服务空间影响范围越大，其对区和城的牵引和带动作用就越强。宁波高新区在交通、水电、通信等基础设施建设上已基本实现与主城的无缝连接，基础设施的一体化更加推动着宁波高新区与主城在生产和生活上的一体化。

（6）创新作用驱动

科技创新是社会生产力进步的源泉，同样也是一个国家或者城市得以发展壮大的原动力。建设创新型国家，就是要通过各种措施激发人才、技术等各类创新要素的活力，从而实现带动城市经济发展，进而对城市其他区域产生高端辐射与引领作用的目的。早在2010年，宁波市就已经成为全国创新试点城市，而高新区作为宁波市科技创新和产业升级的重要载体，在发展模式、机制体制、对外开放、企业培育和城市管理等方面的创新举措，必将对宁波全市的经济发展和城市竞争力提升产生重要影响。因此，在巨大的创新溢出作用驱动下，宁波高新区与城市的创新关联必会越来越紧密。

7.3.3.2 石化区与主城融合动力

（1）产业要素转移

当大量城市产业从主城转移扩散到开发区时，开发区已然成为城市经济发展中不可分割的重要部分，城市经济增长依靠开发区。产业空间的重新扩散与集聚改变了城市的经济重心分布，城市功能空间的变化促使新的产业、人口、原材料等要素集群的产生与发展，而新产业空间的生产要素则必然要通过母城获取。宁波石化区作为典型的母城依赖型开发区，在产业要素的供给上更是依赖于母城，由于石化产业的特殊性和“邻避性”，往往不能很好的吸引产业要素的集聚，因此，母城在石化区的产业要素供给上发挥着不可替代的作用。石化产业在空间上的扩散与集聚是宁波石化区形成和发展的根本驱动力，作为城市中重要的产业功能区，石化区与母城的融合发展是适应城市功能结构调整与优化的较好选择。

（2）职住“黏合”作用

任何一个开发区都不可能只有单一的产业功能空间，而没有与其配套的城市综合服务功能空间，宁波石化区同样如此，而能够给开发区提供产业配套功能的只有开发区所依赖的母城。宁波石化区的职住分离人群虽没有高新区多，但伴随着石化区生产要素的不断集聚和人口的增多，职住问题正在凸显。因此，石化区内职工居住与就业的“黏合”作用成为推动产业空间和生活空间有机结合、促进石化区和城市有序科学互动与融合发展的重要力量。

（3）基础设施牵引

城市基础设施服务功能对于宁波石化区的发展和母城同样重要，而现实情况却是公共服务功能的分布并不均衡，并且严重偏向于母城，石化区发展面临着城市基础设施服务功能的缺失。宁波石化区的基础设施建设力度增大，特别是在道路、水电、信息建设等方面与主城的差距逐渐缩小；然而在医疗、教育等公共服务产品方面与主城还存在着不小的差距，学校、医院和休憩空间等基础配套都严重不足。因此，石化区的公共产品需求很大程度上要从母城得到补给，这对于加快石化区与主城的互动融合进程和促进区城公共服务一体化发展有重要的推动作用。

（4）经济规模驱动

城市经济发展是城市功能赖以发挥作用的重要物质基础，城市发展的最终落脚点是要促进城市经济增长。城市经济以城市为载体和扩展空间，通过发挥规模效应、聚群效应和溢出效应，从而影响城市空间结构和城乡关系发生变化。重化工业作为宁波市传统主导产业，在宁波市国民生产总值中占据重要位置。宁波石化区经济体量大，在推动宁波市经济发展和城市空间结构演化方面起到不可或缺的作用；并且随着石化区下游精细化工产品以及油品经营在宁波市的市场日益深入，能有效促进宁波石化区与主城关系的进一步发展。

7.4 鄞州区传统工业强镇姜山镇的转型与融入中心城区

7.4.1 现实基础与发展环境

姜山镇地处鄞州区南部，北靠宁波南部新城首南街道，南连奉化方桥镇、西坞镇，西依奉化江、石碶街道，东接横溪镇，行政区域面积 88 平方千米，下辖 55 个行政村、1 个渔业社、1 个良种场和 5 个居委会，户籍人口 7.8 万人，外来人口 8 万余人。姜山镇历史悠久，素有“鄞南重镇”之称，是鄞州区传统工业强镇和农业大镇，也是全国发展改革试点小城镇、省级中心镇、全国财政收入百强镇、省综合经济实力百强镇，综合实力位居鄞州区前列。姜山镇积极应对国内外发展环境的重大变化和挑战，全面贯彻落实市、区重大决策部署，加快转变经济发展方式，着力推进镇村建设，努力改善社会民生，全镇经济和社会发展取得显著成绩，胜利完成了各项主要目标任务。

综合实力大幅提升。地区生产总值从 2006 年的 32 亿元人民币增加到 2010 年的 62 亿元，五年基本实现翻番，按户籍人口计算，人均地区生产总值达到 1.2 万美元。财政一般预算收入从 2006 年的 3.3 亿元增加到 2010 年的 5.8 亿元，五年平均增长 76%。2010 年全社会固定资产投资达到 18 亿元。在全区镇乡（街道）经济发展竞赛中的排名一直处于前列，2010 年为全区第二名。

现代产业初具规模。以机电、机械制造为特色的工业经济快速发展，2010 年，年销售额 500 万元以上企业工业总产值达到 150 亿元，拥有年销售额 2000 万元以上企业 181 家，其中亿元企业 23 家，国家级高新技术企业 22 家，高新技术产品产值占年销售额 500 万元以上企业工业比例达到 48%，高于全区水平，先进制造业集群不断形成，现代服务业快速发展，现代服务业集聚区初具规模，传统农业加速向现代农业转型，各类现代农业示范园不断涌现。

镇村建设有序推进。镇村规划体系不断优化，基础设施不断完善，城镇建成区核心区块初具规模，核心区块面积达到 4 平方千米，全镇城镇化水平达到 52%。新农村建设全面推进，目前已累计完成拆旧 20 万平方米，建新 38 万平方米。道路、给排水、供电、信息、燃气等公共配套设施不断完善，基础设施承载能力不断增强。环境保护力度不断加大，生态环境持续改善，全镇人居环境日益优化。

社会民生日趋改善。富民工程深入实施，全镇农民年人均纯收入超过 15000 元，年均增长近 9.8%。教育文化事业加快发展，教育资源配置不断优化。医疗卫生条件大幅改善，基本实现村、社区卫生服务全覆盖。社会保障覆盖面不断扩大，公共服务均等化水平显著提升。文明创建和平安法治工作深入推进，慈善救助体系稳步发展。连续被评为“全国亿万农民健身活动先进乡镇”“省平安乡镇”“省教育强镇”“省体育特色乡镇”“省生态镇”和“市文明镇”。

目前姜山镇经济和社会发展中还存在不少问题，主要表现为：经济的结构性矛盾依然突出，第二产业占绝对主导地位，在三次产业的比例占到 80%以上，服务业比例仅为 13%，发展严重滞后；企业自主创新能力不足，产业层次偏低，缺乏自有品牌和营销网络，主导产品核心竞争力不强，具有自主知识产权和核心技术的拳头产品较少；全镇生态环境的负荷不断加重，人口稠密、企业密集、资源缺乏和经济规模的日益扩大，使生态环境面临更大的压力；同时，全镇社会发展正处农村向城镇转型的关键时期，城镇化过程中各类社会问题不断涌现，社会稳定面临巨大挑战。

姜山镇将面临一个机遇与挑战并存、机遇大于挑战的发展环境：一方面，国内外宏观形势变化对区域发展有着重大而深刻的影响，蕴藏着加快开拓国内外市场的机遇、加快产业转型升级的机遇、加快“走出去”的机遇、加快深化重点领域改革的机遇、加快改善民生的机遇等一系列巨大的发展机遇。另一方面，复杂多变的形势使区域发展面临物价持续上涨的压力、节能减排的压力、外贸出口的压力、企业经营的压力和社会稳定的压力等诸多挑战。同时，长三角一体化进程不断推进，浙江省产业带、城市群、海洋经济发展加快，宁波市“六个加快”战略部署全面推进，鄞州区规划明确提出要按卫星城市发展要求推进姜山镇开发建设，特别是鄞州区新一轮城市发展战略的实施，都对姜山镇经济社会发展提出了新的、更高的要求。综合分析姜山镇所处的发展环境，主要有“三大机遇、三大挑战”。

宁波南部新城大开发带来的加快发展新契机。鄞州区新一轮城市发展战略将宁波南部新城发展框架拓展到80平方千米范围，已与姜山镇全面接壤，姜山镇的区位优势将进一步凸显。南部新城发展框架的拓展必将推动现有产业布局的调整，加速推进制造业向外围转移和服务业向周边辐射。如何发挥姜山镇毗邻宁波南部新城的区位优势，打造与南部新城相衔接配套的先进制造业基地，在承接南部新城产业转移、配套居住和生活服务等方面赢得先机，打造宜居宜业发展环境，将是姜山镇今后五年发展的重大课题。

新一轮卫星城试点扩面带来的转型发展新动力。浙江省明确提出要把有条件的中心镇培育成为现代小城市，宁波市已经确定了第一批7个卫星城市试点镇。姜山镇作为全国发展改革试点小城镇和省级中心镇，在《宁波市加快构筑现代都市行动纲要》中已明确被列为现代小城市加以培育，有望被列入宁波市第二批卫星城市试点镇。姜山镇要抓住这一重大机遇，全面推进机制体制的创新创优，进一步激发转型发展的新动力。

道路交通条件改善带来的集聚发展新机遇。宁波大都市战略进一步拉开了宁波市的城市框架，甬台温高速公路、绕城高速在姜山镇均设有出入口，使姜山镇与全省乃至长三角联系更为顺畅；贯通宁波南北的轨道3号线将以姜山镇为终点，宁南南路、明州大道、广德湖路等市、区快速通道穿镇而过，拉近了与南部新城的距离，姜山作为宁波市南部交通重镇的枢纽地位凸显。便捷的交通将带来人流、物流、资金流、信息流、技术流在姜山镇的快速集聚，姜山镇必须抓住这一难得的发展机遇，让劳动、技术、资本的活力在姜山镇竞相迸发。

转型升级压力。今后五年，石油、电力等能源供应将日趋紧张，投资对经济增长的拉动效应逐步减弱，国际贸易摩擦不断增多，节能减排深入推进，生态环境保护力度不断加大，伴随各类体制性、结构性、资源性矛盾的交织，全镇产业转型升级的压力将不断加大，倒逼着姜山镇加快推进产业的优化升级。同时，大量的农业人口、失土农民、外来务工人员与高素质产业工人、现代经营管理人才的短缺并存，劳动力的结构性矛盾更为突出，对姜山镇经济社会的转型升级提出了更为严峻的挑战。

资源环境压力。作为农业大镇和工业大镇，姜山镇资源环境容量相对有限，资源环境压力不断加大，经济发展要素制约日趋严重。一方面大量农保地的存在制约了经济发展和城市建设的快速推进，建设用地指标短缺成为区域发展的关键问题。另一方面，随着经济的快速发展和城镇化的高速推进，姜山镇原有的交通道路、污水处理、垃圾处理等生态环境支撑系统的发展已严重滞后，现有环境的承载能力已接近极限。姜山镇新一轮发展将对资源环境带来更大的压力。

周边竞争压力。姜山镇的经济基础、自然禀赋与周边城镇类似，镇与镇之间对要素资源的争夺十分激烈。东钱湖镇国家级生态旅游度假区的政策优势明显；集士港镇列入市首批卫星城试点镇，先发优势和体制机制的优势明显；古林、五乡、横溪、云龙、鄞江等镇特色发展的优势明显。如何将资源洼地打造成发展高地，是今后五年姜山镇发展的重要课题，决定了姜山镇在新一轮竞争中能否率先突围，实现跨越式发展。

7.4.2 总体要求与发展思路

7.4.2.1 指导思想和奋斗目标

姜山镇经济社会发展的指导思想是：认真贯彻落实省、市、区各项战略部署，以科学发展为主题，以转型升级为主线，以解放思想为先导，以改革创新为动力，以改善民生为根本，扎实推进"实业强镇、环境立镇、人文兴镇、惠民富镇"四大战略，启动实施以产业平台优化、品质城镇打造、社会民生改善和基础设施提升为主要内容的"新姜山工程"，确保姜山镇率先全面建成小康社会，率先实现由"区域中心镇"到"都市卫星城"的跨越。根据以上指导思想，今后五年姜山镇经济社会发展总的奋斗目标是："建设美好姜山，接轨南部新城"。

具体目标如下：

产业优美：经济总量再上新台阶，主要经济指标实现倍增。产业布局不断完善，先进制造业基地、现代服务业集聚区、现代农业示范园不断形成。产业结构不断优化，现代服务业所占比例不断提高，三次产业比例趋于合理。产业发展能力不断增强，传统特色产业和高新技术产业竞争优势显著提升，工业经济由大变强，现代服务业跨越式发展，现代农业发展达到新水平。节能减排取得重大进展，单位 GDP 能耗和主要污染物排放总量明显下降，区域经济竞争力全面增强。

城镇秀美：城镇化进程加快推进，现代化城镇框架基本形成，城市功能基本完备，城镇核心区规划面积达到 10 平方千米，常住人口达到 13 万人。基础设施支撑更加有力，公共配套设施更为完善，现代化新农村建设全面推进，镇村融合发展取得显著成效，全镇生态环境明显改善，城镇垃圾、污水处理率和人均公共绿地面积全面提升，品质城镇与美丽新农村交相辉映，形成定位清晰、功能互补、联系紧密的城镇发展新格局。

社会和美：社会文明程度显著提升，文明创建活动深入开展，城镇居民社会公德、职业道德、家庭美德、个人品德不断增强。文化建设成效显著，群众文化活动丰富多彩，文化阵地建设扎实推进，城镇文化氛围日益浓郁。社会治安、安全生产和公共安全状况更趋优良，社会管理水平明显提高，社会和谐发展的长效机制基本建立。

生活恬美：城镇和农村居民收入与经济发展同步增长，群众生活质量显著提高。创业和就业环境明显改善，镇村基本公共服务更趋优质均衡，基本实现学有优教、病有良医、业有所就、民有所乐、老有所养、住有所居。人民群众的政治、经济和文化等各项权益得到切实保障，生活幸福感全面提升，居民安居乐业。

7.4.2.2 发展战略和工作举措

围绕上述目标，姜山镇要全面推进“实业强镇、环境立镇、人文兴镇、惠民富镇”四大战略。

实业强镇：就是要充分发挥现有产业优势，进一步优化产业空间布局，加快产业结构调整步伐，积极培育发展高新技术产业和战略性新兴产业，加快推进传统产业的改造升级，完善现代服务业体系，全面提升区域经济综合竞争力，打造产业优势显著的现代工业强镇。

环境立镇：就是要不断拓展优化镇区空间，全面推进品质镇村建设，大力发展绿色经济，加强生态建设和环境保护，加快形成资源节约、环境友好的生产、生活方式，全面优化人居环境、着力提升环境承载力，打造独具江南水乡魅力的生态美镇。

人文兴镇：就是要以创业创新为动力，以提升居民的人文素质为核心，布局建设一批文体设施和文化项目，提升公共文化服务水平，提高居民思想道德素质、科学文化素质和身心健康水平，全面提升姜山文化软实力，打造姜山特色鲜明的现代文化名镇。

惠民富镇：就是要顺应人民群众过上更好生活新期待，着力保障和改善民生，推进各项社会事业优质均衡发展，健全社会保障体系，多渠道增加居民收入，加快和谐社会建设，提高人民群众生活品质，增强社会凝聚力，打造宜居宜业的现代幸福城镇。

实现上述总体目标和发展战略，启动实施“新姜山工程”。具体如下。

产业平台优化工程：以“集约、集聚、集群”为发展方向，着力构筑“一带、一区、一环”的现代产业布局体系。“一带”即沿明州大道的先进制造业集群带，“一区”即以城镇核心区为中心的现代服务业集聚区，“一环”即东、西、南三面沿城镇边界线分布的都市生态农业环。

品质城镇打造工程：按照高标准建设“卫星城”要求，着力打造“一核心、三片区、多节点”的品质镇村空间布局体系。“一核心”即镇域核心区，“三片区”即茅山、朝阳、丽水三个区域性农民集中居住片区，“多节点”即若干不同类型的中心村。

社会民生改善工程：按照基本公共服务均等化、普惠化、优质化的要求，加快完善就业社保、教育文化、卫生健康和社会管理四大公共服务体系，着力提高社会民生保障水平。

基础设施提升工程：按照对接南部新城和优化提升基础设施网络建设要求，着力构筑镇域范围内的路网、电网、水网、环卫网和绿网五张网络，进一步完善基础设施养护运作机制，全面提升姜山镇基础设施承载能力。

7.4.3 推动产业优化升级

坚持实业强镇，以科技和创新为引领，全面构建以先进制造业为主导、现代服务业为重点、生态型都市农业为基础，技术先进、结构优化、高附加值、具有核心竞争力的现代产业体系。

7.4.3.1 优化产业发展空间布局

按照集聚资源、增强承载力和完善产业链要求，以“集约、集聚、集群”发展为方向，优化产业空间布局体系，进一步增强承接南部新城产业辐射的能力，构筑高层次产业发展平台，基本形成“一带、一区、一环”的产业空间布局体系。

“一带”，即先进制造业集群带：以明州大道为中轴，依托鄞州工业园区、姜山科技园区，整合茅山工业区块和丽水工业区块，构筑先进制造业集群带，重点发展机械机电、汽车配件、家用电器、纺织服装、电子通信、新材料等产业，打造鄞南片区先进制造业基地。

“一区”，即现代服务业集聚区：以姜山镇建成区为核心，依托北部商务商贸综合体、中部新型都市休闲购物综合体和南部文体娱乐综合体建设，打造现代服务业集聚区，重点发展商贸、商务、旅游、文化和物流服务业，打造鄞南片区服务业发展高地。

“一环”，即都市型农业集约环：以东、西、南三面沿城镇边界区域为基地，依托粮食功能区和现代农业示范园建设，构筑都市型农业集约环，重点推进粮食功能区、精品果蔬基地建设，积极发展种子种苗产业、生态观光农业和农产品精深加工业，打造鄞南片区都市生态农业发展热地。

7.4.3.2 提升发展先进制造业

以调高调优调精为取向，实施“4+2”制造业提升计划，加快改造提升机械机电、汽车配件、家用电器、纺织服装四大传统产业，培育发展电子通信和新材料产业两大新兴产业，鼓励企业加大研发投入和科技创新，增强企业核心竞争力。深化树强扶优战略，发展壮大一批龙头企业、品牌产品，不断完善产品质量体系，积极推动传统制造业由投入扩展型向品牌效益型转变。重点培育六大产业集群。

机电机械集群：围绕推动机械机电产业从机械基础件制造向整装设备制造转型，整合产业链，优化行业协作，培育主导产品，鼓励企业走系列化、专业化、品牌化道路，推动机械机电产业向“专、精、特、新”方向发展。以日本重机、德艺缝制、小星星童车、正高车业、精艺阀门、宏博机械、沪江电机、利达电机、永嘉电机等企业为重点，培育15家具有核心技术和自主品牌的龙头企业，促进机械机电产业集群发展壮大。

汽车配件集群：围绕推动汽车配件企业从汽车零部件生产向系统配套发展，鼓励有条件企业由零部件生产向设计、研发和维修等汽配产业链发展，开发一批具有自主知识产权的核心产品。以培源汽配、明佳内饰、科达制动、永宏紧固件、新兴紧固件、国泰科技等企业为重点，培育发展10家具有行业地位和知名度的龙头企业，打造国内知名汽配产业集群。

家用电器集群：围绕提高家电企业工业设计能力，推进信息技术在家电中运用，鼓励企业参与家电行业的标准制订，强化品牌建设，全方位打造家电产业的核心竞争力。以奥克斯、英格尔、博宇燃气、百禾电器、朝阳燃气、华瑞电器等企业为重点，培育发展10家具有一定全国知名度的家电龙头企业，带动区域家用电器生产水平整体提升。

纺织服装集群：围绕推动纺织服装企业由制造生产向品牌经营转变，提高纺织服装企业的研发设计、市场营销、品牌建设能力，鼓励有实力企业向纺织服装上、下游产业链延伸，支持部分劣势企业“腾笼换鸟”，发展先进产业。以龙盛纺织、朝阳纺织、思贝尔服饰、亨瑞时装等企业为重点，培育5家具有良好品牌效应和市场拓展能力的龙头企业，整体提升纺织服装产业层级。

电子通信集群：以电线电缆、通信产业为主要发展方向，整合镇域电子电气生产企业，积极发展电子元器件产业，加快新技术在电子产业的应用，鼓励企业向光机电一体化、光纤电缆、数据通信设备、集成电路、电子仪表等高端产业发展。以三星电气、一舟电子、东源音响、乐歌视讯、德阳电子、宇驰电子等企业为重点，培育发展10家电子通信行业的龙头企业，全面提升产业配套能力。

新材料集群：大力发展以磁性材料、密封材料、复合材料、改性材料为重点的新材料产业，加大先进设备、重大项目和高端人才引进力度，支持优势产业企业和具有先进知识产权企业规模化发展，不断提升行业地位。以一舟塑胶、东睦新材料、宏磊磁业、豪城合成革、炜业科技等企业为重点，着力打造10家新材料产业领军企业，大力提升新材料产业创新拓展能力。

7.4.3.3 大力发展现代服务业

抓住国内消费升级新趋势和南部新城大发展的新机遇，按照错位发展、服务南部新城思路，大力发展商贸、商务、文化、旅游和物流服务业，形成符合姜山实际、配套南部新城，具有一定比较优势的城镇服务业。重点发展五大特色服务业。

商贸服务业：依托姜山镇核心区块改造和城市综合体开发，加快建设特色街区和核心商圈，重点推进特色步行街区、水街风情购物街区、大型购物中心、休闲娱乐中心、酒店和餐饮设施建设。加大招商引资力度，大力引进大型商贸流通企业采购中心，培育发展品牌连锁商贸、特色餐饮企业，鼓励发展家电、五金、汽车4S店等专业市场，着力打造区域性消费中心。

商务服务业：依托南部商务区发展，科学布局一批区域性商务楼宇，大力引进企业总部的研发、设计、营销分中心和企业集团的商务后勤服务中心，积极发展法律、会计、税务等生产性服务业，打造南部商务区商务服务基地。

文化服务业：充分发挥姜山浓厚的传统文化优势，加大政策扶持力度，大力发展工业设计、影视传媒、广告策划、展览展示等文化创意产业。依托高格软件、海商网、天维动漫、宁波媒体中心等企业，构建包含“研发、培训、孵化、展示、交易”等功能的文化创意产业链，打造宁波南部新型文创基地。

旅游服务业：发挥良好区位优势，整合提升历史、文化、自然资源，加快旅游企业的引进与培育，完善旅游配套设施，创新旅游新业态，加大旅游市场开发和产品推介宣传，加强与周边旅游资源的整合，积极发展近郊休闲观光旅游业，打造宁波南部休闲旅游胜地。

物流服务业：依托同三高速、绕城高速和明州大道的交通优势和南部新城巨大市场优势，大力发展现代物流产业。积极引进一批知名物流企业，加快融入宁波大都市物流网络体系，着力构筑第三、第四方物流平台，打造宁波南部重要物流基地。

7.4.3.4 积极发展都市型现代农业

以“优质、高效、生态、安全”为发展方向，加快传统农业向都市型农业转变，积极推进农民专业合作社股份制改造，完善农业社会化服务体系，加大农业科技创新和推广体系建设力度，积极扶持培育新型农民，全面提升农业产业化、市场化、公司化运作水平，着力提高农业综合生产能力、抗风险能力和市场竞争力，构建以特色农产品为主导、现代经营方式为引领、布局结构合理的现代都市型农业产业体系。重点实施“3+2”农业发展计划，改造提升大宗粮食、精品果蔬、种子种苗三大传统产业；扶持培育生态观光农业、农产品精深加工两大新型产业。

大宗粮食产业：积极推进粮食功能区建设，以茅山、朝阳、丽水为重点区域，加大农田标准化建设，提高农业机械化水平，提升农业集约化经营水平，完善农业生产保障体系，强化农产品质量安全体系建设，打造宁波南部重要“米袋子”基地。

精品果蔬产业：大力发展精品水果、特色蔬菜等都市农业，积极发展有机蔬菜、特色蔬菜、设施蔬菜和创汇蔬菜，提高名特优新品种比例，完善有机蔬菜生产技术规程，加快绿色无公害农产品基地认证，重点推进黎山后村、陆家堰村草莓葡萄水果园、陈家团莲藕茭白种植园和嘉谊出口创汇蔬菜基地建设，打造成宁波南部“菜篮子”基地。

种子种苗产业：将发展种子种苗产业作为科技兴农战略的重要抓手，加强生物技术、高新技术的运用，不断提高新品种、新技术的研发能力，加强与农业科研院所合作，探索建立集科研、推广、生产一体化的农业发展新机制，做强做大种子种苗产业。重点推进农业科技孵化园、朝阳水产种苗基地和金鳖山生态养殖基地建设，打造宁波南部主要种子种苗“孵化器”。

生态观光农业：依托现代农业示范园建设，积极发展集采摘、观光、休闲、体验于一体的生态观光农业，全面提升“农家乐”发展水平，加快农业与旅游业的融合发展，推进紫云英、油菜花等姜山特色的农作物和花卉观光带建设。重点推进港城农业示范园、浙东农博园、走马塘水乡田园旅游区和沿奉化江碳汇生态观光园建设，打造宁波南部休闲观光“后花园”。

农产品精深加工业：进一步深化“公司+合作社+农户”模式，加大农产品精加工、深加工企业扶持力度，探索建立现代农产品供应、加工体系，依托南联冷冻、宏伟食品、华升草编等农业龙头企业，重点发展水产品、蔺草、竹笋、水果、畜禽等农产品加工业，培育壮大 3～5 家出口蔬菜、水果精深加工龙头企业，创建 5～10 个省级以上农产品品牌，打造鄞州特色农产品“加工厂”。

7.4.4 加快品质城镇建设

按照要素集聚、镇村统筹原则，坚持高品位规划、高标准建设、高效能管理，强化城镇发展特色，着力建设布局合理、功能完善、环境秀美、宜居宜业的现代化品质城镇。

7.4.4.1 优化城镇空间布局

坚持“跳出姜山、发展姜山”，主动接轨南部新城，加强与南部新城在产业发展融合、基础设施衔接、配套设施互补等方面的互动，加快形成产业分工合理、基础设施共享、公共服务均等、区域协调发展的城镇空间布局体系。着力构筑“一核心、三片区、多节点”的城镇空间布局体系，“一核心”即以镇区为核心，加快形成集中成片、达到城市服务配套水准的城镇建成区；“三片区”即以唐叶村、胡家坟村为中心的茅山片区、以顾家村为中心的朝阳片区和以蔡郎桥村为中心的丽水片区，分别建成镇域西南、西部、东南三大农民集中居住片区，打造区域性的居住中心、商贸中心和服务中心；“多节点”即培育建设若干经济实力较强、产业特色鲜明、服务配套完善且具有一定人口规模的现代化中心村，合理缩减撤并规模小、分布散的自然村，引导农民向中心村集聚。

7.4.4.2 加快核心镇区规划建设

完善核心区规划。按照卫星城市定位，优化镇域核心区规划，拓展镇区空间，根据“东居、西工、南文、北政、中商”布局，完善提升核心镇区功能，“东居”即镇区东部的居住和服务功能组团，“西工”即镇区西部鄞州工业园区和物流功能组团，“南文”即镇区南部建设文体娱乐功能区块，“北政”即镇区北部建设行政商务功能区，“中商”即在镇区中心沿姜山河两岸布局风情水街商业休闲核心商圈。

加快核心区开发。按照卫星城市标准，拉开城镇核心区空间发展框架，重点推进三大城市综合体建设，着力提升镇区形象，打造品质镇区。在人民北路和北大东路交叉口区块，以集行政办公、企业总部、商务办公、综合居住为重点，建设北部行政商务综合体。在姜山河与人民路交会区块，建设集精品购物、休闲餐饮、高端居住为一体，富有江南水乡特色的中部商贸休闲综合体。在人民南路中段北侧文体中心地块，建设集文化、体育、休闲、娱乐为一体的南部文体娱乐综合体。

强化核心区管理。按照卫星城市管理要求，高标准推进镇区建设管理，加快完善公建配套和基础设施配套。重点推进镇区教育卫生、商场菜场、交通泊车、景观绿地和通信设施配套布局，规划建设轨道交通和地下设施，加强河流水系和生态绿化保护，形成江南水乡的城镇风格特色。加强城市管理，积极推进城镇核心区网格化管理，建立统一、依法、人性的城市型管理执法体制。

推进镇中村改造。按照卫星城市发展要求，加快推进城镇核心区镇中村和工业园区内园中村的城市化社区改造，重点推进东光新村、曙光新村两个镇区核心村和上何、郁家、夏施三个工业园区村的社区化改造。照城市社区标准建设新型社区，推行农村社区化管理与服务，建立农村住宅小区物业管理和社区综合服务制度，全面提升城镇核心区城市化发展水平。

7.4.4.3 加强区域性农民集中居住区规划建设

优化农民集中居住区的建设规划，完善区域性基础设施和公共服务体系，充分发挥集中居住区的居住、商贸、公共服务等综合功能，积极引导农村人口向集中居住区集聚，同时深入开展农村土地整理，探索实施跨村宅基地置换，着力打造“人口集聚、产业集中、功能集成”的现代农民集中居住区。

茅山片区。以唐叶村、胡家坟村为中心，规划面积 3 平方千米，总人口 3 万人。逐步整合周边自然村，形成集中连片的茅山工业区块配套居住与综合服务区，重点推进小学、幼儿园、老年乐园、菜场等公共配套设施建设，加大老旧民房的改造，推进片区道路、住宅小区和农房集中区域周边环境整治，优化人居环境。

朝阳片区。以顾家村为中心，规划面积 1 平方千米，总人口 1 万人。近期以环境整治和加强菜场、幼儿园、老年乐园公共配套设施建设为主，使之成为镇域西部的公共服务中心，远期作为先进制造业集群带的重要生活配套服务基地之一，承担镇域西部农村人口转移和外来人口集中吸纳集聚功能。

丽水片区。以蔡郎桥村为中心、姜丽路为轴线，规划面积 1 平方千米，总人口 1 万人。加快推进居住区建设，促进周边自然村人口向区域中心片区集聚，完善片区商贸、教育、养老等公共配套设施建设，突出都市休闲旅游服务功能，加快周边配套交通道路设施建设，促进旅游、住宿、餐饮等旅游服务产业发展。

7.4.4.4 着力推进旧村改造新村建设

在加快镇域核心区的镇中村和鄞州工业园区内的园中村社区化改造的同时，根据全镇各村所属位置和发展条件，按照城镇建设规划，分类推进新农村建设，着力打造一批现代化中心村，主要采取三种模式。

拆迁建设型。以井亭、翻石渡和周韩等村为代表，实施旧村整体拆迁，集中建设新村，完善新村公共设施，改善居住环境。同时积极开展农村土地综合整治，科学处理新村建设与耕地保护的关系，提高集中居住区土地集约利用水平。

整理改造型。以定桥、山西、后郯和联荣等村为代表，在保持村庄总体规划的前提下，实施土地整理和形象改造。通过拆迁违章建筑和零星旧房，完善基础设施，推进农村社区化管理与服务，打造“布局优化、道路硬化、村庄绿化、路灯亮化、卫生净化、河道洁化”的新型集中居住区，全面提升农村居住环境。

古村保护型。以走马塘村为代表，对具有重要保护价值的古村，结合新村建设的同时，实行“拆新修旧复古”，在加强对历史名胜、文物古迹保护的同时，充分挖掘旅游资源优势，加快旅游市场开发，实现古村保护与群众致富的双赢。

7.4.5 着力改善社会民生

坚持以人为本，让发展成果更多地惠及民生，着力实施一批重大民生工程，不断健全社会保障体系，大力提高公共服务水平，积极创新社会管理模式，全面推进社会发展由农村向城市转型，让姜山人民生活得更富裕、更幸福。

7.4.5.1 努力完善就业和社会保障体系

拓展创业就业渠道。加快完善创业就业政策扶持体系，鼓励镇内企业加大对实体经济的投入，对符合产业导向的新设企业和新建项目加大政策支持力度。积极发展村级集体经济，切实落实村级留用地政策，大力推进农业专业合作社建设。支持大学生到农村创业就业，加快推进大学生农业科技园建设，每年落实一定额度的小额贷款专项用于被征地人员、大中专毕业生和农民创业。积极开展职业技能培训，加强对全镇失业人员、失土农民的劳动技能培训，引导农村人口向第三产业转移就业。

完善社会保障体系。按照市、区统一部署，配套做好城乡居民养老保障各项工作，积极引导全镇老年人参加各类养老保险。严格落实各类医疗保险政策，努力提高城镇居民医疗保险和农村医疗保险参保率，着力做好各类医疗保险的保障服务工作。配合做好保障性住房建设，积极推进农村大龄青年住房、人才公寓和外来人口公寓建设。完善突发事件应急救助体系，整合红十字、残联、交通、民政、卫生等部门救助资金，在此基础上再每年安排 50～100 万元资金专项用于突发事件应急救助。提高农村“五保”和城镇“三无”对象集中供养水平。

构筑居民收入增长新机制。强化企业社会责任，按照市、区统一部署，深入推进和谐企业建设，构建和谐劳资关系。探索建立职工工资正常增长机制及支付保障机制，鼓励有条件企业推行职工工资集体协商制，不断提高全镇居民工资水平。切实减轻农民负担，积极落实上级各项支农惠农政策，加强对重点领域农村乱收费问题的治理，遏制乱收费行为。努力扩大居民财产性收入，拓展农村劳动力增收渠道和空间，缩小镇村居民收入差距。

7.4.5.2 大力发展教育和文化事业

全面提升教育水平。继续加大对教育的投入，着力提升姜山中小学教育质量。加快新建、扩建姜山中心小学、茅山小学等一批中小学校，配合做好姜山高中扩建工程，进一步优化姜山学校布局，促进教育优质均衡发展。积极探索实施优质教育资源联合办学新模式，着力引进一批优秀校长和高水平教师，全面打响姜山优质教育品牌。大力推进学前教育发展，加快姜山第二幼儿园等一批幼儿园建设，提高幼儿园建设标准，着力打造一批高资质、高水平幼儿教师队伍。同时，根据姜山实际需要，适当扩大民工子弟学校规模，合理发展早期教育，继续完善职业教育和成人教育体系。

大力发展公共文化。坚持公共文化服务的公益性原则，加快构建惠及全民、覆盖村、社区的基层公共文化服务体系。进一步完善镇、村两级公共文化服务网络，全面推进公共电子阅览室和姜山文体活动中心、民俗文化广场等文化工程建设。加大优秀公共文化产品供应，探索实施公共文化服务外包机制，促进优秀文化作品进村、进社区。深入挖掘历史文化资源，加强群众文化作品创作，强化村（社区）特色文化队伍建设，打响姜山群众文化品牌。到 2015 年，镇、村（社区）二级文化服务体系基本建成，涌现一批具有地方特色优秀文化作品，全镇群众文化全面繁荣。

7.4.5.3 全面提高卫生和健康水平

完善医疗卫生体系。进一步优化镇、村（社区）两级卫生服务体系，加快实施姜山人民医院扩建工程，培育一批特色专科门诊，着力推进村（社区）卫生服务站标准化建设，优化镇村医疗卫生资源配置。加强镇、村（社区）医疗卫生队伍建设，着力引进一批高水平医疗卫生专业人员，加快培养一批大学生村医，提升村（社区）卫生服务站医疗技术水平。完善城镇、社区卫生信息服务网络，提高突发性公共卫生事件应急处理能力，完善紧急医疗救援系统，加强与区级急救网络的衔接。

提高群众健康水平。树立健康新理念，倡导健康生活新方式，有效整合基本医疗保险、基本公共卫生服务和基本医疗服务资源，推动村（社区）卫生服务中心由诊疗为主向诊疗与预防并重转变。构建以城镇体育、农村体育、学校青少年体育为重点的全民健身服务体系，确保经常参加锻炼的体育人口达到总人口 45%以上。加快镇文体活动中心建设，完善村（社区）体育设施，推动学校、机关、企事业单位体育设施向社会开放，实现全镇体育设施共享性。积极开展重大传染病、慢性病、职业病和精神疾病防治工作，强化食品药品安全监管，营造良好健康环境。

提高人口素质，促进全镇人口长期均衡发展。深入开展优生优育，通过孕前干预、各项免费检测筛查、困难家庭生育补助等工作，不断提高出生人口素质，降低出生人口缺陷率。积极应对人口老龄化发展趋势，大力发展各项老龄事业，加快镇、村（社区）养老中心建设，支持社会力量创办各类养老服务机构，倡导社会化养老。强化外来人员计划生育管理与服务，保障外来务工人员子女就学，切实维护妇女儿童合法权益，加强对未成年人的保护力度。

7.4.5.4 加强精神文明和社会管理体系建设

积极开展文明创建活动。积极开展社会主义核心价值观教育，开展各类群众性精神文明宣传活动和省级文明镇创建活动。把握正确舆论导向，强化积极正面的思想道德宣传。大力弘扬“大气开放、诚信务实”的姜山精神，积极宣传姜山人民勇于当先、勤奋耐劳、务实开拓的创新创业精神和以进士文化为代表的儒雅厚重、讲求诚信、积极向上的生活精神。强化公民社会责任教育，引导人民群众自觉承担社会责任和社会义务。坚持廉洁执法、公正执法，积极营造公平公正的社会发展环境，强化社会公平正义。

强化社会治安综合治理。全面推进村（社区）社会治安动态视频监控系统建设，完善社会治安防控体系，增强人民群众安全感。健全社会化“大调解”体系，完善部门协同的联合调解机制，推广建立行业性、专业性调解组织，完善人民调解、行政调解、司法调解、仲裁调解体系，积极发挥法律在社会矛盾纠纷调处中的作用，提高矛盾纠纷整体调解效能，为全镇经济社会发展创造一个稳定的社会环境。严格落实安全生产主体责任，加强安全生产监管，严格排查治理各类公共安全隐患，健全应急处置机制，不断增强灾难事故和突发性公共安全事件的应急处置能力。深入开展系列平安创建活动，依法规范信访秩序，强化外来务工人员的服务管理，建立维护社会稳定的长效机制。

夯实社会管理基层基础。创新镇、村（社区）社会管理新体制，探索建立以村（社区）为基本单位，村（社区）党组织为核心，管理民主、运作规范、服务优质的基层管理机制，形成和谐有序的社会管理网络。强化村（社区）自我管理服务，深化村务财务公开制和村民事务代理制，完善村民民主自治制度。推进全镇社区管理服务站建设，全面承接和履行政府延伸至社区的各项社区公共管理与公共服务职能。扩大村（社区）基层组织人员来源渠道，加强对农村基层干部和社区工作者的教育培训，提高基层工作者素质。培育、建设一批功能完善、充满活力、作用明显、群众满意的新型社会组织，支持、鼓励社会组织参与社会管理。

7.4.6 增强可持续发展能力

坚持人才第一生产力理念，强化创新驱动，走绿色低碳发展道路，全面构建自主创新型、资源节约型、环境友好型社会。

7.4.6.1 提高科技人才支撑力

提升区域创新能力。强化企业创新主体地位，鼓励全镇企业加大研发投入，设立各类研发中心、工程技术中心，支持有条件企业开展核心技术和共性技术攻关，形成自己的专利知识产权。加快区域科技创新平台建设，深化与高等院校、科研院所的产学研合作，建立一批互为依托、互为基地的产学研联合体、博士后工作站，推进大学生农业科技园建设。支持科技孵化器建设，加快科技成果的引进和转化，提高中小型企业的科技创新能力。深入实施“品牌、标准、专利、设计”战略，加强知识产权保护和管理，完善自主创新投入激励机制，健全科技成果评价激励机制和品牌培育政策制度。

加强人才引进培育。突出政府在公共服务领域人才引进培育中的主导地位，引进培养一批教育、文化、卫生和城建规划管理方面的高素质专业人才，提高全镇公共服务人才层级。强化企业在人才引进培育中的主体地位，鼓励企业加强对创新型研发人才、高层次管理人才和实用型技能人才的引进，壮大全镇科技人才数量。加强企业家队伍建设，注重对新生代企业家的培育，搭建民企新生代企业家与政府领导、经济专家、知名企业家“面对面”互动交流的平台，加快提升全镇企业家素质。健全职业技能培训考核和技术工人教育培训体系，健全人才创新创业激励机制，优化人才创业环境。

7.4.6.2 提升资源环境承载力

土地方面。严格落实耕地保护制度，确保耕地红线不受侵占，推进农村土地综合整治和综合开发利用，积极盘活存量建设用地，着力提高土地利用效率。积极推进全镇“镇中村”改造、“空心村”整治和老旧自然村的撤并工作，加快区域性农民集中居住区规划建设，推动农民居住由分散向集中转变。加大废弃宅基地、工矿用地、采石场和低山缓坡的土地复垦力度。推进城乡建设用地增减挂钩试点，探索集体建设用地使用权流转，完善农村宅基地管理机制和退出、流转机制，允许农村宅基地在全镇范围内跨村置换和流转。坚持建设项目用地控制指标“双控”标准，建立重大项目建设用地协调推进机制，保障优质、重点项目用地，加大对闲置土地的依法处理力度，积极整治各类违章建筑，严格处置各类土地违法行为。探索实施工业用地退出机制，鼓励实施“零增地”技改和招商。健全经营性土地市场化配置机制，完善工业用地招拍挂出让制度。

资金方面。完善镇财政可持续增长机制，优化财政支出结构，强化财政绩效管理，坚持集中财力办大事，保障民生和社会事业领域的财政投入。建立多元化的投融资体制，发挥政府投资的基础性、导向性作用，鼓励金融机构增加对姜山镇实体经济和城镇建设的投入，支持民间资本进入基础设施、公用事业和社会事业等领域，促进民间投资健康发展。加快镇投融资平台建设，积极吸引民营资本和村级集体经济资金参与城镇建设。积极配合金融机构探索试行标准厂房、股权、排污权、林权、农民住房等权证抵押、质押贷款模式，引导金融机构增加对全镇中小企业和农业的投入。

节能减排方面。建立健全节能减排约束机制，加强对全镇、工业园区的节能考核，严格落实建设项目节能评估、审查和环境评价制度，对违反规定建设高能耗项目的单位，实行新建项目限批政策。加强对工业、建筑、交通等重点领域、重点项目和重点企业的节能改造力度，在全镇范围内推广应用余热余压利用、中水回用等新技术、新工艺、新设备。同时，积极推进清洁生产，倡导低碳生活方式，加快淘汰落后产能，推进镇区造纸、印染、建材、低端纺织等产业的产业转移和改造升级。

生态保护方面。全面推进全镇农村环境综合治理，因地制宜建设农村生活污水和垃圾收集设施，推进镇区污水收集管网建设。加强环境保护力度，扎实推进内河整治，积极提高村（社区）绿化覆盖率，深入开展“十小行业”整治，强化重点区域、重点企业排污日常监管，整治重点行业废气污染。

7.4.6.3 强化基础设施保障力

路网：加快连接南部新城的主干道建设，重点建设天童南路延伸段、宁南南路延伸段等道路，拉近与南部新城的距离。加快环镇快速路网建设，重点推进绕城高速东段、绕城高速姜山西北部出口、广德湖路、明州大道姜山段和机场路南延线建设，配合做好轻轨3号线前期工作，构筑姜山环镇快速交通体系。优化“四纵四横”网格状的镇区路网结构，重点推进姜民路、丽白路和小庄路延伸段建设。加强镇区农村联网公路建设，加快完成走马塘、景江岸等农村道路建设。

电网：新建 110kV 朝阳变电站等一批输变电工程，结合居住小区和公共设施的建设，设置若干 10kV 中心开闭所，老镇区设置若干 10kV 环网柜，进一步优化电网结构，提高电网安全，保障全镇电力供应。实施镇区架空线落地改造工程，完成镇区范围内 110kV 高压线下埋建设。全面推进农村电网改造建设。

水网：推进姜山镇与新城区供水系统衔接并网，巩固提高自来水水质，加快推进镇域范围内的自然村水网改造工程，提升镇域内各片区供水管网，保障供水质量。结合镇域核心区开发建设，加快完善排水体系，加快镇区范围内污水收集管网建设，促进居民小区、企事业单位污水纳管收集。

环卫网：完善垃圾中转和公厕设施，改善镇区卫生条件。按 2 平方千米设置一座垃圾清运设施的要求，镇区改造或新建 4～5 座垃圾清运设施。按常住人口 2500～3000 人设置一座公厕，在新建小区和旧城区成片改造地段，每平方千米不少于 3 座。实施“河道整治工程”，加快河道清淤疏浚工作，推进清水河道建设，全面提升内河水质。

绿化网：深化“森林鄞州”建设，全面推进镇村绿化建设，重点推进姜山头狮山森林公园建设，规划用地 87 亩，打造姜山“天然氧吧”。加快天童南路两侧高标准景观林带、姜民路景观林带和同三高速景观防护绿带，打造“绿带”通道。完善城乡接合部及农田防护林区建设，打造“绿色生态屏障”。同时，结合单位绿化、小区绿化、庭院绿化，推进社区绿地公园建设，打造绿色姜山。

7.5 本章小结

高新技术企业在城市中集聚形成经济开发区，明确开发区在城市发展中的地位，打破开发区与城市之间的界限并促进二者融合，已成为重要研究课题。本章运用规范案例分析法、熵权法、问卷调查法、交通优势度模型、产业链模型等方法，以宁波高新区与石化区为例，剖析其与宁波主城景观融合程度，得出：

首先，开发区景观发展历程看：①数量上，截至 2015 年，宁波共有省级以上开发区 19 家。国家级开发区多分布在宁波市区，且以北仑分布最多；省级开发区多分布在近海地区，较国家级开发区分布更均匀。宁波市开发区经济总量不断增大，在经济发展中发挥重要作用。②宁波市开发区建设起步早发展快，经历起步期、快速发展期、稳步发展期和科学发展期，未来发展要注重质的提升，追求集约化可持续发展，加大整合力度，培育主导产业，促进开发区与城市协调发展。③宁波高新区正由发展初期逐步向集产业、居住、科研、商务于一体的后期综合功能新区转变，宁波石化区正发展成为集石油和化学工业上下游产业链一体化的专业型石化区。由于产业结构、功能布局与生活环境的差异性，高新区较石化区能更好地吸引和集聚人才，功能结构更加完善。④宁波开发区发展存在土地滥用、发展水平较低、空间布局不均衡、功能结构较为单一等问题。

其次，由高新区、石化区与城市景观融合要素对比可知：①空间联系：高新区距主城更近，道路网结构更完善，在交通网络密度、交通干线影响度和区位优势度上整体优于石化区。②经济关联：高新区与石化区均与主城在经济产业链上存在关联，高新区通过电子产业、新材料产业、生物医药产业的产品和产品链带动企业与主城互动；石化区以镇海炼化为龙头形成的上游原油加工及石油制品制造业、中下游的有机化学原料及化学药品制造业等的产品和产业链，带动石化区企业与主城互动。石化区经济总量远大于高新区，经济贡献较大。③社会功能融合：无论高新区还是石化区都承载较多就业岗位和居住人口，公共设施及服务均逐渐完善。高新区在职住功能和生活娱乐功能上与主城的互动比石化区更强烈。④创新溢出作用：高新区在孵化企业扩散、与总部互动和对外技术合作上的软硬件环境都优于石化区，整体创新实力较强。综合评价结果显示高新区与主城的融合度高于石化区。

最后，高新区、石化区与主城融合的模式、动力和方向比较来看：高新区形成与主城“全方位”自演融合模式，以产业要素转移、职住“黏合”作用、基础设施牵引、创新作用驱动、城市空间重构和政府规划引导等为主要驱动力；石化区形成与主城“强要素”拉动融合模式，驱动力有产业要素转移、职住“粘合”作用、基础设施牵引和经济规模驱动等；在兼顾开发区产业发展与复合功能的双重要求下，未来高新区、石化区与主城融合应分别遵循“一体化”共享模式和“多通道”连接模式。

8 后工业时代宁波中心城区城市特色优化路径指引

8.1 城市特色空间的现存问题

实地走访城市各特色空间，归纳总结空间现存问题，以期为特色环境品质提升提供指导方向。宁波中心城区特色空间主要存在自然环境质量恶化、历史文脉被割裂、古村镇保护与发展相矛盾、区域特色未被充分挖掘以及城市特色品牌影响力不足等问题。

8.1.1 自然空间环境质量较差

中心城区内水网密布，随着城市扩张带来的土地利用强度增加，存在自然环境污染、空间结构混乱、亲水性不足等问题。沿江生活污水及部分工业污染排放，直接影响水系河网、滨江湿地的环境及生物多样性，奉化江中游、甬江两岸长期被重工业、港口占据成为工业生产性岸线，部分地区已成为重酸雨区，江水质量呈恶化趋势；奉化江、余姚江上游分布较多耕地文化村落，农业面源污染严重，生活垃圾造成二次污染。三江沿岸滨水地带用地类型复杂，包含居住、商业、文化娱乐、行政办公、教育科研及对外交通等用地，空间缺乏规划引导，江城结构不清晰（图 8-1）。城市滨水自然环境空间未得到合理利用，三江、东钱湖有大片连绵湿地、水滩，但现状多为废弃场地或连绵农田，沿岸建筑物质量低，缺乏容纳人们活动的开放空间，公共休闲功能薄弱，景观平淡、可达性差，滨水特色难为居民所感知（图 8-2）。

图 8-1 滨水空间被工业用地侵占

图 8-2　三江污染严重、岸线农田连绵

部分山体结构被破坏。城西四明山东麓生态环境优越，有山、田、河、湖、林等良好的自然生态基底，群山和水系是区内最具景观异质性的特色要素。近几年各项工程建设活动和开山采石现象普遍，自然空间被工业用地挤占，山体景观环境品质破坏严重，水土流失严重、滑坡灾害多发，原有自然格局受到威胁。

8.1.2　历史文脉面临割裂困境

在城市空间建设中，部分地区忽视了对传统文化的继承与发扬，致使地方特色和城市可识别性的缺失，历史文脉整体性被割裂。有宁波城市更新样板之称的天一广场建设项目，将老城居住用地改为巨型商业用地，虽取得经济效益，但项目采用推倒式重建的改造方式，割裂了老城传统肌理（图 8-3）。

图 8-3　宁波天一广场改造前后对比

以八大历史街区、三处历史文化地段构成的历史文化核心区，许多文保历史建筑的现状使用功能以民居为主。居住者以低收入阶层和外来人口为主，居住环境恶劣，建筑残旧破败、周边环境拥挤杂乱，原有建筑格局遭到破坏，历史资源不仅没发挥出应有作用、提升地块价值，也难以保障历史风貌的维持、建筑质量的维护（图 8-4）。

图 8-4　历史街区建筑失修破败、居住环境恶劣

慈城古镇除孔庙建筑群保存较为完整外，历史上的名门望族宅邸均遭到不同程度的损毁，保存相对完整、较有规模的宅院屈指可数。古镇大部分原住民逐步搬迁，相应传统文化和习俗也逐渐消失，古城文化难以继承。

8.1.3　古村镇保护与发展存在冲突

区域内拥有诸多历史文化名镇名村，随着村镇发展和居民生活的改善以及新功能、新产业的置换导入，占用了大量农田耕地，原生态景观被破坏（图 8-5）。

图 8-5　古镇空间被工业生产挤占

古村镇地区存在空间无序低质扩展，造成景观破碎化，村镇内环境品质、景观风貌、历史环境均遭不同程度破坏，古村镇保护与发展的矛盾愈益突出。

8.1.4　特色未被充分挖掘

区域特色挖掘不足。因观光旅游来宁波的人数占比很少，关于城市性质中对历史文化名城的认知度低（图 8-6），表明城市历史文化氛围及江南水乡特色未被充分彰显，民众对城市文化发展、品质建设认知不深。

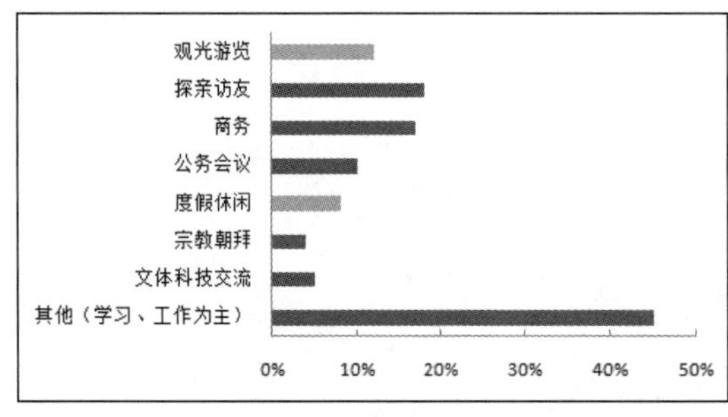

（a）外地被访者此行目的

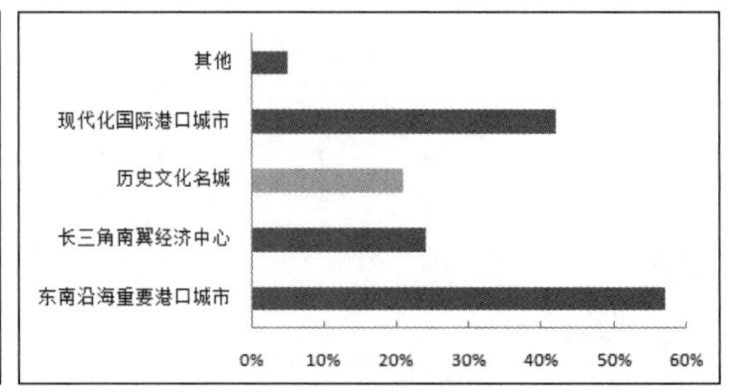

（b）城市性质调查

图 8-6　外地人来甬目的、城市性质调查分析

（来源：宁波 2030 战略规划）

城市空间缺乏对历史文化、风土人情的表现，文化空间的规划和价值提升体现不足。如东钱湖景区除小普陀、南宋石刻园、陶公岛等景点被大众所熟知，关于官文化、商文化、佛文化的文化底蕴空间感知较差。东部新城所在的邱隘古镇历史文化悠久，传统民居建筑保存完好，水、桥、弄等景观是江南水乡的典型要素，由于特色并未充分挖掘，宁波许多本地居民只知其地不知其特色（图 8-7）。

图 8-7　塘河沿岸古建筑特色感知度低

塘河特色被边缘化，六条塘河作为历史上宁波古城的航运通道，沿岸不乏古时河坎、河埠头、老石桥和河边古建筑，但这些历史文化资源均存在保护修复力度不足的情况；其中西塘河是世界文化遗产大运河宁波段的组成部分，现河流沿岸难有关乎运河文化的展示空间，塘河文化空间传承弱。宁波独有的浙东文化、港口文化、妈祖文化、商帮文化等资源展示窗口有限，特色感知度低。

8.1.5　城市特色品牌影响力不足

尽管宁波建城历史悠久，文化底蕴深厚，然而核心特色资源在空间形式上零碎化，多数停留在景点游阶段，整体统筹不够。在沿海副省级城市关注度和长三角主要城市关注度中都处较低位置，城市特色品牌影响力不足（图 8-8）。

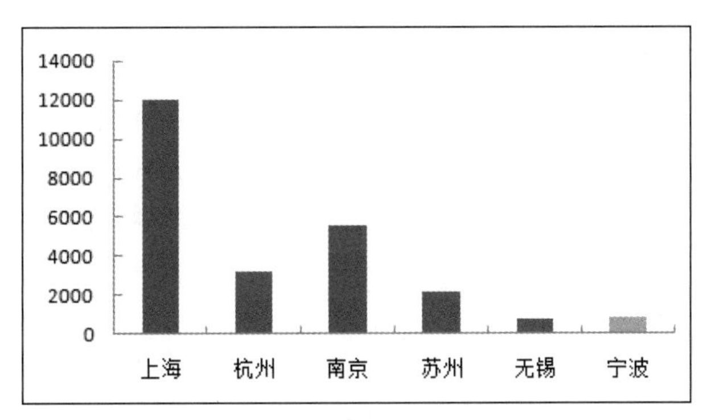

图 8-8　长三角主要城市关注度比较
（来源：宁波 2030 战略规划）

8.2　基于构建特色网络的特色空间优化路径

城市特色空间的优化应凸显山水城市的景观特色，尊重历史文脉，塑造高品位文化的城市空间环境，体现城市个性，注重民众体验感，加强城市的场所归属感。将城市特色资源有机融入城市居民公共生活中，重塑城市特色与现代生活的关系，彰显城市魅力和精神，提升城市竞争力和环境品质。空间优化路径基于凯文·林奇的城市意象理论，通过识别重点特色区块、组织特色轴线、构筑特色节点构建特色网络体系，系统全面展现城市特色格局。

8.2.1　识别重点特色空间

根据特色资源性质、特点和空间分布，统筹整合区内资源。以期突出城市特色并进行分类培育，综合展现城市多元特色，增强城市竞争力，激发地区发展潜力。

重点特色空间的识别强调尊重原有空间环境，体现特色价值，保证空间的整体性及突显空间的层次性。特色空间是展现城市特色文化、精神和风格的重要窗口，其特色有明显区别于其他空间的特点；作为相对完整的独立系统，应结合地区现状特征，突显特色的价值性，塑造特色鲜明的整体空间，注意内部特色资源的整体性；根据特色空间在城市中的地位作用，以及对城市发展的影响程度，营造特色鲜明、层次丰富的特色空间体系，体现空间的区域性和场所感。

将宁波中心城区街道级行政区划边界线和特色资源点位置矢量数据导入地理空间分析软件 ArcGIS10.2，同资源特色综合评价空间分析图进行空间叠加，实现特色空间边界化识别。依据空间插值评分结果图，颜色最深区域对应特色综合价值最高，内部资源整体综合特色最具显著性。按行政边界进行特色空间的识别和分级，将特色空间划分为标志特色空间和优势特色空间。

8.2.1.1　标志特色空间

将特色资源整体综合价值最高，分布相对集中、规模较大的地区划定为标志特色空间。根据宁波中心城区城市特色空间资源综合评价空间分异结果，可提取五处标志特色空间，分别为三江六岸风光带、宁波老城风貌区、东钱湖风貌区、溪口雪窦山风貌区、东部新城。

（1）三江六岸风光带

指余姚江、奉化江、甬江及其沿岸河道走廊形成以滨水风光为核心、兼具历史文化特色的景观带。空间特色资源包括高桥文化商务核心区、梁祝文化公园、姚江绿心公园、大西坝村、三江口、大剧院-绿岛休闲水岸等沿岸分布点及三江本体（图 8-9）。

流域以甬江、余姚江、奉化江形成的横“Y”型水系为自然基底，是宁波地域生态体系的重要组成和骨干，它不仅是宁波人民的母亲河，也是宁波中心城的发展轴和景观带。三江六岸自古便是水上贸易的中心地区，是宁波市现存历史建筑最集中的地域，涵有丰富的历史文化遗产、人文资源与景观资源，体现了以古建筑技艺、藏书文化、水利文化、商贸文化、海防文化等特色文化为核心的“商、港、水”文化精髓及以港兴市的历史文脉，是记载城市发展文明的重要载体，同时也是市民天然的休憩场所、宁波的中央公园、贯穿宁波中心城区的公共生态廊道。综合而言，三江六岸风光带是展示宁波城市特色、城市品质和历史文化的重要平台，营造宁波城市形象的最核心载体，也是支撑城市空间架构的重要组成部分，具有极为重要的地位。

（2）宁波老城风貌区

宁波老城指以宁波历史府城为核心的传统城区，空间特色资源包括三江口流域，秀水街历史文化街区、天主教堂外马路历史文化街区、伏跗室历史文化街区、鼓楼公园路历史文化街区、月湖历史文化街区、郡庙天封塔历史文化街区、郁家巷历史文化街区、莲桥街历史地段、新马路历史地段、德记巷戴祠巷历史地段等八个历史文化街区、三处历史地段，宁波近代开埠发端的江北地区和现代商贸集中区中山路、和义大道。

风貌区以江南水城和历史古城为特色，形成了以府城为核心、中山路横贯东西，月湖景区居其中的格局。老城是宁波自唐以来县治、州治、府治所在的核心城区，由历代港城空间交叠形成，包括从唐代建城以来逐渐形成的城区历史空间，纵横交错的水网和路网骨架至今清晰可见，历史街区和老城区总体格局延续至今，是体现宁波重要发展时期的标志性区域。丰厚的历史文化资源和人文底蕴，使其成为城市政治、经济、文化的中心，宁波历史文化名城的核心，也是宁波市对外展示“书藏古今，港通天下”城市文化的重要窗口。

（3）东钱湖风貌区

以东钱湖为依托，自然生态资源丰富，东部山体连绵起伏，中部湖面开阔、岸线曲折，是山水湖自然生态资源禀赋优势区（图 8-10）。空间特色资源包括东钱湖、福泉山景区、陶公岛。东钱湖风貌区以自然山水风光为主，兼具多元历史文化底蕴，是宁波“江湖海”空间结构的重要战略区域。

在城市格局变化过程中，片区由原来的中心城外围区，逐渐转向高质量城市化地区与优质的山水文化密切接触的活力区域。被批准为首批国家级旅游度假区后，区域特色不断强化，在城市生态、文化功能凸显方面发挥着重要作用。未来宁波城市空间发展，有明显从当前三江六岸为脉络的江城，拓展为江海湖城的趋势，东钱湖风貌区将是下一步宁波城市特色空间发展的关键性节点。

（4）溪口雪窦山风貌区

以四明山、天台山所构成的自然资源为载体，形成佛教弥勒文化、民国文化、乡村山水文化综合风貌区。空间特色资源包括雪窦山风景区和蒋氏故居民国风情区。蒋氏故居民国风情区特色文化体现了宁波近代城市发展时期的人文历史资源；雪窦寺佛教特色文化丰富了宁波地区宗教文化内涵，其文化特性融于城市形象。风貌区周围乡村山水文化空间是宁波村镇文化特色空间的典型代表，补充了宁波中心城区在现代发展过程中所遗失的乡村历史文化特色资源，保留宁波城市过去某一时间阶段的特色人文历史景观。

（5）东部新城

新城是现代都市与水乡韵味、生态走廊巧妙结合的产物，形成现代建筑与自然山水景观融为一体的生态都市区域。处于宁波未来城市构架的几何中心，与以三江口为核心的现代风貌商务区遥相呼应，是宁波城市向东发展最为重要的核心区域，也是宁波未来政治经济文化和商业中心。

8.2.1.2　优势特色空间

将特色资源整体综合价值次高，即未被充分发掘的特色区域划定为优势特色空间，为宁波中心城区需培育及提升的特色空间。根据宁波中心城区城市特色空间资源综合评价空间分异结果，可提取四处标志特色空间，分别为四明山东麓生态带、慈城-保国寺风貌区、镇海老城、六塘河水网风光带。

（1）四明山东麓生态带

生态带以四明山东麓自然环境为基底，同历史文化古镇古村形成历史村镇文化与自然山水融合的风貌区。特色资源包括鄞江古镇、它山堰、李家坑村、蜜岩村，联动五龙潭景区、浙东大竹海等自然景区。

图 8-9　三江口一览

图 8-10　东钱湖风光

四明山既是宁波城市的发源地，也是宁波水利文化的发端、宁波农耕文明的重地以及宁波红色文化的摇篮。其所在自然环境是宁波市重要生态功能区，全市水源涵养地及饮用水源地、主要的山林资源保护区；区内含有诸多历史文化遗迹和历史文化名村，生态旅游与历史文化资源丰富。其中，鄞江镇具有1600余年建镇史，是著名古代水利工程它山堰的所在地，素有“宁波之根”“四明首镇”之称。镇内有大量历史建筑、历史街巷等物质文化，并保留大量民间艺术、技艺、传统小吃、历史名人等非物质文化，增强了宁波城市特色内涵。它山堰属甬江支流鄞江上修建的御咸蓄淡引水灌溉枢纽工程，古代汉族劳动人民创造的一项伟大水利工程，丰富了宁波城市特色体系。蜜岩村、崔岙村、建岙村等是全国十九个革命根据地之一——浙东四明山革命根据地的主要组成部分，在解放战争初期，是我国南方重要的游击根据地之一，区内散落众多的革命遗迹、遗址和遗存。

（2）镇海老城

老城可追溯到后梁吴越王建县时期，整体延续了传统的城市格局，空间结构特色鲜明，形成了甬江轴线、城河轴线、古塘轴线、南街轴线为一体的“三横一纵”的城市开放空间结构，是镇海地区保留历史文化资源最丰富的地区。发掘镇海老城以沿江景观带为载体的海丝文化，以南大街为历史中轴线及周边区域为载体的城市精神+社区文化，以古塘景观带及招宝山为载体的海防文化。老城内部有镇海海防遗址、蛟川书院牌坊、胡亨房、朱仁房、招宝山等历史文化资源，南临甬江具有优良滨水江景自然景观。

（3）慈城-保国寺风貌区

风貌区是自然景观与古镇村落交相融合的生态文化区。特色资源包括慈城古镇、保国寺风景区及周边自然环境基底。慈城古镇是江南极少数保存较为完好的县城，享有“江南第一古县城”的美誉，丰富的历史遗迹衬托出宁波深厚悠久的历史文化和丰富的历史遗存。保国寺因其精湛绝伦的建筑工艺闻名于世，大雄宝殿是江南最古老、保存最完整的木结构建筑之一，集中体现了宁波的古建筑工艺，丰富了宁波的城市特色体系。

（4）六塘河水网风光带

六条塘河包括前塘河、中塘河（东乡）、后塘河、南塘河、中塘河（西乡）、西塘河及其塘河沿岸。塘河径流沿岸景观资源与人文资源丰富，以江南水系自然风光特色为主，兼有历史文化底蕴。旧时塘河在宁波市民的生活中占有非常重要的位置，曾为宁波古城提供水源，也是城内河主干线、人们出行的交通要道。其中，西塘河是人工运河进入宁波城的末端，沿河遍布大量古桥，已有将近九百年历史，历史上用作避开姚江咸潮，也是进入宁波古城的一条重要航道。南塘河开凿于唐代，水源来自鄞江它山堰，与城内的月湖是甬上水利工程的重要组成部分，也是漕粮船、官船进出宁波城的重要通道之一。塘河水文化是传承城市文明、体现城市发展文化的重要组成部分。

8.2.2 组织特色轴线

特色轴线指体现城市空间特色的景观带，不仅是承载城市特色的空间要素，也是构筑空间特色体系、链接空间节点的关键要素。宁波中心城区特色轴线划定为体现自然山水与城市发展相融合的三江六岸景观走廊、展现城市现代风貌建设水平的中山路城市景观轴。

8.2.3 突出特色节点

特色节点是区域特色的缩影和中心，往往是某一地区的象征，具有一定特色辐射范围。包括雪窦山、东钱湖、招宝山、九龙湖、九峰山等展现自然风貌的节点，慈城古县城、保国寺、庆安会馆、雪窦寺、老外滩等展现历史文化内涵的节点，宁波火车站、港口、宁波大剧院、天一广场、国际会展中心等展现现代风貌的节点。通过特色节点的突出，体现城区内部各处特色的差异性。

8.2.4 特色空间再组织

单独的特色空间、轴线、节点难以充分展现宁波中心城区整体特色格局，因此需通过江河水系、历史轴线等要素串联特色资源，从自然、历史文化、现代风貌视角挖掘特色路径，结合公共空间环境进行特色空间的织补延续和整合，组织特色景观系统，实现特色空间再组织。

根据特色空间与特色轴线空间相对位置，建构中山路联通东部新城、三江口核心区，三江流域接续城市文脉串联各特色空间的空间格局。中山路西起解放南路、东至福庆南路，从原老城内部主街拓展成现今连接三江口核心区和东部新城的通道，贯通城市东西，体现了城市现代化与江南水系相融合的特色。三江作为中心城区内体量最大、流域最广的水系，是串联各特色空间的重要媒体，其中奉化江系溪口雪窦山风貌区、四明山东麓生态带，余姚江系慈城-保国寺风貌区，甬江系镇海老城，并同六条塘河共同构建宁波中心城区特色网络骨架，体现了宁波因水而生、江南水城的空间特征。

8.3 基于环境品质的特色空间提升路径

城市特色环境品质是反映城市外在形象和城市内在精神文化的统一体，拥有独特城市文化是城市发展的最终诉求，提升特色品质对增强城市竞争力、实现区域可持续发展具有重要战略意义，需结合资源禀赋塑造城市特色，展现宁波文化和特色形象。

特色环境品质提升以回归自然、传承历史、面向未来为发展导向，体现国际化、时代性、地域性的文化内涵，充分发挥滨水、历史、文化特色资源要素，通过生态环境治理、文化特色彰显、历史建筑保护、乡郊景观建设、形象品质加强等方面体现活力港城的特质。

8.3.1 生态环境治理

良好的生态环境是打造山水宜居城市的基础条件，生态环境提升从河流污染防治、改善滨水区环境和环城绿色圈建设方面进行分析。

推进水污染治理，提升城市生态环境质量。北仑镇海内临港工业近年逐步壮大，但与环境的矛盾日益突出，三江流域存在大片重工业用地及农业用地，水质恶化较重，应严格限制沿岸工业发展，对环境污染严重的工业厂房，采取拆迁、搬离的措施，加快沿岸截污设施的建设，同时提高城市整体工业准入条件。塘河生活污染严重，应加大水体监测，监管生活排污口，环保局等管理部门做好督查工作。

改善滨水区环境。对城市沿江滨水空间，加快滨水文化主体公园、文化创意园的建设，改造镇海、江北、鄞州沿江旧工业区和传统码头空间，植入文化设施、休闲商业等开放空间；对梅山大榭海岛地区，建设休闲旅游基地和滨水度假小镇，依托港口打造城市海港风情体验区；塘河沿岸可通过景观绿化、修复古桥梁、增设河边步行系统，让市民更加亲密接触塘河，营造特色鲜明、联通城乡的水上游船交通廊道。域内形成多处滨水特色文化节点，构建滨水景观体系。

保护山体森林，形成环城郊野绿色圈。加强城西和城南自然山体空间生物多样性和生态环境格局保护，在保护的前提下适当开发观光休闲旅游功能。串联九峰山、东钱湖、黄贤森林公园、雪窦山、九龙湖等外围风景名胜区、森林公园、地质公园和自然保护区，形成环城山林田野绿道系统，体现都市生态环境和休闲旅游品质，创新城市特色宜居体系。

8.3.2 文化特色彰显

围绕海港和运河文化，弘扬因港而兴的文化内涵，重塑文脉空间。保护宁波段浙东运河沿线文化遗产，延伸既有运河脉络，打造凭江向海的运河古镇文化走廊，重点展示沿线古城镇、三江口海丝遗存等历史遗迹，开发甬江口、提升老外滩品质、重整甬江两岸、塑造沿江融水景观的城市标志。强化空间特色体现，包括东钱湖区域的浙东佛教、商贸、儒孝、渔农文化特色，雪窦山弥勒佛教特色，蒋氏故里民国风情。镇海老城空间应强化对历史文化遗产的重视程度，避免文化空间被临港生产建设空间挤占，可通过对南大街等历史街巷的恢复进行老城有机更新。提升塘河沿岸文化，通过挖掘和保护塘河遗存，展现空间历史的接续，表达乡土和地方特色。

8.3.3 历史建筑保护

在保护的基础上，提升历史建筑利用价值。着重保护八大历史街区、三处历史地段，挖掘老城历史文化资源背后的历史渊源和文化价值。历史街区、历史地段内的历史建筑数量众多，可通过分级评价进行使用价值评估从而进行适当改造，对知名度不高、房屋缺乏修缮、基础设施差的历史文化资源，通过改善周边环境，提升市民感知度。推动历史资源融入城市公共空间，赋予展览陈列、文化休闲、创意产业等新的使用功能，焕发建筑新活力，吸引城市居民和游人前来参观交流，真正成为城市居民的公共资产。如月湖地区加强人文博览文化活动功能，复兴月湖作为城市文化中心的特色，通过组织文化活动、文化论坛、文化节庆等方式来强化月湖历史街区的文化内涵。

8.3.4　乡郊景观建设

引导历史文化名镇名村从特色保留重分类进行有序化建设，控制建设用地的快速扩张，保护村庄山林水系，打造美丽乡郊功能区。对于三江平原河网地区的村镇，引导集聚建设，清理杂乱工业小作坊，加强社区化服务配套；对于四明、天台山区的历史村镇，结合林湖资源，积极引入农家乐、乡村体验等旅游功能，以生态文化为导向，打造都市魅力山乡。

8.3.5　形象品质加强

提升城市形象品质，塑造特色品牌影响力。构建具有良好美学观念与系统性的城市意象，注重与地方传统特色衔接，形成保留历史记忆的文化景观，创造优质的生活环境。空间环境上强调以人为本美化城市道路、传统街巷空间，注重人口集聚区的改善与设计；自然环境上依托滨水景观界面及环城山体轮廓线，突出三江六塘河水网体系的可达性和空间吸引度，通过特色节点地区的景观风貌强化特色地标的识别，增强城市印象；历史文化环境方面，在保护地区特色文化环境的基础上，更新改造传统街区空间，注重历史文脉的空间接续与原风貌特色的重塑；现代景观环境方面，通过建筑外立面和小品体系，突出特色风格设计，体现现代文明建设。

特色空间建设离不开广大民众的参与和支持，因此要发挥广播、电视、报刊、网络等新闻媒体的舆论引导作用，开展形式多样的群众参与活动，共同营造特色空间建设氛围。

8.4　本章小结

本章基于宁波中心城区城市特色空间分异特征，矢量叠加城市街道级行政区划边界线和特色综合评价空间分析图，根据特色资源性质、特点和空间分布，统筹整合区内资源识别重点特色空间，并通过组织特色轴线、突出特色节点等方式实现网络化再组织的优化路径。按行政边界进行特色空间的识别和分级，将特色空间划分为三江六岸风貌带、宁波老城风貌区等五处标志特色空间和四明山东麓生态带、镇海老城等四处优势特色空间。实地走访城市各特色空间，归纳总结空间现存问题，以回归自然、传承历史、面向未来为发展导向，通过生态环境治理、文化特色彰显、历史建筑保护、乡郊景观建设、形象品质加强等方面体现活力港城的特质，以期综合展现城市多元特色，增强城市竞争力，激发地区发展潜力。

9 趋向海洋时代宁波城市文脉的本土化与全球化

9.1 聚焦港口文化塑造城市国际形象

在全球化和后工业时代背景下，城市化的高速发展推动城市空间快速更新，但城市特色消失、个性趋同也愈发显著。地域特色随城市空间快速更新遭到巨大冲击，特色消失成为城市发展的新瓶颈。在全球化与区域一体化的背景下，挖掘城市特色成为提升城市竞争力的重要途径，科学发展观也要求城市更加注重历史、文化与环境品质。城市特色空间作为空间特色展示窗口，是城市竞争力不可缺少的条件与资源，推动城市吸引与辐射能力的扩大，并成为城市生存、竞争和发展的重要支撑，城市特色及特色空间的研究已成为城市品质提升的重要理论与实践课题。

中国沿海城市普遍进入高城市化水平状态，城市发展中心由土地扩张、基本功能完善转向空间品质与特色提升，改善城市空间风貌和增强文化品位是城市发展的重要任务，也是影响城市竞争力提升的重要因素。以历史文化名城宁波为例，作为一座沿海港口城市，宁波城市的产生及其发展过程是与港口的开发和兴衰紧密联系在一起的，宁波港口是宁波城市发展的物质基础。有着源远历史、内涵丰厚、影响深广的宁波港口文化，其特质为宁波人民世代相传，渗透到一代代人的血脉中，从而为城市经济繁荣、社会进步积聚了深厚的文化底蕴，起到了积极的推动作用。然而从目前宁波城市建设现状看，大规模的现代化建设，也致使许多悠久的历史文化遗存遭受不同程度的破坏，而宁波港口城市的文化内涵并未充分挖掘和真正体现。另外，宁波自古以来就以港口闻名。如此悠久的港口历史文化和丰富的港口物流遗迹，却在当今宁波城市建设中并未真正体现。宁波市对风景名胜资源的开发利用水平不高，与其他开放型城市相比还较落后。这与宁波创建现代化国际港口城市的要求和所处的经济地位极不相称。因此，充分利用和合理开发风景名胜资源已成为宁波创建现代化国际港口城市、促进经济再度腾飞的重要内容。文化是城市的灵魂和内涵，是城市的希望和生机之所在。加快文化现代化，既是城市化建设的重要内容，也是城市现代化的重要保证。但由于文化现代化涉及面很广，受各种社会、经济、自然要素影响，加之具有综合性、动态性、区域性等特点，使得对其进行定量描述十分困难。通过建立一套能度量城市文化现代化发展水平的指标体系，对宁波城市文化现代化进行评价：①影响宁波市文化现代化的重要指标是：文化投入、文化科技、文化法制和文化设施；②宁波目前的文化现代化水平离文化现代化差距很大；③宁波市距文化现代化标准最远的四个指标依次是文化产业、文化法制、文化投入、文化信息，距现代化标准最近的指标是文化遗产。

9.2 保育宁波城市特色空间的多重山水格局、多元历史文化、多维现代风貌

城市特色是城市在不同时期的自然特征、传统文化和市民生活相互作用、共同影响下发展而来，融合地区自然环境、历史和现代文化、社会经济、空间景观等要素，表征区域经济发展和政治文化变迁。宁波依山而建、因水而兴，襟江滨海、环湖臂山等山水格局特色鲜明，港口、藏书、佛教、商帮等多元历史文化荟萃，宁波城市特色主要涉及自然格局特色、历史府城特色、历史城区特色、聚落布局特色、历史村镇特色、建筑遗产特色、人文环境特色等方面。在现代化的发展过程中，宁波城市也形成了多样的现代建筑风貌，“一主两副、双心三带”的城市空间结构为宁波未来的发展拉开了极具特色的城市框架，也加速了港口与城市的互融发展。宁波中心城区整体特色系统可以概述为“三多”——多重山水格局、多元历史文化、多维现代风貌。宁波中心城区自然景观资源以水系、湖泊为主。水系散布于市域，山体资源呈环状分布于中心城区周围，城西自然景观资源较城区东部数量和类型更为丰富，历史文化资源密集分布于三江口及镇海招宝山，现代都市风貌资源空间分布连续性差，集中分布于三江口片区、东部新城区与南部商务区。主城各区特色空间各具差异。三江口是自然、历史文化及现代都市风貌资源分布最密集的区域。海曙区、江北区及镇海区以历史文化为主，鄞州区以现代风貌为主，同时区内分布着历史文化名镇名村和自然景观资源，奉化区和北仑区以自然景观为主。城市特色根据不同地理尺度上的构成差异，分为地域空间特色、市域空间特色和城区空间特色三类。城区特色资源是城市特色空间资源的核心，它是地域特色资源和市域特色资源在城市空间的延续，同时包含多种要素在城市集聚、质变后产生的新特色，是城市特色骨架的构成要素，它不仅是城市特色空间最重要的空间载体，也是特色空间系统的核心要素。选取城区特色资源作为城市特色空间评价分析的主要单元。根据城市特色空间资源评价指标体系遴选原则，基于城市特色空间相关理论，借鉴国内外城市特色评价的研究结果，征询宁波城市发展研究专家与学者意见等方法，筛选与城市特色空间资源评价关联性较大的因子，评价体系涵盖资源本底和内涵价值两方面维度，前者以自然景观性、历史文化性、现代风貌性等资源属性为核心内容，后者包括资源本体发展和对区域发展影响评价，构建目标层、准则层、子准则层、因子评价层共四个等级层次项目，实现对城市特色空间资源评价的总目标。通过 AHP 层次分析法确定各特色维度评价权重，综合运用模糊评价法，根据资源特色及价值影响范围，实现资源的差异分级评价，计算最终决策结果。根据权重计算结果，自然景观资源对宁波城市特色影响最大，历史文化资源次之，现代风貌资源影响最低，宁波城市特色以自然和历

史文化为核心，区内特色资源综合评价值普遍较低，特色等级不高。

其次，将宁波中心城区城市特色空间资源的自然景观性、历史文化性、现代风貌性、资源本体发展影响评价、资源对区域发展影响及特色综合评价结果，作为资源点的基础数据实现资源点各属性的量值转化，用于空间插值分析。采用克里金空间插值法分析宁波中心城区城市特色空间资源空间分异。根据资源特色综合评价值及空间 POI 数据，借助 ArcGIS10.2 软件实现地理可视化，并进行基于自然间断点分级的克里金空间插值分析，识别资源特色价值总体状态及空间分异特征。研究结果显示，宁波中心城区城市特色空间资源综合评价在空间上呈不均衡分布。综合评价较高的区域集中分布于江北区、海曙区、鄞州区的交汇处三江口、鄞州区中东部的东部新城和东钱湖景区、城区西部的溪口雪窦山风景区，城区东南地区综合评价最低，三江沿岸综合评价随距离三江口的远近呈线性变化。①宁波市中心城区外围资源自然禀赋性优势显著，旅游游憩认同度高、具有较高知名度与影响度，中部宁绍冲积平原为城市建成区集聚区域，因土地利用强度大，自然景观特色感知度低。府城作为城市历史发展中心，历史文化遗存最为丰富、价值最高，以三江口、东部新城、南部商务区为代表的现代风貌核心片区，特色价值呈空间极化特征向外递减。特色资源对区域发展影响评价结果在空间上呈多核心分布，体现了城市特色多元化向外辐射的特点。②三江口片区是自然、历史文化及现代都市风貌资源分布最密集的区域，本体特色评价最高，对区域发展影响最显著，是城市特色展示的重要窗口。③中国城市开发区在引进外资、发展先进技术和带动城市工业化、城市化等方面取得了巨大成功，开发区经济总量在其所在城市中所占比例越来越高，逐渐成为城市经济发展新的增长极。

9.3 加速开发区转型促进产城景观融合

如何定位开发区在城市发展中的功能和角色，以及是否应该打破横亘于开发区与城市之间有形的或无形的边界，已成为当下研究开发区与城市关系的重要课题之一。运用规范案例分析法、熵权法、问卷调查法、交通优势度模型、产业链模型等方法，借助 ArcGIS 10.2、SPSS 22.0 等软件，定性与定量相结合，分析宁波市开发区景观的发展历程，以融合为视角探究开发区与城市关系，结合典型案例，分析开发区与城市融合的不同模式及其动力机制。从开发区景观发展历程来看：宁波市开发区建设起步早发展快，经历起步期、快速发展期、稳步发展期和科学发展期，宁波开发区发展存在土地滥用、发展水平较低、空间布局不均衡、功能结构较为单一等问题。宁波高新区正由发展初期逐步向集产业、居住、科研、商务于一体的后期综合功能新区转变，宁波石化区正发展成为集石油和化学工业上下游产业链一体化的专业型石化区。由于产业结构、功能布局与生活环境的差异性，高新区较石化区能更好地吸引和集聚人才，功能结构更加完善。从空间联系、经济关联、社会功能融合、创新溢出作用四个维度分析宁波高新区与石化区在与主城互动关联水平上的差异性。研究发现高新区和石化区在产业结构、功能布局、生活环境上存在显著差异，在与城市发展关系上，高新区的空间区位更加优越，社会功能融合与创新溢出作用更强，与主城的互动水平也更高；石化区的经济总量高，但其他关联要素与主城的互动水平较低，综合评价结果也显示出高新区与主城的融合度要高于石化区。对宁波高新区和石化区在与主城融合模式、融合动力和融合发展方向上分别进行了比较分析：融合模式上高新区形成了与主城的“全方位”自演融合模式；石化区形成了与主城的“强要素”拉动融合模式。融合动力上：高新区与主城融合的驱动力有产业要素转移、职住“黏合”作用、基础设施牵引、创新作用驱动、城市空间重构和政府规划引导等。石化区与主城融合的驱动力有产业要素转移、职住“黏合”作用、基础设施牵引和经济规模驱动等。融合发展方向上提出了高新区与主城融合发展的“一体化”共享模式；石化区与主城融合发展的“多通道”连接模式。分析目前开发区与城市之间存在的良性互动以及二者融合时的各自特点具有重要理论和现实意义：①为开发区与城市的融合研究提供了新的理论上的尝试。②构建出开发区与城市融合的不同模式。③探究开发区与城市融合的动力及其形成机制。同时，以融合为视角来研究开发区和城市关系，拓宽了开发区和城市关系研究的视野和思路，有助于相关联学科的跨界交融和理论扩展。④开发区与城市的融合发展是城市产业转型升级的重要推动力量，能够加速城区产业结构“退二进三”，使开发区从单一产业结构向复合功能结构需求转变。⑤开发区与城市的融合发展提升了城市发展整体水平，有助于解决城市发展中遇到的人口、交通、土地等现实问题。⑥开发区与城市的融合发展对于优化城市空间结构，促进城市均衡发展同样具有重要现实意义。

9.4 组织特色轴线、突出特色节点，实现网络化再组织，优化宁波城区特色

基于宁波中心城区城市特色空间分异特征，矢量叠加城市街道级行政区划边界线和特色综合评价空间分析图，根据特色资源性质、特点和空间分布，统筹整合区内资源识别重点特色空间，并通过组织特色轴线、突出特色节点等方式实现网络化再组织的优化路径。城市特色空间的优化应凸显山水城市的景观特色，尊重历史文脉，塑造高品位文化的城市空间环境，体现城市个性，注重民众体验感，加强城市的场所归属感。将城市特色资源有机融入城市居民公共生活中，重塑城市特色与现代生活的关系，彰显城市魅力和精神，提升城市竞争力和环境品质。空间优化路径基于凯文·林奇的“城市意象理论”，通过识别重点特色区块、组织特色轴线、构筑特色节点构建特色网络体系，系统全面展现城市特色格局。将特色资源整体综合价值最高，分布相对集中、规模较大的地区划定为标志特色空间。根据宁波中心城区城市特色空间资源综合评价空间分异结果，可提取五处标志特色空间，分别为三江六岸风光带、宁波老城风貌区、东钱湖风景区、溪口雪窦山风景区、东部新城。

根据宁波中心城区城市特色空间资源综合评价空间分异结果，可提取四处优势特色空间，分别为四明山东麓生态带、慈城-保国寺风貌区、镇海老城、六塘河水网风光带。实地走访城市各特色空间，归纳总结空间现存问题，宁波中心城区特色空间主要存在自然环境质量恶化、历史文脉被割裂、古村镇保护与发展相矛盾、区域特色未被充分挖掘以及城市特色品牌影响力不足等问题。

城市特色环境品质是反映城市外在形象和城市内在精神文化的统一体，拥有独特城市文化是城市发展的最终诉求，提升特色品质对增强城市竞争力、实现区域可持续发展具有重要战略意义，需结合资源禀赋塑造城市特色，展现宁波文化和特色形象。特色环境品质提升以回归自然、传承历史、面向未来为发展导向，体现国际性、时代性、地域性的文化内涵，充分发挥滨水、历史、文化特色资源要素，通过生态环境治理、文化特色彰显、历史建筑保护、乡郊景观建设、形象品质加强等方面体现活力港城的特质，以期综合展现城市多元特色，增强城市竞争力，激发地区发展潜力。

参 考 文 献

M.卡斯特尔, 1998. 世界的高技术园区[M]. 北京: 北京理工大学出版社.

R.克里尔, 1991. 城市空间[M]. 钟山等译. 上海: 同济大学出版社.

阿尔多・罗西, 2006. 城市建筑学[M]. 黄仕钧译. 北京: 中国建筑工业出版社.

埃井雷特・M・罗杰斯, 朱迪恩・K・拉森, 1985. 硅谷热[M]. 北京: 经济科学出版社.

安纳利・萨克森宁, 1999. 地区优势——硅谷和128公路地区的文化和竞争[M]. 上海: 上海远东出版社.

安乾, 李小建, 吕可文, 2012. 中国城市建成区扩张的空间格局及效率分析(1990—2009)[J]. 经济地理, 32(6): 37-45.

班茂盛, 方创琳, 2007. 国内外开发区土地集约利用的途径及其启示[J]. 世界地理研究, 16(3): 45-50.

鲍世行, 顾孟潮, 1994. 杰出科学家钱学森论: 城市学与山水城市[M]. 北京: 中国建筑工业出版社.

蔡来兴, 1995. 国际经济中心城市的崛起[M]. 上海: 上海人民出版社.

蔡晓丰, 2006. 城市风貌解析与控制[D]. 上海: 同济大学.

曹建交, 2014. 长沙城市历史风貌特色保护研究[D]. 长沙: 中南大学.

曹璐, 2012. 城市风貌规划研究[D]. 长沙: 中南大学.

曹贤忠, 曾刚, 2014. 国内外城市开发区转型升级研究进展与展望[J]. 世界地理研究, 23(3): 83-91.

曹贤忠, 曾刚, 2014. 基于熵权TOPSIS法的经济技术开发区产业转型升级模式选择研究——以芜湖市为例[J]. 经济地理, 34(4): 13-18.

车前进, 曹有挥, 马晓冬, 等, 2010. 基于分形理论的徐州城市空间结构演变研究[J]. 长江流域资源与环境, 19(8): 859-866.

陈建军, 梁佳, 2012. 关于联合开发区的研究: 一般分析框架和管理模式[J]. 浙江大学学报(人文社会科学版), 42(5): 61-72.

陈林, 罗莉娅, 2014. 中国外资准入壁垒的政策效应研究——兼议上海自由贸易区改革的政策红利[J]. 经济研究, (4): 104-115.

陈文敬, 2008. 我国自由贸易区战略及未来发展探析[J]. 理论前沿, (17): 9-12.

陈欣, 2015. 城市历史文化风貌区公共设施的设计研究[D]. 上海: 华东理工大学.

陈依元, 王益澄, 2001. 宁波文化现代化指标体系的制定及评价[J]. 宁波大学学报(人文科学版), (4): 12-17.

谌丽, 党云晓, 张文忠等, 2017. 城市文化氛围满意度及影响因素[J]. 地理科学进展, 36(9): 1119-1127.

程兰, 吴志峰, 魏建兵, 等, 2009. 城镇建设用地扩展类型的空间识别及其意义[J]. 生态学杂志, 28(2): 2593-2599.

池泽宽, 1989. 城市风貌设计[M]. 郝慎均, 译. 天津: 天津大学出版社.

崔鸣文, 曹晓虹, 2007. "十五"时期主要国家级经济技术开发区综合经济实力比较[J]. 港口经济, (5): 44-46.

邓星月, 2012. 港口城市空间结构与布局研究[D]. 宁波: 宁波大学.

丁悦, 蔡建明, 任周鹏, 2014. 基于地理探测器的国家级经济技术开发区经济增长率空间分异及影响因素[J]. 地理科学进展, 33(5): 657-666.

窦宝仓, 2011. 城市特色风貌规划方法研究[D]. 西安: 西北大学.

杜挺, 谢贤健, 梁海艳, 等, 2014. 基于熵权 TOPSIS 和 GIS 的重庆市县域经济综合评价及空间分析[J]. 经济地理, 34(6): 40-47.

段进, 2002. 城市空间特色的符号构成与认知[J]. 规划师, (1): 73-75.

范菽英, 熊璐, 李涛, 2014. 宁波市中山路改造提升策略[J]. 城市发展研究, 21(6): 18-21.

范颖, 2007. 基于文化地理学视角的楚雄城市特色景观风貌研究[D]. 昆明: 昆明理工大学.

冯章献, 王士君, 2010. 中心城市极化背景下开发区功能转型与结构优化[J]. 城市发展研究, 17(1): 5-8.

高超, 金凤君, 2015. 沿海地区经济技术开发区空间格局演化及产业特征[J]. 地理学报, 70(2): 202-213.

高杨, 吕宁, 薛重生, 等, 2005. 基于 RS 和 GIS 的结构动态变化研究: 以浙江省义乌市为例[J]. 城市规划, 29(9): 35-38.

耿波, 2014. 城市边界、地方城市与新型城镇化建设中的文化城市[J]. 天津社会科学, (5): 115-118.

顾宗培, 2012. 北京城市文化空间的解读与更新利用探索[D]. 北京: 中国城市规划设计研究院.

韩强, 1998. 绿色城市[M]. 广州：广东人民出版社.

何伟军, 朱春奎, 2002. 高新技术产业开发区经济实力的综合评价[J]. 科技进步与对策, (8): 66-68.

贺振，赵文亮，贺俊平，2011. 郑州市城市扩张遥感动态监测及驱动力分析[J]. 地理研究，30(12): 2272-2280.

侯幼彬, 1995. 建筑与文学的焊接[J]. 华中建筑, (3): 39-43.

侯幼彬, 2009. 中国建筑美学[M]. 北京: 中国建筑工业出版社.

胡刚, 姚士谋, 2002. 优化宁波大都市区的空间形象[J]. 城市问题, (3): 31-33.

黄大林, 林坚, 毛娟, 2005. 北京经济技术开发区工业用地指标研究[J]. 地理与地理信息科学, 21(5): 99-102.

黄添, 2014. 上海自由贸易区的功能及其前景探析[J]. 西部论坛, 24(4): 30-36.

黄兴国, 2004. 城市主导特色的评价体系研究与实证分析[J]. 数量经济技术经济研究, (2): 50-59.

简・雅各布斯, 2012. 美国大城市的死与生[M]. 金衡山, 译. 南京: 译林出版社.

金凤君, 王成金, 李秀伟, 2008. 中国区域交通优势的甄别方法及应用分析[J]. 地理学报, 63(8): 787-798.

金龙成, 蔡勇, 2008. 欠发达地区开发区产业发展的路径选择——以江苏省宿迁经济开发区为例[J]. 江苏城市规划, (3): 22-24.

凯文・林奇, 2001. 城市意象[M]. 方益萍, 何晓军, 译. 北京: 华夏出版社.

克里尔, 1991. 城市空间[M]. 钟山等译. 上海: 同济大学出版社.

匡文慧, 张树文, 张养贞, 等, 2005. 1900 年以来长春市土地利用空间扩张机理分析[J]. 地理学报, 60(5): 841-850.

雷行, 1986. 中国历史文化名城丛书[M]. 北京: 中国建筑工业出版社.

李存芳, 王世进, 汤建影, 2011. 江苏经济开发区向创新型经济转型升级的动因与路径[J]. 经济问题探索, (10): 118-122.

李丹, 郭丕斌, 周喜君, 2014. 工业园区与城镇化互动发展研究——以山西为例[J]. 经济问题, (6): 25-29.

李和平, 2003. 历史街区建筑的保护与整治方法[J]. 城市规划, (4): 52-56.

李慧燕, 魏秀芬, 2011. 中澳自由贸易区的建立对中国乳品进口贸易的影响研究[J]. 国际贸易问题, (11): 77-84.

李加林, 许继琴, 李伟芳等, 2007. 长江三角洲地区城市用地增长的时空特征分析[J]. 地理学报, 62(4): 437-447.

李克让, 曹明奎, 於琍等, 2005. 中国自然生态系统对气候变化的脆弱性评估[J]. 地理研究, (5): 653-663.

李书娟, 曾辉, 2014. 快速城市化地区建设用地沿城市化梯度的扩张特征: 以南昌地区为例[J]. 生态学报, 杭州: 24(1): 55-62.

李小云, 2005. 开发区的布局建设与城市空间结构的演化[D]. 杭州: 浙江大学.

李晓峰, 桂嘉越, 2009. 中韩自由贸易区建立对两国贸易影响的实证分析[J]. 国际经贸探索, 25(5): 4-8.

李秀霞, 张希, 2011. 基于熵权法的城市化进程中土地生态安全研究[J]. 干旱区资源与环境. 25(9): 13-17.

李有芳, 2014. 改革开放以来中国建筑美学思潮研究[D]. 天津: 天津大学.

梁思成, 1963. 闲话文物建筑的重修与维护[J]. 文物, (7): 5-10.

林剑, 2004. 城市特色对城市竞争力的影响[J]. 规划师, (7): 22-24.

林奇, 2001. 城市意象[M]. 方益萍, 何晓军, 译. 北京: 华夏出版社.

刘家明, 刘莹, 2010. 基于体验视角的历史街区旅游复兴[J]. 地理研究, 29(3): 556-564.

刘士林, 2007. 都市化进程对当代农村经济文化的影响[J]. 河南大学学报(社会科学版), (4): 63-67.

刘士林, 2007. 都市文化学: 结构框架与理论基础[J]. 上海师范大学学报(哲学社会科学版), 07(3): 5-8.

刘艳芳, 2014. 基于 TOPSIS 法的江苏省开发区经济实力综合评价[J]. 国土与自然资源研究, (6): 30-31.

刘易斯 · 芒福德, 2005.城市发展史: 起源、演变和前景[M]. 宋峻岭, 倪文彦, 译. 北京: 中国建筑工业出版社.

刘豫, 2005. 城市广场设计中的地域特色研究[D]. 重庆: 重庆大学.

芦原义信, 2017. 外部空间设计[M]. 尹培桐, 译. 苏州: 苏州凤凰文艺出版社.

罗杰斯, 1985. 硅谷热[M]. 范国鹰, 译. 北京: 经济科学出版社.

罗西, 2006. 城市建筑学[M]. 黄仕钧, 译. 北京: 中国建筑工业出版社.

罗小龙, 郑焕友, 殷洁, 2001. 开发区的"第三次创业"从工业园走向新城——以苏州工业园转型为例[J]. 长江流域资源与环境, 20(7): 819-824.

吕茂鹏, 2015. 城市风貌特色评价体系构建研究[D]. 武汉: 武汉理工大学.

吕钟, 2012. 经济开发区转型升级发展方式研究[J]. 区域经济, (33): 140-141.

马武定, 2009. 风貌特色：城市价值的一种显现[J]. 规划师, 25(12): 12-16.

买静, 张京祥, 陈浩, 2011. 开发区向综合新城区转型的空间路径研究——以无锡新区为例[J]. 规划师, 27(9): 20-25.

毛汉英, 1996, 山东省可持续发展指标体系初步研究[J]. 地理研究, (15)4：19-20.

孟广文, 刘铭, 2011. 天津滨海新区自由贸易区建立与评价[J]. 地理学报, 66(2): 223-234.

孟兆祯, 2012. 山水城市知行合一浅论[J]. 中国园林, (1): 44-48.

聂仲秋, 2011. 西安经济技术开发区人居环境质量评价及优化策略研究[D]. 西安: 西安建筑科技大学.

牛文元, 1989. 自然资源开发原理[M]. 开封：河南大学出版社.

彭支伟, 张伯伟, 2012. 中日韩自由贸易区的经济效应及推进路径——基于SMART的模拟分析[J]. 世界经济研究, (12): 65-71.

乔宏, 2013. 轨道交通导向下的城市空间集约利用研究[D]. 重庆: 西南大学.

任海军, 王振宙, 2010. 经济技术开发区转型问题研究[J]. 现代商业, (24): 190-191.

任庆昌, 王浩, 廖敏, 2008. 全球化视野下城市特色的思考[J]. 规划师, (3): 86-89.

阮仪三, 林林, 2003. 文化遗产保护的原真性原则[J]. 同济大学学报(社会科学版), (2): 1-5.

阮仪三, 孙萌, 2001. 我国历史街区保护与规划的若干问题研究[J]. 城市规划, (1): 25-32.

邵兴全, 2016. 开发区产城融合的经济机理及其实现路径研究——以成都市经济技术开发区为例证[J]. 新丝路杂志. (11): 12-13.

沈宏婷, 2007. 开发区向新城转型的策略研究——以扬州经济开发区为例[J]. 城市问题, (12): 68-73.

唐大舟, 2015. 多维视角下的城市空间特色综合评价系统建构初探[D]. 南京: 东南大学.

万碧波, 张浩, 2010. 基于自主创新的开发区产业结构升级研究[J]. 江苏大学学报(社会科学版), 12(6): 82-84.

汪德根, 陈田, 王昊. 2011. 旅游业提升开发区城市化质量的路径及机理分析——以苏州工业园区为例[J]. 人文地理, (1): 123-128.

汪立武, 赵晓敏, 2010. 昆山开发区土地集约利用评价指标构建与应用研究[J]. 中国土地科学, 20(3): 115-118.

汪正章, 2014. 建筑美学[M]. 南京: 东南大学出版社.

王成新, 刘洪颜, 史佳璐等, 2014. 山东省省级以上开发区土地集约利用评价研究[J]. 中国人口·资源与环境, 24(6): 128-133.

王成新, 王格芳, 刘瑞超等, 2010. 区域交通优势度评价模型的建立与实证：以山东省为例[J]. 人文地理, (01): 73-76.

王合生, 虞孝感, 1997. 我国发达地区可持续发展指标体系及其评价[J]. 经济地理, (17)4：23-24.

王红, 间国年, 陈千, 2002. 细胞自动机及在南京城市演化预测中的应用[J]. 人文地理, (l): 47-50.

王慧, 2003,开发区与城市相互关系的内在肌理及空间效应[J]. 城市规划, (3): 20-25.

王景慧, 2006. 城市规划与文化遗产保护[J]. 城市规划, (11): 57-59.

王景慧, 2002. 中国国家历史文化名城[M]. 北京: 中国青年出版社.

王黎明, 1998. 区域可持续发展[M]. 北京：中国经济出版社.

王娜, 钟永德, 黎森, 2015. 基于 AHP 的森林公园科普旅游资源评价体系构建[J]. 中南林业科技大学学报, 35(9): 139-143.

王鹏, 2009. 重庆市历史文化风貌区评价体系与分级保护规划研究[D]. 重庆: 重庆大学.

王鹏飞, 2010. 加快山东开发区产业升级的对策研究[J]. 科学与管理, (3): 55-58.

王睿, 张赫, 2015. 城市特色量化评价方法及案例评价[J]. 城市问题, (2): 8-14.

王世仁, 1998. 中国建筑文化的机体构成与运动[J]. 建筑学报, (3): 37-42.

王世仁, 2001. 王世仁建筑历史理论文集[M]. 北京: 中国建筑工业出版社.

王新生, 刘纪远, 庄大方等, 2005. 中国特大城市空间形态变化的时空特征[J]. 地理学报, 60(3): 392-400.

王兴平, 2005. 中国城市新产业空间——发展机制与空间组织[M]. 北京: 科学出版社.

王益澄, 胡杏云. 2003. 慈城: 古韵的延伸[J]. 宁波经济(财经视点), (02): 35-37.

王益澄, 2003. 城市文化现代化指标体系及其评价[J]. 经济地理, (2): 230-232.

王益澄, 2003. 构筑大都市与宁波城市精神[J]. 宁波经济(财经视点), (8): 22.

王益澄, 2012. 宁波港城文化景观特色塑造策略研究[J]. 中国港口, (09): 26-29.

王益澄, 2008. 宁波港口城市文化内涵的挖掘与重塑[J]. 建筑与文化, (5): 34-36.

王益澄, 2012. 宁波港口与城市发展的互动作用研究[J]. 城市观察, (1): 68-77.

王益澄, 1999. 宁波市构建区域性金融中心对策思考[J] . 地域研究与开发, 18 (2)：48-50.

王益澄, 2001. 宁波市构建现代化生态城市战略思考[J]. 人文地理, (2): 45-48.

王益澄, 1999. 宁波市人口机械增长与城市发展[J] . 地理学与国土研究, 15 (2)：40-44.

王益澄, 1998. 宁波市失业人口现状特征分析[J]. 宁波经济, (9)：38-39.

王益澄, 1995. 现代化国际性港口城市的创建与宁波风景名胜的纵深开发[J]. 宁波师院学报(社会科学版), (3): 78-82.

王毅, 2005. 西安国家级开发区持续发展的投资环境改善研究[J]. 人文地理, 20(1): 95 -98.

吴冠秋, 钱云, 2018. 中部地区小城市特色空间认知方法研究[J]. 规划师, 34(2): 61-66.

吴良镛, 1991. 从“有机更新”走向新的“有机秩序”[J]. 建筑学报, (2): 7-13.

吴良镛, 1996. 关于人居环境科学[J]. 城市发展研究, (1): 1-5.

吴良镛, 1983. 历史文化名城的规划结构、旧城更新与城市设计[J]. 城市规划, (6): 2-12.

吴思敏, 詹正华, 2006. 基于引力模型的中国东盟自由贸易区研究[J]. 特区经济, 338-339.

吴志强, 李德华, 2010. 城市规划原理[M]. 北京: 中国建筑工业出版社.

西・昆斯, 1988. 剑桥现象——高技术在大学城的发展[M]. 科学技术文献出版社.

夏叡, 李云梅, 李尉尉, 2009. 无锡市城市扩张的空间特征及驱动力分析[J]. 长江流域资源与环境, 18(12): 1109-1114.

夏善晨, 2013. 自贸区发展战略和法律规制的借鉴——关于中国自由贸易区发展的思考[J]. 国际经济合作, (9): 18-22.

向岚麟, 吕斌, 2010. 新文化地理学视角下的文化景观研究进展[J]. 人文地理, 25(6): 7-13.

肖笃宁, 布仁仓, 李秀珍, 1997. 生态空间理论与景观异质性[J]. 生态学报, (5): 3-11.

肖宁玲, 2012. 特色化的城市慢行空间景观规划设计研究[D]. 武汉: 华中科技大学.

徐建军. 2004. 东盟自由贸易区: 区域内贸易的发展和利益分配[J]. 世界经济, 08: 13-17.

徐进, 邱枫, 2007. 宁波老城的双构性特色[J]. 规划师, (6): 98-100.

徐颖, 崔昆仑, 王晶晶, 2011. 化无形为有形: 城市特色彰显方法探索[J]. 现代城市研究, 26(5): 59-63.

雅各布斯, 2012. 美国大城市的死与生[M]. 金衡山, 译. 南京: 译林出版社.

扬・盖尔〔丹麦〕, 何人可译, 1992. 交往与空间[M]. 北京: 中国建筑工业出版社.

杨保军, 朱子瑜, 蒋朝晖, 等, 2013,城市特色空间刍议[J]. 城市规划, 37(3): 11-16.

杨丹枫, 2017. 基于人文景观特色评价的历史地段景观规划[D]. 南京: 东南大学.

杨东峰, 殷成志, 史永亮, 2006. 从沿海开发区到外向型工业新城——1990 年代以来我国沿海大城市开发区到新城转型发展现象探讨[J]. 城市发展研究, 13(6): 80-86.

杨华文, 蔡晓丰, 2006. 城市风貌的系统构成与规划内容[J]. 城市规划学刊, (2): 59-62.

杨俊, 解鹏, 席建超等, 2015. 基于元胞自动机模型的土地利用变化模拟——以大连经济技术开发区为例[J]. 地理学报, 70(3): 461-475.

杨俊宴, 胡昕宇, 2013. 城市空间特色规划的途径与方法[J]. 城市规划, 37(6): 68-75.

杨柳, 2005. 风水思想与古代山水城市营建研究[D]. 重庆: 重庆大学.

杨文白, 陈秀万, 2007. 开发区土地利用评价指标体系研究[J]. 地球信息科学, 9(3): 21-24.

杨文军, 2010. 南宁市城市风貌规划现状评价研究[D]. 长沙: 中南大学.

杨新海, 2005. 历史街区的基本特性及其保护原则[J]. 人文地理, (5): 54-56.

杨枝煌, 2013. 我国自由贸易区科学发展的战略推进[J]. 岭南学刊, (1): 74-79.

杨子垒, 2009. 感知与真实: 城市意象与城市空间形态关系初步研究[D]. 重庆: 重庆大学.

叶超, 赵媛, 2014. 新文化地理及其通俗化路径[J]. 地理与地理信息科学, 30(2): 107-110.

于金蓉, 刘冰, 李显, 2014. 基于 GIS 的区域土地利用分析评价系统设计[J]. 测绘与空间地理信息, 37(10): 100-104.

于晓燕, 2011. 中国推进中日韩自由贸易区建设的策略思考[J]. 南开大学学报(哲学社会科学版), (4): 19-25.

于扬, 张兴昌, 孙蕊, 2013. 天津开发区环境空气中可吸入颗粒物变化浅析[J]. 天津科技, (4): 19-23.

余柏椿, 2007. "人气场": 城市风貌特色评价参量[J]. 规划师, (8): 10-13.

余柏椿, 2003. 城镇特色资源先决论与评价方法[J]. 建筑学报, (11): 66-68.

俞孔坚, 2002. 景观的含义[J]. 时代建筑, (1): 14-17.

俞孔坚, 奚雪松, 王思思, 2008. 基于生态基础设施的城市风貌规划[J]. 城市规划, (3): 87-92.

岳文泽, 汪锐良, 范蓓蕾, 2013. 城市扩张的空间模式研究——以杭州市为例[J]. 浙江大学学报(理学版), 40(5): 576-605.

张广海, 贾海威, 2013. 江苏省交通优势度与旅游产业发展水平空间耦合分析[J]. 南京师大学报（自然科学版）, (03): 139-144.

张昊, 2013. 基于敏感度的武汉城市特色风貌空间等级研究[D]. 武汉: 华中科技大学.

张弘, 2001. 开发区带动区域整体发展的城市化模式——以长江三角洲地区为例[J]. 城市规划汇刊, (10): 65 -69.

张继刚, 2007. 城市景观风貌的研究对象、体系结构与方法浅谈[J]. 规划师, (8): 14-18.

张靖, 2015. 基于新文化地理学视角的西宁城市特色景观风貌研究[D]. 长春: 东北师范大学.

张利, 雷军, 李雪梅等, 2011. 1997—2007 年中国城市用地扩张特征及其影响因素分析[J]. 地理科学进展, 30(5): 607-614.

张莉莉, 2014. 河北沿海国家级开发区协同发展模式研究[J]. 国土与自然资源研究, (5): 74-75.

张明欣, 2007. 经营城市历史街区[D]. 上海: 同济大学.

张小勇, 曹有挥, 草卫东, 2005. 基于产业集群的经济技术开发区发展模式研究——以芜湖经济技术开发区为例[J]. 科技与经济, 18(4): 26-29.

张晓平, 刘卫东, 2003. 开发区与我国城市空间结构演进及其动力机制[J]. 地理科学, 23(2): 142-149.

张修芳, 牛叔文, 冯骁等, 2013. 天水城市扩张的时空特征及动因分析[J]. 地理研究, 32(12): 2312-2323.

赵士修, 1998. 城市特色与城市设计[J]. 城市规划, (4): 54-55.

赵小风, 黄贤金, 严长清, 2011. 基于 RAGA-AHP 的工业用地集约利用评价——以江苏省开发区为例[J]. 长江流域资源与环境, 20(11): 1315-1320.

赵晓香, 2010. 新制度主义视角下开发区的新城(区)转变研究——以广州开发区为例[J]. 规划师, 26: 84-87.

赵一锦, 2017. 城市风貌演变因子研究[D]. 合肥: 合肥工业大学.

郑国, 周一星, 2005. 北京经济技术开发区对北京郊区化的影响研究[J]. 城市规划汇刊, (6): 23-26.

郑国, 2008. 基于政策视角的中国开发区生命周期研究[J]. 经济问题探索, (9): 9-12.

郑国, 2011. 中国开发区发展与城市空间重构：意义与历程[J]. 现代城市研究, (5): 20-24.

周尚意, 戴俊骋, 2014. 文化地理学概念、理论的逻辑关系之分析[J]. 地理学报, 69(10): 1521-1532.

周燕, 余柏椿, 2010. 城市景观特色级区系统属性理论概要[J]. 华中建筑, 28(1): 120-121.

朱立龙, 尤建新等, 2010. 国家级经济技术开发区综合评价模型实证研究[J]. 公共管理学报, 7(2): 115-122.

朱永新等, 2001. 中国开发区组织管理体制与地方政府机构改革[M]. 天津: 天津人民出版社.

庄芮, 2009. 中国-东盟自由贸易区的实践效应、现存问题及中国的策略[J]. 世界经济研究, (4): 75-80.

邹伟勇, 黄炀, 马向明等, 2014. 国家级开发区产城融合的动态规划路径[J]. 规划师, 30(6): 32-39.

邹志红, 孙靖南, 任广平, 2005. 模糊评价因子的熵权法赋权及其在水质评价中的应用[J]. 环境科学学报, 25(4): 552-556.

Adrian Palmer, Virginie Mathel, 2010. Causes and consequences of underutilised capacity in a tourist resort development[J]. Tourism Management, (31): 925-935.

Alex McKay, 2003. The History of Tibet M. London: Routledge Curzon,

BACON E, 1974. Design of Cities[M]. London: Thomes and Hudson.

Chong-Moon Lee, William F. Miller, Marguerite Gong Hancock, and Henry S. Rowen., 2000. The Silicon Valley Edge：A Habitat for Innovation andEntrepreneurship[M]. Stanford University Press.

CLING J P, RAZAFINDRAKOTO M, ROUBAUD F O, 2005. Export Processing Zones in Madagascar: a Success Story under Threat[J]. World Development, 33(5): 785-803.

Cosgrove D, Jackson P, 1987. New Directions in Cultural Geography[J]. Area, 19(2): 95-101.

E. Bacon, 1974. Design of Cities[M]. London: Thomes and Hudson.

Edward Relph, 1976. Place and Placelessness[M]. Pion.

Francis C. C. Koh, Winston T. H. Koh, Feichin Ted Tschang, 2005. Ananalytical framework for science parks and technology districts with an application to Singapore[J]. Journal of Business Venturing, 46: 971-991.

FRANCIS C. et al, 2005. Ananalytical framework for science parks and technology districts with an application to Singapore[J]. Journal of Business Venturing, 20: 217-239.

FUKUGAWA N, 2006. Science parks in Japan and their value-added contributions to new technology-based firms[J]. International Journal of Industrial Organization, 24(2): 381 -400.

HANNIGAN J A. 1995. Tourism Urbanization[J]. Current Sociology, 43(1): 192-200.

JACOBS J, 1961.The Death and Life of Great American Cities[M]. Random House, NewYork.

Jean-Pierre Cling, 2005. Mireille Razafindrakoto and Franc, Ois Roubaud. Export Processing Zones in Madagascar: a Success Story under Threat[J]. World Development, 33(5): 785-803.

JOHANSSON H, NILSSON L, 1997. Export processing zones as catalysts[J]. World Development, 25(12): 2115-2128.

K. Lynch, 1960. The Image of the City[M]. Cambridge, MA: MIT Press.

KRIER R, 1991. Urban Space[M]. New York: Rizzoli.

LINK A C, SCOTT J T, 2003. U. S. science parks: the diffusion of an innovation and its effects on the academic missions of universities[J]. International Journal of Industrial Organization, 21(9): 1323 -1356.

Lynch K. The Image of the City[M]. Cambridge, MA: MIT Press.

Malecki. E. J, 1987. The R&D Location Decision of the Firm and Creative Region-A Survey[J]. Technovation, (6): 205-222.

Miyagiwa. K, 1993. The locational choice for free trade zones: Rural versus urban options[J]. Journal of Development Economics, (40): 187-203.

Nigel T, 1999. The Elements of Townscape and the Art of Urban Design[J]. Journal of Urban Design, 4(2): 195-209.

RATINHO T, HENRIQUES E, 2010. The role of science parks and business incubators in converging countries: evidence from Portugal[J]. Technovation, 30(4): 278 -290.

RELPH E, 1976. Place and Placelessness. Pion.

Rob. Krier, 1991. Urban Space[M]. New York: Rizzoli.

Sargent J, Matthews L, 2001. Combining export processing zones and regional free trade agreements: lessons from the mexican experience[J]. World Development, 29(10): 1739 -1752.

Sean. C, Kirk. K, 2008. Innovative Cities in China: Lessons from Pudong New District, Zhangjiang Hightech Park and SMIC Village[J]. Innovation Management, Policy & Practice, 10(2/3): 247-257.

Siegel D S, Westhead P, Wright M, 2003. Assessing the impact of university science parks on research productivity: exploratory firm-level evidence from the United Kingdom[J]. International Journal of Industrial Organization, 21(9): 1357 -1369.

Stuart Macdonald, Yun-feng Deng, 2004. Science Parks in China: A Cautionary Exploration[J]. International Journal of Technology Intelligence and Planning, 1(1): 1-14.

T. Roger, 1979. Finding Lost Space[M]. New York: Rizzoli.

TUGNUTT A, 1987. Making Townscape: A Contextual Approach to Building In an Urban Setting[M]. London: Mitchell.

Yeung, Joanna. L, Gordon. K, 2009. China, Special Economic Zones at 30[J]. Eurasian Geography and Economics, 50(2): 222.